高等学校计算机基础教育课程“十二五”规划教材·卓越系列

Visual Basic 程序设计实验教程

主　编　柴　欣　陈冀川

副主编　曹新国　李　娟　王德强　郑卫华

参　编（按姓氏音序排列）

李建晶　史巧硕　宋　洁

王建勋　杨素梅　赵秀平

中国铁道出版社有限公司

CHINA RAILWAY PUBLISHING HOUSE CO., LTD.

内容简介

本书是与《Visual Basic 程序设计教程》（书号：978-7-113-14435-7）配套使用的上机实验指导书，是编者多年教学实践经验的总结。全书包括两篇内容：第一篇介绍了 Visual Basic 6.0 的集成开发环境和 Visual Basic 应用程序的开发过程，并讲述了 Visual Basic 程序的调试方法和出错处理；第二篇为上机实验指导，共列出了 19 个实验。

本书内容丰富，例题详尽，部分程序实例取自实际应用，不仅适合作为“Visual Basic 程序设计”课程主教材的配套实验教材，也可以作为广大软件开发人员和自学者学习 Visual Basic 的辅助教材，或作为计算机培训班的培训教材。

图书在版编目（CIP）数据

Visual Basic 程序设计实验教程 / 柴欣，陈冀川主编. —北京：中国铁道出版社有限公司，2012.5（2019.12重印）

高等学校计算机基础教育课程“十二五”规划教材. 卓越系列

ISBN 978-7-113-14381-7

Ⅰ. ①V… Ⅱ. ①柴… ②陈… Ⅲ. ①BASIC 语言－程序设计－高等学校－教材 Ⅳ. ①TP312

中国版本图书馆 CIP 数据核字（2012）第 038472 号

书　　名：Visual Basic 程序设计实验教程

作　　者：柴　欣　陈冀川　主编

策　　划：吴宏伟

责任编辑：孟　欣

编辑助理：王　惠

封面设计：刘　颖

责任印制：郭向伟

出版发行：中国铁道出版社有限公司（100054，北京市西城区右安门西街 8 号）

网　　址：http://www.tdpress.com/51eds/

印　　刷：北京捷迅佳彩印刷有限公司

版　　次：2012 年 5 月第 1 版　　2019 年 12 月第 9 次印刷

开　　本：787mm×1092mm　1/16　印张：14　字数：353 千

印　　数：20 801～21 300 册

书　　号：ISBN 978-7-113-14381-7

定　　价：26.00 元

FOREWORD

前言

上机实验是学习计算机程序设计语言的重要环节。学生通过实际上机编程的演练，可以加深对编程规则及理论知识的理解，同时对培养自学能力、锻炼实际的编程能力也起着极为重要的作用。为此，我们编写了这本《Visual Basic 程序设计实验教程》。本书是主教材《Visual Basic 程序设计教程》（书号：978-7-113-14435-7）的配套实验教材，同时也可以与其他 Visual Basic 教科书配合使用。

本实验教程的内容分为两篇：

第一篇为 Visual Basic 6.0（以下简称 VB）的集成开发环境及程序调试和出错处理的介绍。这一篇详细介绍了 VB 的集成开发环境和 VB 6.0 应用程序的开发过程，讲述了 VB 程序的调试方法和出错处理，为读者编程、上机调试提供了方便。

第二篇为上机实验指导，共有 19 个实验，每个实验包括实验目的、相关知识、实验举例、和实验内容等内容。实验 1 介绍了 VB 的开发环境，并通过一个简单的实例介绍了上机操作的步骤；实验 2～实验 9 涵盖了 VB 的数据类型、程序的基本结构与流程控制语句、数组、过程与函数等基本操作，这些内容也是构成 VB 程序设计的基础知识；实验 10～实验 15 介绍了 VB 可视化编程方面的知识，包括窗体、常用控件、ActiveX 控件、对话框及菜单的编程方法；实验 16～实验 19 介绍了 VB 的一些应用，包括文件的操作与管理、绘图及数据库的应用等编程方法。

本书编者长期从事 VB 程序设计课程的教学工作，有着丰富的教学经验，对 VB 也有着较深入的理解。为了实现理论联系实际，达到良好的教学效果，编者精心选择了实验的例题和内容，并与主教材各章相呼应，以方便教师有计划、有目的地安排学生上机操作，从而达到事半功倍的教学效果。另外，在实验中，还有针对性地提供了一些接近实际要求或直接取自实际应用的较为完整的程序实例，教师可以以这些程序为范本，组织课程设计的题目。教师若能配合 Visual Basic 程序设计主教材，有计划地按本书要求安排上机实验，一定能迅速提高学生的实际操作能力。

本书由柴欣、陈冀川主编，并负责全书的总体策划与统稿、定稿工作，曹新国、李娟、王德强、郑卫华任副主编。各章编写分工如下：第一篇及实验 1 由李建晶编写，实验 2 由王德强编写，实验 3 由宋洁编写，实验 4、实验 5 由史巧硕编写，实验 6、实验 7 由李娟编写，实验 8、实验 9 由赵秀平编写，实验 10、实验 11 由陈冀川编写，实验 12、实验 13 由柴欣编写，实验 14 由郑卫华编写，实验 15 由王建勋编写，实验 16、实验 17 由杨素梅编写，实验 18、实验 19 由曹新国编写。在本书编写过程中，编者参考了大量文献资料，在此向这些文献资料的作者深表感谢。

由于时间仓促，编者水平有限，书中难免有疏漏之处，敬请各位专家、读者不吝批评指正。

编　者

2012 年 4 月

目录

CONTENTS

第一篇　Visual Basic 6.0 简述

第二篇　Visual Basic 6.0 上机实验

目录

第一篇 Visual Basic 6.0 简述

第二篇 Visual Basic 6.0 上机实验

第一篇 Visual Basic 6.0 简述

第 1 章 Visual Basic 6.0 集成开发环境

Visual Basic 6.0 是 Microsoft 公司推出的可视化开发工具 Visual Studio 6.0 组件之一。Visual Studio 6.0 包括 Visual FoxPro 6.0、Visual Basic 6.0、Visual C++ 6.0、Visual J++ 6.0、Visual InterDev 6.0 等，是开发 Windows 应用程序及 Internet 应用的重要工具。

Visual Basic 是基于 BASIC 的可视化程序设计语言，是一个面向对象的集成开发系统。Visual Basic 一方面继承了其先辈 BASIC 简单、易学易用的特点，另一方面采用了面向对象、设计过程可视化、事件驱动的编程机制、动态数据驱动等先进的软件开发技术，使 BASIC 语言编程技术发展到了一个新的高度。它为广大用户提供了一种“所见即所得”的可视化程序设计方法。

1.1 VB 6.0 的启动

与一般的 Windows 应用软件一样，Visual Basic 6.0 可以采用如下两种启动方式：

（1）单击“开始”按钮，选择“程序”→“Microsoft Visual Basic 6.0 中文版”→“Microsoft Visual Basic 6.0 中文版”命令，即可启动程序，弹出图 1-1-1 所示的对话框。

（2）利用 Windows 建立快捷方式的功能，将 Visual Basic 6.0 程序的快捷方式图标放在桌面上。启动 Visual Basic 6.0 时，只要在桌面上双击该图标即可。

当要新建一个工程时，单击“新建”选项卡，选择“标准 EXE”选项，并单击“打开”按钮后，即可进入 Visual Basic 6.0（以下简称 VB 6.0）应用程序集成开发环境进行新工程的创建。

图 1-1-1 启动 Visual Basic 6.0 时弹出的对话框

1.2 VB 6.0 的集成开发环境工作界面

在进入 VB 6.0 应用程序集成开发环境后会看到图 1-1-2 所示的主窗口。可以看出，VB 6.0 的集成开发环境符合 Windows 窗口的一般规范，如菜单栏、工具栏等。通常刚进入 VB 6.0 集成开发环境时，主窗口中只有窗体窗口、工程窗口、属性窗口和工具箱等，但在实际应用时，还会有另外几个窗口经常使用，下面一一进行介绍。

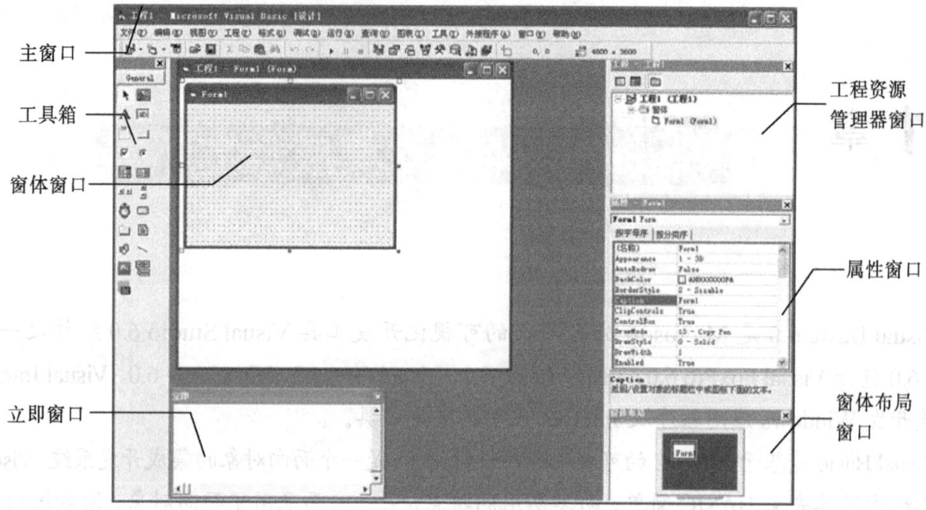

图 1-1-2　VB 6.0 应用程序集成开发环境

1. 标题栏、菜单栏和工具栏

VB 6.0 的主窗口包含标题栏、菜单栏和工具栏。

1）标题栏

标题栏中的标题为“工程 1-Microsoft Visual Basic[设计]”，说明此时集成开发环境处于设计模式，在进入其他模式时，方括号中的文字将作相应的变化。

VB 有 3 种工作模式：设计（design）模式、运行（run）模式和中断（break）模式。

（1）设计模式：可进行用户界面的设计和代码的编制，以完成应用程序的开发。

（2）运行模式：运行应用程序，这时不可编辑代码，也不可编辑界面。此时，标题栏中的标题为“工程 1-Microsoft Visual Basic[运行]”。

（3）中断模式：应用程序运行暂时中断，这时可以编辑代码，但不可编辑界面。此时，标题栏中的标题为“工程 1-Microsoft Visual Basic[break]”。按【F5】键或单击“继续”按钮▸程序继续运行；单击“结束”按钮■程序停止运行。在此模式会弹出立即窗口，在此窗口内可输入简短的命令，并立即执行。

2）菜单栏

VB 6.0 的菜单栏中除了提供标准的“文件”、“编辑”、“视图”、“窗口”和“帮助”等菜单外，还提供了编程专用的一些功能菜单，如“工程”、“格式”、“调试”、“运行”等，程序开发过程中所需要的命令和功能均包含在这些菜单中。各种命令和功能后面将会陆续介绍，用户也可使用“帮助”菜单中的“帮助主题”命令，查看相关的帮助信息。

3）工具栏

工具栏集中了最常用的操作，利用工具栏按钮可以迅速地访问常用的菜单命令。VB 6.0 中有 4 个工具栏，其中最为常用的是“标准”工具栏，其中列出了开发 VB 应用程序最常用的工具。除了标准工具栏外，VB 6.0 还提供了“编辑”、“窗体编辑器”、“调试”工具栏。要显示或隐藏工具栏，可以选择“视图”→“工具栏”命令，或在“标准”工具栏处右击进行工具栏的选取。

2．窗体窗口

窗体窗口如图 1–1–2 中间部分所示。窗体窗口具有标准窗口的一切功能，可被移动、改变大小及缩小为图标。窗体是 VB 应用程序的主要部分，用户通过与窗体上的控件交互来得到运行结果。每个窗体窗口必须有唯一的名称，建立窗体时的默认名称为 Form1、Form2、……

在设计状态下窗体是可见的，窗体上的网格点间距可以通过选择“工具”→“选项”命令，在“选项”对话框“通用”选项卡的“窗体网格设置”选项组中输入“宽度”和“高度”值来改变。运行时可通过属性控制窗体的可见性（窗体的网格始终不显示）。一个应用程序至少有一个窗体，用户可在应用程序中创建多个窗体。

3．属性窗口

属性窗口如图 1–1–2 右边部分所示，窗体或控件的属性如颜色、字体、大小等，都可以通过属性窗口来修改。属性窗口由以下部分组成：

（1）对象下拉列表框：用户可以单击对象下拉列表框右边的下拉按钮，弹出所选对象包含的控件对象的列表。

（2）属性排列方式：有“按字母序”和“按分类序”两个选项卡，图中显示的是按字母序排列的属性列表。

（3）属性列表：列出所选对象在设计模式下可更改的属性及默认值，对于不同对象，它所列出的属性也是不同的。用户可以选定某一属性，然后对该属性值进行设置或修改。

（4）属性含义说明：当在属性列表中选取某属性时，该区域会显示所选属性的含义。

4．工程资源管理器窗口

工程资源管理器窗口如图 1–1–2 右上角部分所示。它保存一个应用程序的所有属性以及组成这个应用程序的所有文件。工程文件的扩展名为.vbp，工程文件名显示在工程资源管理器窗口的标题栏上。

工程资源管理器窗口的工具栏中有 3 个按钮，分别为：

（1）“查看代码”按钮：切换到代码窗口，显示和编辑代码。

（2）“查看对象”按钮：切换到模块的对象窗口。

（3）“切换文件夹”按钮：工程中的文件按类型分或不分层次显示的切换。

5．代码窗口

代码窗口的主要功能是编辑事件驱动程序及其他代码，它是专门用来进行程序设计的窗口，可在其中显示和编辑程序代码，如图 1–1–3 所示。在该窗口中，每两个过程之间用一条线分隔，这样可以使编程人员很容易地掌握整个程序代码的组成，避免由于过程数量较多造成代码之间的混淆。

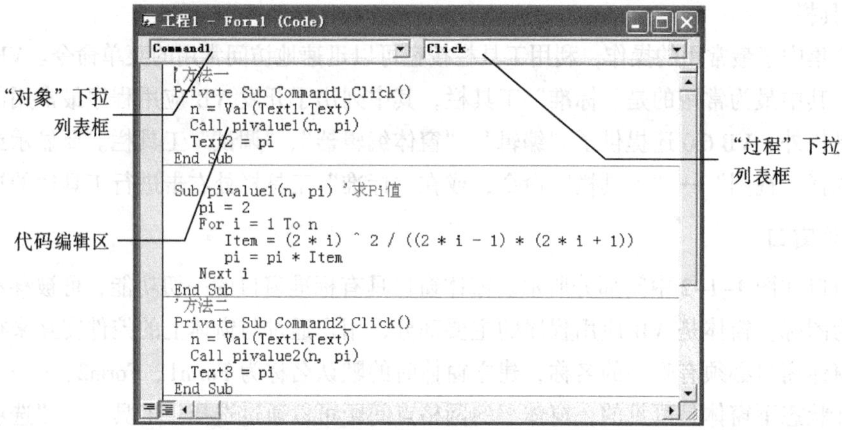

图 1-1-3 代码窗口

代码窗口的"对象"下拉列表框中列出了当前窗体及窗体中所有的控件名称；而"过程"下拉列表框中列出了所有事件过程的名称。当在"对象"下拉列表框中选择对象名（控件），在"过程"下拉列表框中选择事件过程名后，VB 自动在代码编辑区为选中对象的事件过程建立一个编程模板（建立起始语句和结束语句），用户在该模板内（起始语句和结束语句之间）输入代码即可。

代码窗口实际上是一个标准的文本编辑器，它提供了功能完善的文本编辑功能，可以简单、高效地对代码进行复制、删除、移动及其他操作。此外，在输入代码的过程中，代码窗口中的内容会自动按语法规则进行缩进处理，这样使程序结构更加清晰。另外还有大/小写字母转化、语法提示、语法查错等功能。

打开代码窗口有以下 3 种方法：

（1）从工程窗口中选择一个窗体或标准模块，并单击"查看代码"按钮。

（2）从窗体窗口中打开代码窗口，可用鼠标双击一个控件或窗体本身。

（3）选择"视图"→"代码窗口"命令。

6. 窗体布局窗口

窗体布局窗口如图 1-1-2 右下角部分所示，用于指定程序运行时的初始位置，主要使所开发的应用程序能在不同分辨率的屏幕上正常运行，在多窗体应用程序中较有用。此窗口通常位于 VB 主窗口的右下角。

7. 立即窗口

立即窗口如图 1-1-2 左下角部分所示。通常立即窗口的作用有两个：

（1）编制程序时可在立即窗口中运行命令或函数，通常是为了验证某个计算结果或测试一些不熟悉的命令或函数的用法。

（2）用于调试程序，这也是立即窗口最主要的用途。通常将程序的中间运行结果输出到立即窗口中，用于程序的调试或帮助找出程序中的错误。

8. 工具箱

工具箱如图 1-1-2 左边部分所示，由 20 个标准控件组成，用户也可通过"工程"→"部件"命令将系统提供的其他标准控件装入工具箱。

在设计状态下，工具箱总是显示的。若要不显示工具箱，可以单击其右上角的关闭按钮关闭工具箱；若要显示工具箱，可选择“视图”→“工具箱”命令。在运行状态下，工具箱自动隐藏。

1.3 VB 应用程序的开发过程

要创建 VB 应用程序，首先要进入 VB 6.0 集成开发环境。根据前面介绍的方法，启动 VB 6.0。

1. 创建应用程序的界面

VB 是一种可视化编程工具，利用 VB 创建应用程序界面，很重要的工作就是对窗体与控件进行操作。窗体是设计 VB 应用程序的一个基本平台，控件则是各种用于不同目的的部件。例如，文本框用于输入，标签用于显示信息，命令按钮用于执行操作等，几乎所有的控件都是添加到窗体上。因此，创建应用程序界面，就是根据用户的要求，利用 VB 提供的工具，在窗体上生成各种控件并设置它们的属性。

在进入 VB 6.0 集成开发环境时，会有一个默认的名为 Form1 的窗体出现在屏幕上，如图 1-1-2 所示，这就是将要建立的应用程序的窗口。在这个窗体上添加必要的部件，建立应用程序的界面。

首先用鼠标选取工具箱中需要的控件，这时鼠标指针会变为十字形，将十字形鼠标指针移动到 Form1 窗体上的合适位置，按住鼠标左键在窗体上拖动，大小合适后，释放鼠标按键，就可以在窗体上画出一个控件。用同样的方法将所需控件在窗体上一一画出，如图 1-1-4 所示。每个控件上均显示出控件的默认名称，如命令按钮控件的名称是 Command1。用户可以根据需要为控件取具有实际意义的名称，以表示控件代表的含义，方法是设置控件的 Caption 属性。当选中控件时，属性窗口中就会列出关于控件的全部属性。图 1-1-4 所示为按钮控件 Command1 所对应的属性列表。

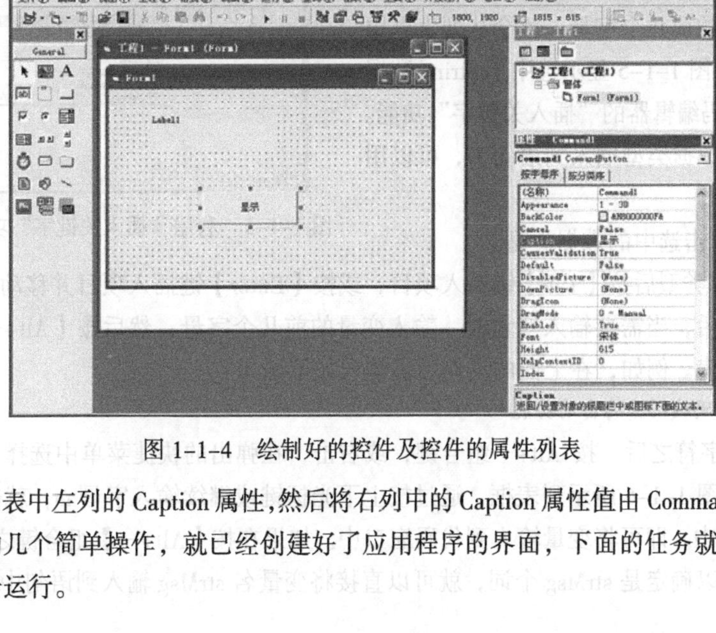

图 1-1-4 绘制好的控件及控件的属性列表

单击属性列表中左列的 Caption 属性，然后将右列中的 Caption 属性值由 Command1 改为“显示”。

经过鼠标的几个简单操作，就已经创建好了应用程序的界面，下面的任务就是编写代码，控制程序的每一步运行。

2．编写应用程序的代码

在创建好应用程序的界面后，就要对窗体及窗体上的各个控件编写代码，以完成应用程序的相应功能。

1）编写代码

VB 应用程序的代码是在代码编辑窗口中编写的，使用代码编辑窗口可以快速查看和编辑应用程序代码的任何部分。

进入到代码编辑窗口中后，在代码窗口上部左侧的对象列表框中选择 Command1，在右侧的过程列表框中选择 Click，则代码编辑窗口中会出现如下代码：

```
Private Sub Command1_Click()
End Sub
```

在这两条语句之间输入下面的代码：

```
Label1.Caption="欢迎进入 Visual Basic 世界！"
Label1.FontName="宋体"
Label1.FontSize=12
Label1.FontBold=True                    '粗体
Label1.FontItalic=True                  '倾斜
Label1.FontUnderline=True               '带下画线
```

2）代码编辑器的自动功能

代码编辑器具有一些智能，它能替程序员自动填充语句、属性和参数，这些性能使编写代码更加方便也更加准确。

（1）使用“插入关键字”功能，自动完成关键字和变量名输入。在过程中声明变量时，通常会输入如下语句：

```
Dim strMsg As
```

当输入 As 后的空格时，代码编辑器会弹出一个列表框，列出可以使用的数据类型。用户只要输入数据类型的前几个字母，就会从列表框中选中该类型名称，图 1-1-5 显示选中了 String 数据类型。这就是代码编辑器的“插入关键字”功能。

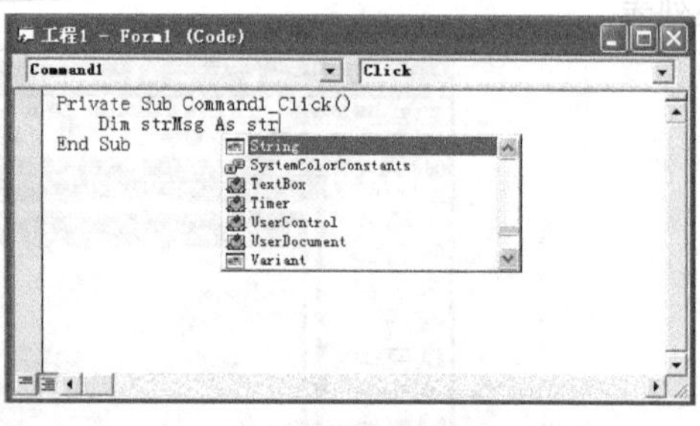

图 1-1-5　利用“插入关键字”功能显示变量类型

要将选中的数据类型插入到语句中，可以用以下两种方法：

① 用鼠标双击选中的数据类型。

② 选中数据类型后按【Tab】键插入项目，或按【Enter】键插入项目并移动到下一行。

在声明变量后，当需要输入变量时，输入变量的前几个字母，然后按【Alt+→】组合键，就可以显示变量列表。例如，在上面的语句后需输入如下语句：

```
strMsg="代码编辑器的自动功能"
```

在输入 str 字符之后，按 Alt+→组合键，或右击，在弹出的快捷菜单中选择“自动完成关键字”命令，出现图 1-1-6 所示列表框，通过按上下光标键或继续输入字母 m，就会发现声明的变量 strMsg 已被选中，即可将变量输入到代码窗口中。如果在按【Alt+→】组合键之前输入字母 m，让代码编辑器足以确定是 strMsg 个词，就可以直接将变量名 strMsg 输入到语句中。

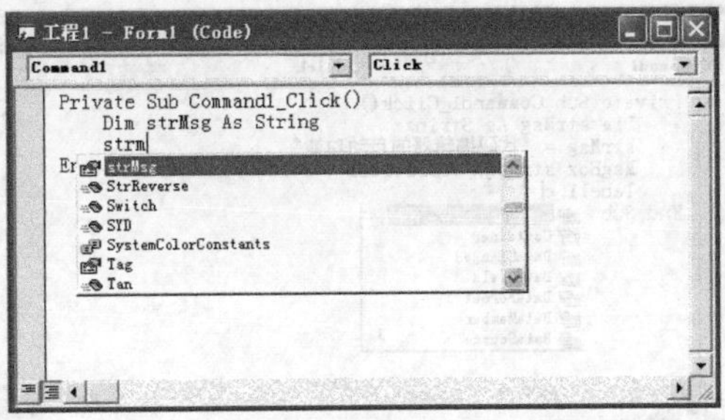

图 1-1-6 利用“插入关键字”功能输入变量

（2）利用“自动快速信息”功能输入函数参数。代码编辑器的“自动快速信息”功能是指当用户输入合法的 VB 语句或函数名后，关于该语句或函数的语法立即显示在当前行的下方，并用粗体字显示第一个参数的信息。例如，输入函数名 MsgBox，再输入一个空格，就会显示出 MsgBox()函数的语法，如图 1-1-7 所示。

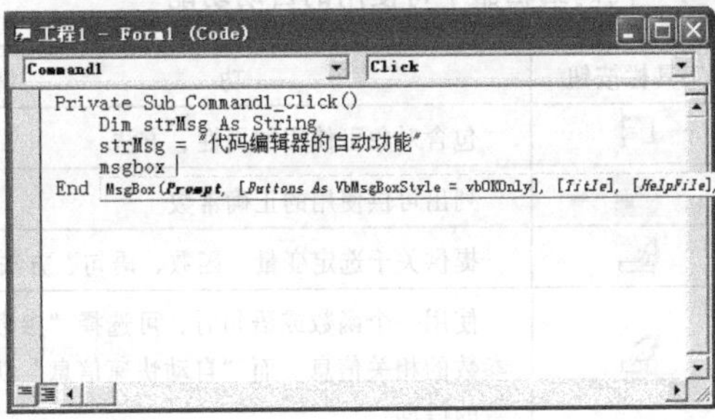

图 1-1-7 利用“自动快速信息”功能输入函数参数

（3）“常数列表”功能提供可使用的正确常数。在输入第一个参数 strMsg 和逗号“,”后，语法提示中的第二个参数变为粗体字，同时显示出另一个列表框，列出一些常量，如图 1-1-8 所示。这个功能就是“常数列表”功能。当要设置一个对象属性或参数的常数取值时，这个列表框就会出现，其中列出正确的常数可供引用。利用上面介绍的方法可以选取常数。

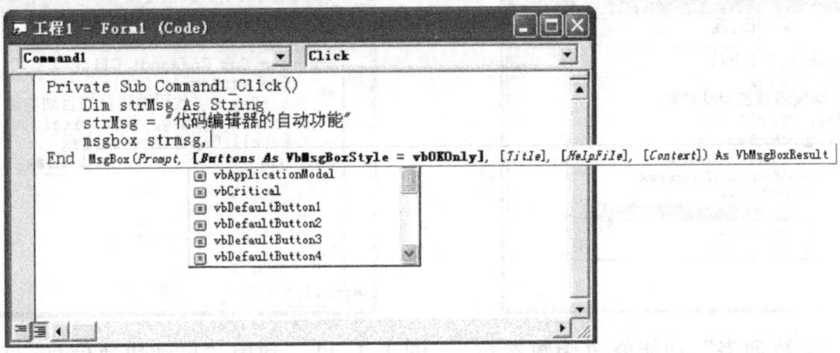

图 1-1-8 利用“常数列表”功能输入常量

（4）利用“属性/方法列表”快速输入对象属性。在上面程序中继续输入语句，例如要设置标签的 Caption 属性：

```
Label1.Caption=strMsg
```

当用户输入对象名 Label1 后的“.”之后，会弹出一个新的列表框——属性/方法列表，其中包括 Label1 所有可用的属性和方法，此时输入字母 c，即可找到属性 Caption，如图 1-1-9 所示。

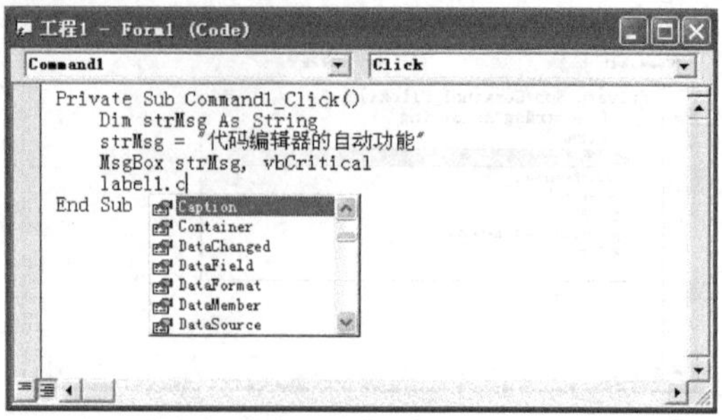

图 1-1-9　利用“属性/方法列表”输入对象属性

代码编辑器不仅可以在用户录入程序时提供自动功能，而且在对程序进行编辑时也可以使用，但需要使用快捷键或工具栏按钮来激活。表 1-1-1 列出了代码编辑器中可以使用的自动功能，以及调用这些功能的快捷键和“编辑”工具栏中的按钮。

表 1-1-1　代码编辑器中可使用的自动功能

名　称	快捷键	工具栏按钮	功　能
属性/方法列表	Ctrl+J		包含对象可使用的属性、方法
常数列表	Ctrl+Shift+J		列出可供使用的正确常数
自动快速信息	Ctrl+I		提供关于选定变量、函数、语句、方法或过程的语法
参数信息	Ctrl+Shift+I		使用一个函数或语句时，可选择“参数信息”功能，以提供参数的相关信息。而“自动快速信息”功能只提供每个嵌入函数的信息
插入关键字	Alt+→		自动完成关键字、变量名输入

例如，只要将光标插入到相应语句当中，再按快捷键，就可以使用“常数列表”功能来修改 MsgBox()函数的参数（见图 1-1-10），或使用“自动快速信息”功能来查看某个变量的信息（见图 1-1-11）。

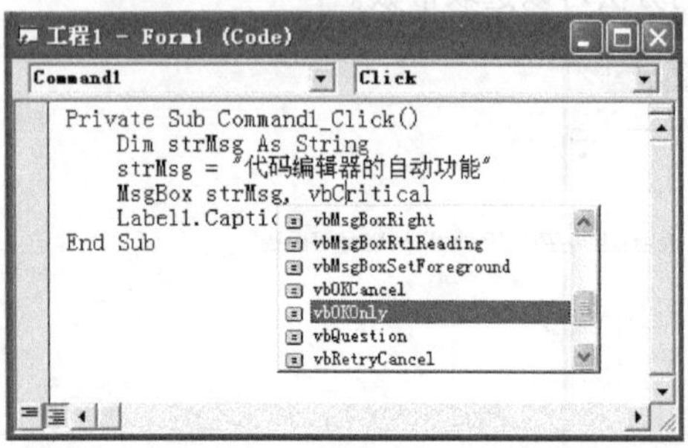

图 1-1-10　利用“常数列表”功能修改函数参数

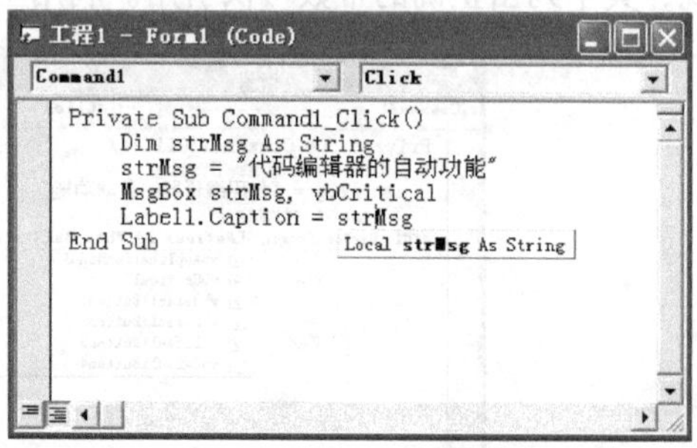

图 1-1-11　利用“自动快速信息”功能查看变量信息

3. 运行应用程序

程序设计完成后，就可运行程序。在 VB 中，程序可以以两种模式运行：解释运行模式和编译运行模式。

编译运行模式是由系统读取源程序中全部代码，将其转换为机器代码，并保存在 EXE 可执行文件中，供以后多次运行。

解释运行模式是由系统读取被触发事件的那段过程代码，将其转换为机器代码，然后执行该机器代码。由于转换后的机器代码不保存，如需再次运行该程序，必须再解释一次，显然运行速度比编译运行模式慢。

一般在程序设计完成后，都是先在解释运行模式下运行程序，查看运行结果并对程序进行调试。在确定程序没有问题后，再对程序进行编译并形成 EXE 可执行文件。下面先在解释运行模式下运行上面的程序：

（1）在工具栏中单击“启动”按钮▸，或选择“运行”→“启动”命令，或按【F5】键，执行程序。

（2）程序运行后，显示主窗体，此时用鼠标单击“显示”按钮，窗体上会显示“欢迎进入 Visual Basic 世界！”，如图 1-1-12 所示。

（3）如果要关闭这个应用程序，可以单击程序窗口右上角的“关闭”按钮。

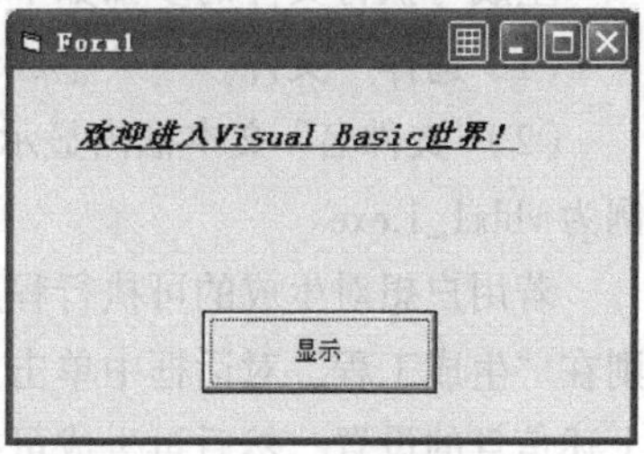

图 1-1-12　程序运行窗口

若程序运行过程中出错，系统会显示出错信息，并自动进入“中断”运行模式，回到代码窗口提示用户对代码进行修改，此时就要对程序进行调试。关于程序的调试和错误处理，请查阅本书的第 2 章。

4．保存文件

在程序编写过程中或运行结束后常常要将有关文件保存到磁盘上，以便以后多次使用。通常，一个工程中会涉及多种文件类型，但本例比较简单，仅涉及一个窗体，因此在保存文件时，只要保存一个窗体文件和工程文件即可。保存文件的步骤如下：

（1）选择“文件”→“保存 Form1”（窗体文件）命令，系统弹出“文件另存为”对话框，提示用户输入文件名。在“保存在”下拉列表框中选择保存的文件夹，在“文件名”文本框中输入文件名（扩展名由系统根据不同的文件类型自动添加，这里是.frm）。本例窗体文件名为 VB6LX.frm，保存在 E 盘的 VBLX 文件夹下。

（2）选择“文件”→“保存工程”（工程文件）命令，系统弹出“工程另存为”对话框，提示用户输入文件名，操作同上。本例工程文件名为 VB6LX.vbp。

注意：

- 对于新创建的工程，选择保存命令时，系统会弹出另存为对话框；对于已存在的工程，若以原文件名保存，则可选择“保存 Form”、“保存工程”命令；如果需要对文件更名存盘，则选择“文件”→“Form 另存为”（窗体文件）和“工程另存为”（工程文件）命令。
- 在存盘时一定要记住文件保存的位置和文件名，以免下次使用时找不到，系统默认为 VB98 目录。

在保存文件之后，用户若要再次修改或运行该文件，只需选择“文件”→“打开工程”命令，输入要打开的工程文件名，就可把磁盘上的文件调入内存进行所需的操作。

至此，一个完整的应用程序就编制完成了，但 VB 应用程序的开发过程并没有完结，还要将应用程序编译成可执行文件，并打包制作安装盘。

5. 生成可执行文件

在前面的程序运行中，直接选择“运行”→“启动”命令或单击工具栏中的启动按钮来运行程序，这时的运行是在解释运行模式下，而且仍然在 VB 环境中。有时需要程序的运行能脱离 VB 环境，即当关闭 VB 系统后，可像任何基于 Windows 的应用程序那样，双击程序文件图标就可运行。这就必须对应用程序源代码进行编译，生成可执行文件（EXE 文件）。

生成可执行文件的步骤如下：

（1）选择“文件”→“生成×××.exe”命令，弹出“生成工程”对话框，如图 1-1-13 所示。

（2）“文件名”文本框内显示与原工程文件名一致的可执行文件名，用户也可修改文件名，本例为 vblx1_1.exe。

若用户想对生成的可执行程序增加一些信息，如产品名称、版权和商标、软件制作单位等，则在“生成工程”对话框中单击“选项”按钮，打开“工程属性”（见图 1-1-14）对话框，进行上述信息的设置，然后再生成可执行的 EXE 程序。

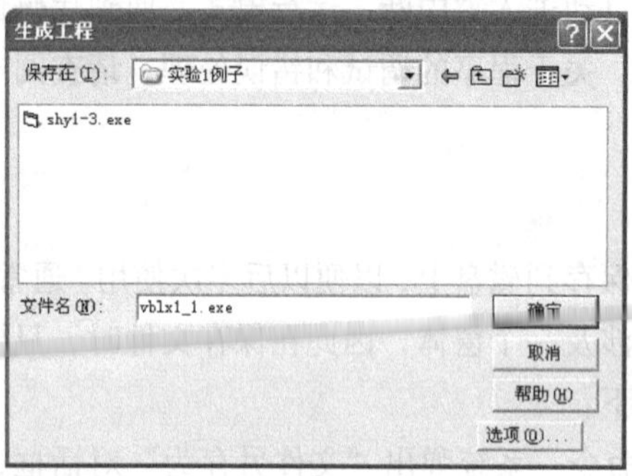

图 1-1-13 “生成工程”对话框

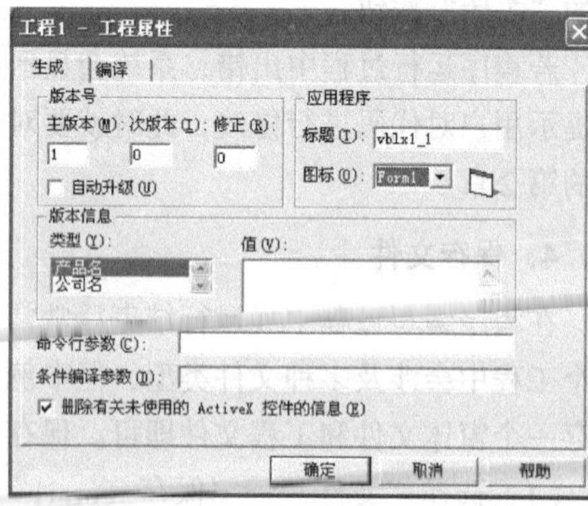

图 1-1-14 “工程属性”对话框

生成 EXE 可执行文件后，就可以在 Windows 环境下直接运行。用户可以关闭 VB，回到 Windows 环境，然后在“开始”菜单中选择“运行”命令，输入该文件名即可；也可在 Windows 资源管理器中双击程序图标来运行。

实际上生成的 EXE 可执行文件，还需要 VB 系统的一些支持文件才能运行，如 OCX、DLL 等文件。上面生成的 EXE 文件在当前机器上可以运行，是因为机器中具有 VB 的环境及这些支持文件，如果将这个 EXE 文件复制到其他机器上，可能就不能运行了。为了便于用户将自己编制的应用软件商品化，VB 提供了制作安装盘的方法和工具，以便在脱离 VB 系统的 Windows 环境下运行。

6. 制作安装盘发布应用程序

在创建 VB 应用程序后，用户可能希望将该程序发布给其他人。为此，用户必须为自己的应用程序打包。所谓为应用程序打包，是指创建一个软件包的操作，该软件包可以将应用程序安装到用户的计算机上。软件包由一个或多个 CAB 文件组成，文件中包含用户安装和运行应用程序所需的被压缩的工程文件和任何其他必需的文件。这些文件可能包括安装程序、辅助的 CAB 文件或其他必需的文件。这些附加的文件根据创建的软件包类型不同而不同。

实际上，用户可以将使用 VB 创建的任何应用程序自由地发布给使用 Windows 的任何人，可以通过磁盘、CD、网络或者 Intranet 及 Internet 等途径来发布应用程序。在发布应用程序时，必须经过下述两个步骤：

（1）打包。必须将应用程序文件打包为一个或多个可以部署到选定位置的 CAB 文件。CAB 文件是一种经过压缩的、很适合通过磁盘或 Internet 进行发布的文件。对于某些类型的软件包，用户还必须为其创建安装程序。

（2）部署。用户必须将打好包的应用程序放置到适当的位置，以便用户可以从该位置安装应用程序。这意味着可将软件包复制到软盘上或复制到本地或网络驱动器上，也可以将该软件包部署到一个 Web 站点中。

利用 VB 的打包和展开向导可以很容易完成创建安装程序的所有工作，它使创建和部署这些文件时所包含的很多工作得以自动进行，用户只要在向导的提示下输入一些信息即可。下面就以上面生成的 VB6LX.vbp 工程文件为例，简单介绍使用打包和展开向导的过程。

（1）保存 VB6LX.vbp 工程文件，退出 VB 6.0。

（2）在 Windows 的"开始"菜单中选择 Visual Basic 6.0→"Microsoft Visual Basic 6.0 中文版工具"→Package & Deployment 命令，打开"打包和展开向导"对话框。

（3）在"打包和展开向导"对话框中输入将要发布的工程的路径和文件名或通过"浏览"按钮选择工程文件，然后单击"打包"按钮。

（4）此后根据安装向导的提示，依次单击"下一步"按钮。最后弹出完成对话框，单击"完成"按钮，安装向导开始生成安装包程序。打包工作完成后，安装向导会给出"打包报告"信息，给出打包的详细信息。

（5）在完成应用程序的打包工作并产生发布媒体后，必须对安装程序进行测试。应确保在一台没有 VB 以及应用程序所需的任何 ActiveX 控件的机器上测试安装程序。用户还应该在所有可用的操作系统上测试该安装程序。

在安装包中找到 Setup.exe 文件（通常在第一个文件夹 disk1 或第一张安装盘上），运行该文件即可启动安装程序。

至此，一个完整的 VB 应用程序的开发过程即可宣告结束。当然，在发布应用程序后，还要随时了解用户对应用程序的反馈意见，并对软件进行维护。

1.4 VB 6.0 的帮助功能

由于 VB 6.0 只是 Visual Studio 6.0 的组件之一，VB 6.0 本身并不带有帮助。Microsoft 公司为 Visual Studio 6.0 提供了一套 MSDN Library 帮助系统，在 VB 6.0 安装完成时，系统会提示安装 MSDN Library，只有安装了 MSDN Library，才能在 VB 6.0 中使用帮助功能。

1. 了解 MSDN Library 查阅器

想要查阅联机手册 MSDN 的内容，可以使用如下几种方法：

（1）在"开始"菜单中选择"程序"→Microsoft Developer Network→MSDN Library Visual Studio 6.0 命令，打开 MSDN Library 窗口。

（2）在 VB 主窗口中选择"帮助"→"内容"或"索引"命令，打开 MSDN Library 窗口。

（3）在 VB 操作环境中，选中想要查阅说明的对象或程序语句后，按【F1】键，也将打开 MSDN Library 窗口，并在窗口中显示要查阅的内容。

1）通过目录查找信息

MSDN Library 窗口有 4 个选项卡，切换到“目录”选项卡可浏览主题的标题。由于 MSDN Library 中所附的内容不仅有 VB 的相关信息，Microsoft 的其他开发工具（如 Visual C++、Visual FoxPro 等）的技术文件也在其中，所以该目录是一个包含了 MSDN Library 中所有可用信息的可扩充列表。

单击目录中的主题，可浏览该主题。在浏览主题的标题时，可以像操作资源管理器一样展开或收缩节点，以查看主题下的各个子项。

2）通过索引查找信息

“索引”选项卡中包含一份关键字列表，这些关键字与众多的 MSDN Library 主题相关联。切换到“索引”选项卡可查看索引项的列表，然后输入一个与所需查找的信息有关的关键字或滚动翻阅整个列表来查找关键字。

由于 MSDN Library 中所附的内容不只有 VB 的相关信息，这样当输入一个要查找的关键字时，会查出很多相同的项目。如果只关心 VB 的内容，可以在“活动子集”下拉列表框中选择“Visual Basic 文档”选项，这样，索引项就只有与 VB 有关的项目了。

2. 从 Internet 上获得帮助

随着 Internet 的发展，信息的传递变得更加迅速，人们获取信息的方式也发生了很大的变化。通过访问 Internet，可以获得很多有关 VB 的信息。Microsoft 公司也为 VB 提供了相应的主页地址 http://www.microsoft.com/vbasic/，提供了 VB 基础知识、VB 软件库和 VB 常见问题等内容。

实际上，在 Internet 上，关于 VB 的内容非常多，有讲解 VB 的网站，有提供各种 VB 程序的网站，还有各种 VB 专题的讨论区，读者只要留心，定会有不少收获。

第 2 章 程序调试和出错处理

无论怎样精巧地编制代码，都可能会出现错误。就理想的情况而言，VB 过程根本不需要处理错误的代码。但是，某些可能发生的事情如文件被误删除、磁盘驱动器空间溢出、网络驱动器意外分离都会在代码运行中引起错误。为了处理这些错误，需要将错误处理代码添加到过程中。

有时，错误也可能出现在代码内部，通常称这类错误为缺陷。严重的缺陷可能导致应用程序不再对命令做出响应，这时，用户可能要重新启动应用程序，致使已经完成但尚未存储的工作丢失。

在应用程序中查找并修改错误的过程称为调试。为了分析应用程序的操作方式，VB 提供了几种工具。这些调试工具不但对查出错误根源特别有用，还能用来尝试改变应用程序，或用来了解其他应用程序的工作方式。

本章将主要介绍程序中常出现的错误类型，如何使用 VB 中的调试工具进行程序调试，以及对于程序中出现的错误如何进行正确的处理。

2.1 错误类型

为了更有效地使用调试手段，将可能遇到的错误分成编译错误、运行错误和逻辑错误 3 类。

1. 编译错误

编译错误是指程序代码违反 VB 语言结构和语法规则而产生的错误。例如，如果在输入 VB 代码时输入了不正确的关键字，遗漏了某些必需的标点符号，或在设计时使用了一个 Next 语句而没有 For 语句与之对应，那么 VB 在编译应用程序时就会检测到这些错误，并指出错误的原因，如图 1-2-1 所示。如果想了解详细的错误原因，可单击“帮助”按钮。

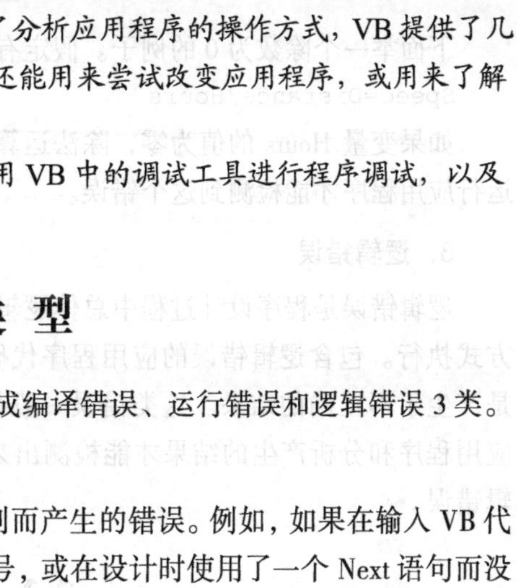

图 1-2-1　编译错误

再如，可能会有像下面这样的语句：

```
Left
```

虽然在 VB 语言中 Left 是一个有效的词，但是它的前面没有 Object，所以不符合该词的语法要求。如果已在“选项”对话框的“编辑器”选项卡中选中“自动语法检测”复选框，那么，只要在代码窗口中输入一个语法错误，VB 就会立即显示错误消息。

设置“自动语法检测”功能的步骤如下：

（1）选择“工具”→“选项”命令，弹出“选项”对话框，切换到“编辑器”选项卡。

（2）选中“自动语法检测”复选框，单击“确定”按钮。

2．运行错误

运行错误是指程序中的语句本身都是正确的，但是这些语句无法正确地执行，从而导致程序产生错误。例如，程序试图打开一个不存在的文件或者除数为零。操作系统会检测出这类错误并报告错误原因，如图 1-2-2 所示。

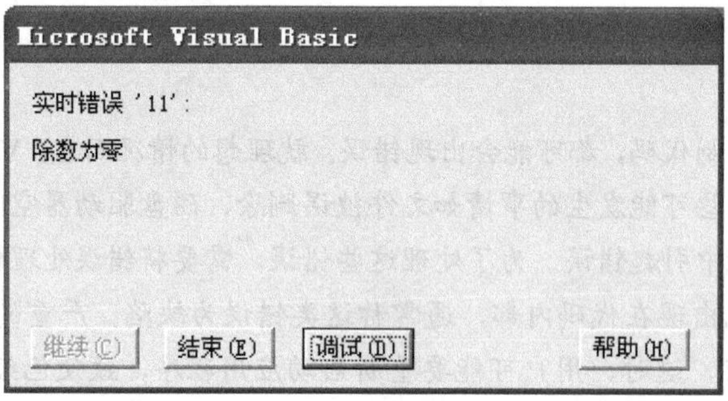

图 1-2-2　运行错误

下面举一个除数为 0 的例子。假定有这样一条语句：

```
Speed=Distance/Hours
```

如果变量 Hours 的值为零，除法运算就是无效操作。尽管语句本身的语法是正确的，但必须运行应用程序才能检测到这个错误。

3．逻辑错误

逻辑错误是程序设计过程中总体逻辑思路和算法方面出现问题，从而使得应用程序未按预期方式执行。包含逻辑错误的应用程序代码可以没有语法错误，运行时也未执行无效操作，但还是产生了不正确的结果。这类错误一般很难查找，因而应用程序是否正确运行，只有通过测试应用程序和分析产生的结果才能检测出来。我们可以借助 VB 提供的调试工具来分析和定位逻辑错误。

2.2　调试工具

下面通过 VB 提供的分析工具介绍 VB 程序的调试技术。VB 虽然不能自动更正错误，但能提供工具来帮助分析程序运行是如何从过程的一部分流动到另一部分的，分析变量和属性是如何随着语句的执行而改变的。有了调试工具，就能深入到应用程序内部去观察，从而确定到底发生了什么事件以及事件为什么会发生。

VB 调试功能的核心是“调试”菜单和工具栏的一组工具。图 1-2-3 所示为工具栏中的调试工具。

在 VB 中，调试工具的功能是：

（1）分析和查找逻辑错误和运行错误。

（2）观察无错代码的状况。

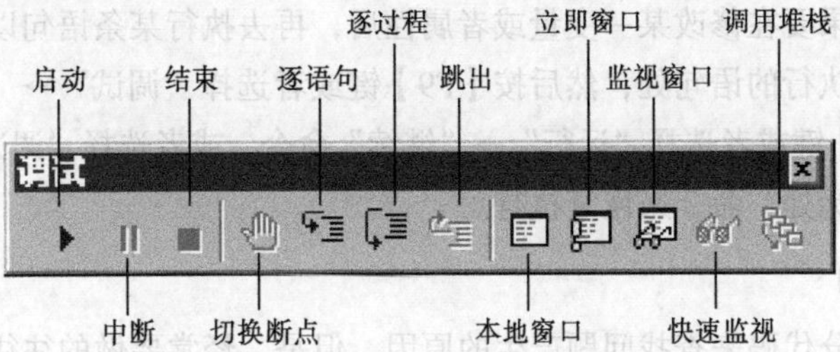

图 1-2-3 “调试”工具栏

例如，在结束利用级数计算某个数的正弦值后，可能会得到一个显然不合逻辑的结果，调试过程的任务就是确定导致错误结果的原因，以及错误产生的位置。例如，我们很可能是忘记初始化某个变量、用错操作符或使用了不正确的公式。

调试的技巧并不神秘，但每次工作也无成规可循。调试主要是有助于了解在应用程序运行时正在发生的事情。调试工具提供了应用程序当前状态的快照，包括：

（1）用户界面（UI）的外观；

（2）变量、表达式和属性的值；

（3）活动的过程调用。

有关某些调试工具的具体用法将在“程序调试”一节中具体介绍。

2.3 程序调试

1. 控制程序的运行

调试最重要的部分就是控制程序的运行，如果程序员能够控制每一条语句的运行，那么要确定程序的哪一部分有问题就相当容易。

1）逐语句执行

逐语句执行就是每执行一条语句后暂停。按【F8】键或者选择“调试”→“逐语句”命令，将使 VB 暂时切换到运行模式来执行当前语句，然后前进到下一条语句并切换回中断模式。

程序执行到过程调用语句时，逐语句执行将进入到被调用的过程中，然后从过程的开始语句逐条执行。

2）逐过程执行

执行到过程调用时，如果不想进入过程去执行，可按【Shift+F8】组合键或者选择“调试”→“逐过程”命令。逐过程执行是将被调用过程作为整体来执行的。

3）从过程中跳出

逐语句执行进入过程内部后，如果要跳出过程，可按【Ctrl+Shift+F8】组合键或者选择“调试”→“跳出”命令。

4）运行到光标处

有时不需要单步执行代码中的每一行，而只需跳到可能产生问题的部分。这时可以将光标定位在要重新获得控制权的位置，然后按【Ctrl+F8】组合键或者选择“调试”→“运行到光标处”命令。

5）设置下一条要执行的语句

调试程序时，如果要在修改某一变量或者属性后，再去执行某条语句以便验证是否正确，那么可以将光标移到要执行的语句处，然后按【F9】键或者选择“调试”→“设置下一条语句”命令。设置后，按【F5】键或者选择“运行”→“继续”命令，或者选择“调试”→“逐语句”、“逐过程”或“运行到光标处”命令来恢复执行。

2. 使用调试窗口

有时可以运行部分代码来查找问题产生的原因，但是，经常要做的往往还是分析数据到底发生了什么变化。可以在有关变量或属性的问题中将不正确的值放在一边，然后需要确定变量或属性如何得到不正确的值以及分析为什么会得到这些数值。

调试程序时，经常要查看某些变量的值。VB 提供了一个非常简便的方法，只要将鼠标指针停留在要查看的变量上，稍等片刻就会显示出一个小方框（见图 1-2-4），通过小方框可以了解变量的值。

在逐步运行应用程序的语句时，可用调试窗口监视表达式和变量的值。VB 有 3 个调试窗口，它们是立即窗口、监视窗口和本地窗口。

立即窗口所示为代码中正在调试的语句所产生的信息，或直接往窗口中输入的命令所请求的信息。图 1-2-5 所示为立即窗口。

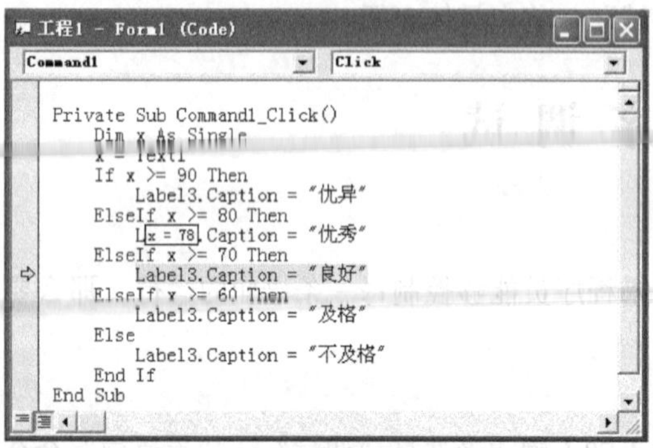

图 1-2-4　直接查看变量的值

图 1-2-5　立即窗口

监视窗口显示当前的监视表达式，在代码运行过程中可决定是否监视这些表达式的值。中断表达式是一个监视表达式，当定义的某个条件为真时，它将使 VB 进入中断模式。在监视窗口中，“上下文”列指出过程、模块，每个监视表达式都在这些过程或模块中进行计算。只有当前语句在指定的上下文中时，监视窗口才能显示监视表达式的值。否则，值列只显示一条消息，指出语句不在上下文中。为访问监视窗口，应选择“视图”→“监视窗口”命令，如图 1-2-6 所示。

本地窗口显示当前过程中所有变量的值。当程序的执行从一个过程切换到另一个过程时，本地窗口的内容会发生改变，它只反映当前过程中可用的变量。为了访问本地窗口，应选择“视图”→“本地窗口”命令。图 1-2-7 所示为本地窗口。

3. 使用中断方式

在设计时可改变应用程序的设计或代码，但却看不到这些变更对应用程序的运行产生的影响。在运行时可观察应用程序的工作状况，但不能直接改变代码。

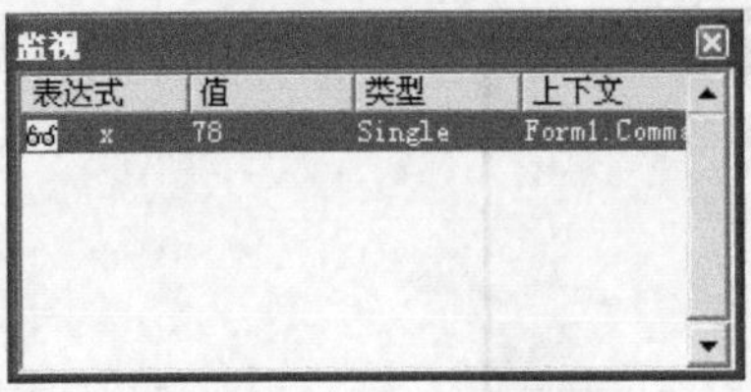

图 1-2-6　监视窗口

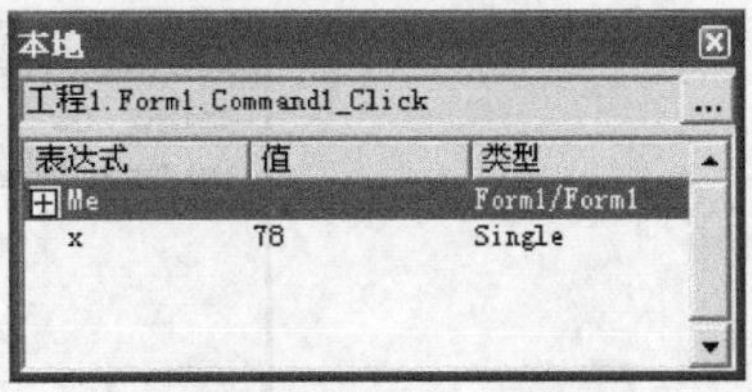

图 1-2-7　本地窗口

中断模式可随时中止应用程序的执行，并提供有关应用程序的情况快照。因为变量和属性的值被保留下来，所以，可以借此分析应用程序的当前状态并输入修改内容，这些修改将影响应用程序的运行。当应用程序处于中断模式时，可以进行以下操作：

（1）在应用程序中修改代码。

（2）观察应用程序界面的情况。

（3）确定哪个活动过程已被调用。

（4）监视变量值、属性和语句。

（5）改变变量值和属性设置值。

（6）查看或控制应用程序下一步运行的语句。

（7）立即运行 VB 语句。

（8）手工控制应用程序的操作。

1）在有问题的语句处进入中断模式

在调试时，可能会希望应用程序能够在认为有问题的代码处中止执行，这就是 VB 提供断点和 Stop 语句的原因之一。断点定义了一条语句或一系列条件，使 VB 能够在此自动停止执行，并且不运行包含断点的语句，把应用程序置于中断模式下。

在应用程序运行时，可用下列方法手动进入中断模式：

（1）按【Ctrl+Break】组合键。

（2）选择“运行”→“中断”命令。

（3）单击“调试”工具栏中的“中断”按钮。

当应用程序处于空闲状态（当应用程序处于两事件的进程之间）时，也可以中断应用程序的执行。此时，应用程序不在特定行中止执行，但无论如何，VB 还是会切换到中断模式。

总而言之，以下任何情况发生时 VB 都会自动进入中断模式：

（1）语句产生了非捕获的运行时错误。

（2）语句产生运行时错误，并且“发生错误时中断”错误捕获选项被启用。

（3）“添加监视”对话框中定义的中断表达式将发生变化或变成真，这取决于其定义方式。

（4）执行到一个设有断点的行。

（5）执行到一个 Stop 语句。

2）更正运行错误并继续

某些运行时错误是由输入代码时的疏忽造成的，这些错误很容易更正。例如，把名字拼错，属性或方法与对象不匹配，对文本框使用了 Clear 方法，对文件列表框使用 Text 属性，这些都是常见错误。图 1-2-8 所示为一个运行错误。

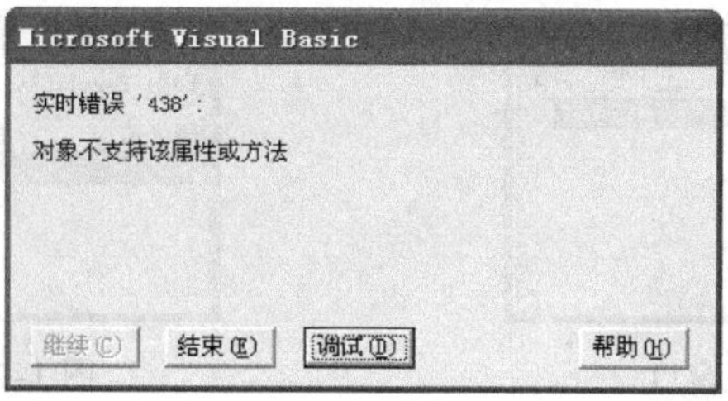

图 1-2-8　属性或方法与对象不匹配错误

通常可以在中止应用程序的同一行处输入更正并继续执行程序。直接选择“运行”→“继续”命令，或单击“调试”工具栏中的“继续”按钮，就可以继续执行程序。在继续运行应用程序时，可以验证问题是否得到更正。

如果在“选项”对话框（选择“工具”→“选项”命令）“通用”选项卡的“错误捕获”选项组中选中“发生错误时中断”单选按钮，那么 VB 将禁止代码中的错误处理程序。这样，当一个语句产生运行错误时，VB 将进入中断模式。反之，如果取消选择“发生错误时中断”单选按钮，而且存在一个错误处理程序，那么，错误处理程序将中断代码并采取纠正措施。

有时，在做过某些变更（最常见的是改变变量声明、添加新的变量或过程）之后，VB 将要求重新启动应用程序。当这种情况发生时，VB 会弹出一条消息，询问是否想要重新启动应用程序。

3）使用监视表达式监视数据

在调试应用程序时，一个计算可能未得到想要的结果。一般来说，当某个变量或属性取特定的值或一个范围之内的值时，这样的问题就可能出现。由于许多调试问题不是由单个语句产生的，所以需要在整个过程中观察变量或表达式的情况。

VB 自动对监视表达式（用户定义的表达式）进行监视。当应用程序进入中断模式后，这些监视表达式会出现在监视窗口中，我们可以在此观察它们的值。

无论何时，只要表达式的值改变或等于一个特定的值，就可把应用程序设置为中断模式来直接观察表达式。例如，在循环计数器达到一个特定值时，可用一个监视表达式把应用程序设置为中断模式，而不是一次一条语句逐步执行数十次乃至数百次循环。实际上，在过程中一个标志的值每次改变，都能够使应用程序进入中断模式。

在设计时或中断模式下可添加监视表达式。可以用“添加监视”对话框（见图 1-2-9）来添加监视表达式。

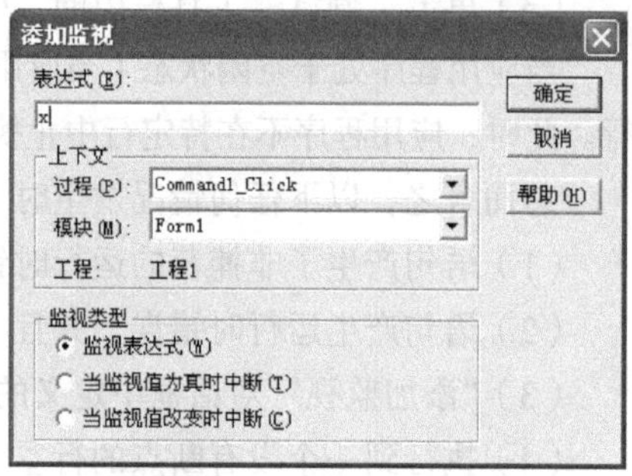

图 1-2-9　“添加监视”对话框

可以执行以下步骤添加监视表达式：

（1）选择“调试”→“添加监视”命令。

（2）代码编辑器中的当前表达式（如果有）将出现在“添加监视”对话框的“表达式”文本框中。如果这不是要监视的表达式，则在“表达式”文本框中输入要监视的表达式来求值。

（3）如果有必要，则设置要监视的变量的范围。如果在“上下文”选项组中单击“过程”或“模块”下拉列表框的下拉按钮，则从弹出的列表中可选定一个过程、窗体或模块名。

（4）如果有必要，可在“监视类型”选项组中选定单选按钮来确定 VB 对监视表达式进行响应的方式。

（5）单击“确定”按钮。

另外，也可以把表达式从代码编辑器中拖放到监视窗口来添加表达式。

可以在监视窗口中编辑和删除所有已列出的监视表达式。要编辑监视表达式，可执行以下步骤：

（1）在监视窗口中双击想要编辑的监视表达式，或选定想要编辑的监视表达式，然后选择“调试”→“编辑监视”命令。

（2）弹出“编辑监视”对话框，除了标题栏不同以及增加了一个“删除”按钮外，该对话框与“添加监视”对话框相同。

（3）改变表达式、变量的求值范围或监视类型。

（4）单击“确定”按钮。

删除监视表达式的方法很简单，只要在监视窗口中选定要删除的监视表达式，然后按【Delete】键即可。

在中断模式下可检查未定义监视表达式的属性、变量或表达式的值。要检查这样的表达式，应使用“快速监视”对话框，如图 1-2-10 所示。

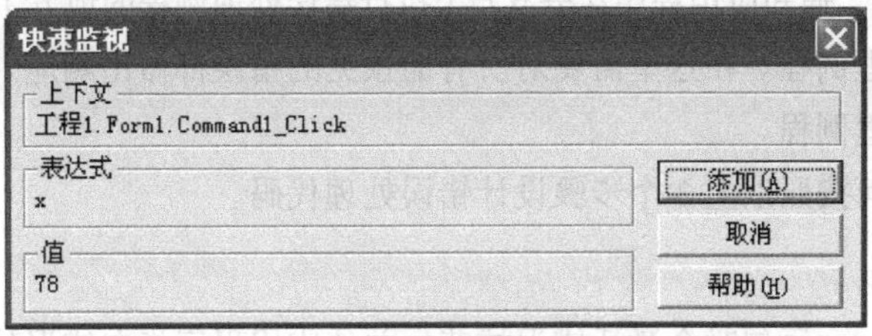

图 1-2-10 “快速监视”对话框

“快速监视”对话框显示从代码窗口中选定的表达式的值。为继续监视这个表达式，可单击“添加”按钮，会弹出“监视”窗口，并在监视窗口中显示“快速监视”对话框中的相关信息。如果 VB 不能对当前表达式求值，则禁止使用“添加”按钮。可以执行以下步骤显示“快速监视”对话框：

（1）在代码窗口中选定监视表达式。

（2）单击“调试”工具栏中的“快速监视”按钮，或按【Shift+F9】组合键。

（3）如果要把根据“快速监视”对话框的一个表达式定义出来的监视表达式添加到监视窗口中，则单击“添加”按钮即可。

4）使用断点中断程序的执行

在运行时，一个断点会在执行一行代码之前告诉 VB 中止运行。当 VB 正在运行一个过程并遇到一行具有断点的代码时，它就切换到中断模式。

我们可在中断模式下或设计时设置或删除断点；当应用程序处于空闲状态时，也可在运行时设置或删除断点。设置或删除断点的步骤如下：

在代码窗口中，把光标移到要设置或删除断点的代码行；或在代码窗口中要设置或删除断点的那一行代码的左侧空白区单击；或者选择“调试”→“切换断点”命令；或单击“调试”工具栏中的“切换断点”按钮；或按【F9】键。

5）使用 Stop 语句

在过程中放置一条 Stop 语句是设置断点的一个变通方法。每当 Visual Basic 遇到 Stop 语句时，这条语句就中止执行并切换到中断模式。虽然 Stop 语句与断点的功能相似，但它们的设置或清除方法却是不同的。

Stop 语句除了暂时中止执行外，不做任何事情，此时可以选择“运行”→“继续”命令来继续运行应用程序。而 End 语句用在中止执行、重置变量并返回设计时。

在创建 EXE 可执行文件之前，要确信删除了所有 Stop 语句。如果独立的 VB 应用程序（.exe）遇到了 Stop 语句，那么应用程序就把它当做 End 语句并立即中断执行，而且不发生任何 QueryUnload 或 Unload 事件。

2.4 错误处理

错误处理程序是应用程序中捕获和响应错误的例程。对于可能会出错的任何过程均要添加错误处理程序。设计错误处理程序的过程包括 3 步：

（1）当错误发生时，通知应用程序在分支点（执行错误处理例程的地方）设置或激活错误捕获。

（2）编写错误处理例程。在这里需要对所有能预见的错误都做出响应。

（3）退出错误处理例程。

下面简要介绍如何按照以上 3 个步骤设计错误处理代码。

1. 设置错误捕获

当 VB 执行 On Error 语句时会激活错误捕获，并使应用程序指向错误处理程序。一旦错误捕获的过程被激活，它就始终是活动的，也就是说，直到该过程执行 Exit Sub、Exit Function、End Sub、End Function 或 End 属性语句时，错误捕获才停止。尽管在任意时刻、任意过程中只能激活一个错误捕获，但我们可建立几个供选择的错误捕获并在不同的时刻激活不同的错误捕获。另外，借助 On Error 语句的特例：On Error GoTo 0，也能主动停用某一错误捕获。

为设置一个跳转到错误处理例程的错误捕获，可用 On Error GoTo line 语句，此处，line 指出识别错误处理代码的标签。

2. 编写错误处理例程

编写错误处理例程的第一步是添加行标签，标志着错误处理例程开始。行标签应该有一个具有描述性的名称，其后必须加冒号。有这样一个公共约定，即将错误处理代码放置在过程末尾，该过程在紧靠行标签前方处具有 Exit Sub、Exit Function 或 Exit 属性语句。这样，如果未出现错误，则过程可避免执行错误处理代码。

错误处理例程体包含实际处理错误的代码，通常以 Case 或 If...Then...Else 语句的形式出现。在该例程体中需要确定可能会发生什么错误并对每种错误提供操作方法。例如，在“磁盘未准备好”错误的情况下，要提示用户插入磁盘。为了处理所有意想不到的错误，总应使用 Else 或 Case Else 语句提供选项。

Err 对象的 Number 属性含有数值代码，代码代表最新的运行时错误。借助 Err 对象与 Select Case 或 If...Then...Else 语句的结合，可对出现的任何错误采取针对性的操作。

3. 退出错误处理简介

一般来说，错误处理程序无论何时修正错误，都可以使用 Resume 语句，而在错误处理程序不能修正错误时使用 Resume Next 语句。这样，可以编写一个错误处理程序，使用户看不到运行时存在的错误，又不为用户显示错误信息，也不允许用户进行修改。表 1-2-1 给出了退出错误处理使用的语句。

表 1-2-1　退出错误处理例程语句

语　　句	描　　述
Resume [0]	对于出错的语句，或者对于最近曾执行过程调用的语句（这里，过程包括错误处理例程），程序执行会恢复这些语句。改正了产生错误的条件后，可用它重复操作
Resume Next	在紧接着出错语句之后的那条语句处恢复程序执行。如果错误发生在包含错误处理程序的过程之外，而且所调用的过程不具有激活的错误处理程序，则在调用了出现错误的过程之后的那条语句处，执行恢复
Resume line	在 line 指定的标签处恢复程序执行，此处，line 是行标签（或是非零的行号），必须与错误处理程序在同一过程中
Err.Raise　　Number:=number	触发运行错误。在错误处理例程内执行这一语句时，VB 将搜索另一个错误处理例程的调用列表（调用列表是为到达当前执行点而调用的过程链）

第二篇 Visual Basic 6.0 上机实验

实验 1 VB 集成环境及简单应用程序的建立

一、实验目的

（1）掌握 VB 6.0 的启动与退出。

（2）了解 VB 6.0 的集成开发环境，熟悉各主要窗口的作用。

（3）了解 VB 6.0 应用程序的开发过程。

（4）理解 VB 中对象的概念。

（5）掌握事件驱动编程的机制，了解属性的设置方法与代码的编写方法。

二、相关知识

1. VB 6.0 的启动与退出

VB 6.0 的启动与退出与一般 Windows 应用程序的启动与退出一样，可以通过“开始”菜单启动 VB 6.0，也可以将 VB 6.0 程序的快捷方式图标放在桌面上，然后双击该图标将其启动；退出时则可以在“文件”菜单中选择“退出”命令，或双击窗口控制菜单图标，或单击窗口右上角的“关闭”按钮。

2. VB 6.0 的集成开发环境

VB 6.0 的集成开发环境在一个公共环境中集成了设计、编辑、编译和调试等许多不同的功能，它由菜单、工具栏、工具箱、浏览器及完成各种特定功能的窗口组成。

3. VB 应用程序的开发过程

VB 采用的是一种“可视化”的编程方法，可以先设计应用程序的外观，然后再编写不同部件的程序代码。

4. VB 中对象的概念

对象是基本的运行时的实体，它既包括数据（对象属性），也包括作用于对象的操作（方法）和对象的响应（事件）。对象的属性用来表示对象的状态，对象的方法决定了对象可以进行的操作。不同的对象具有不同的属性和方法。VB 中最主要的两种对象是窗体和控件。在 VB 程序设计中，基本的设计机制就是改变对象的属性、使用对象的方法和为对象编写事件过程。

5. VB 6.0 的帮助功能

VB 6.0是Visual Studio 6.0的套件之一，VB 6.0本身并不带帮助，Microsoft公司为Visual Studio 6.0提供了一套MSDN Library帮助系统。MSDN（Microsoft Developer Network）是使用Microsoft开发工具或是以Windows或Internet为开发平台的开发人员的基本参考，它是一本集程序设计指南、用户使用手册以及库函数于一体的电子词典。使用MSDN Library的帮助功能，不仅可以引导初学者入门，还可帮助各种层次的用户完成应用程序的设计。

三、实验举例

【例 1-1】 VB的启动与退出。

【解】（1）启动VB 6.0：

通过“开始”菜单启动VB 6.0，操作步骤如下：

① 单击Windows任务栏左端的“开始”按钮，弹出“开始”菜单，将鼠标指针指向“程序”选项，选择“Microsoft Visual Basic 6.0中文版”→“Microsoft Visual Basic 6.0中文版”命令，将启动VB 6.0，并弹出“新建工程”对话框。

② 要建立一个新的工程，选择“新建”选项卡，从中选择“标准EXE”选项（默认），然后单击“打开”按钮，进入VB 6.0应用程序集成开发环境。

（2）VB的退出：

在VB 6.0应用程序集成开发环境窗口中，从“文件”菜单中选择“退出”命令、双击窗口控制菜单图标、单击关闭按钮均可退出VB 6.0。在退出时，系统可能会提示用户保存工程文件和窗体文件。

【例 1-2】 认识VB集成开发环境。

【解】

1）VB的三种工作模式：设计模式、运行模式和中断模式

（1）启动VB，选择新建一个新的工程，进入VB 6.0集成环境。此时，标题栏中的标题为“工程 1-Microsoft Visual Basic[设计]，表明集成开发环境处于设计模式。

（2）用鼠标单击工具栏中的“启动”按钮▶，或在“运行”菜单中选择“启动”命令，此时，标题栏中的标题为“工程 1-Microsoft Visual Basic[运行]”，表明集成开发环境处于运行模式，如图 2-1-1 所示。

图 2-1-1　运行模式

（3）在“运行”菜单中选择“中断”命令，或按【Ctrl+Break】组合键，此时，标题栏中的标题为“工程 1-Microsoft Visual Basic[break]”，表明集成开发环境处于中断模式，如图 2-1-2 所示。

图 2-1-2　中断模式

2）VB 集成开发环境中的各种窗口

（1）窗体窗口：

① 启动 VB，进入 Visual Basic 6.0 应用程序集成开发环境后，中间部分显示的就是窗体窗口，窗体默认名称为 Form1。

② 用鼠标拖动窗体窗口标题栏，可移动窗体窗口。

③ 用鼠标拖动窗体窗口边框，可改变窗体窗口大小。

④ 单击窗体窗口的最小化按钮，可将窗体窗口缩小成图标形式；双击窗体窗口图标，可将其恢复为原大小。

（2）属性窗口：

① 选中窗体窗口中的窗体，属性窗口中便显示出当前窗体的各种属性。

② 选中 Caption 属性（见图 2-1-3），然后在右列中输入“窗体”，此时窗体的标题栏上显示“窗体”。

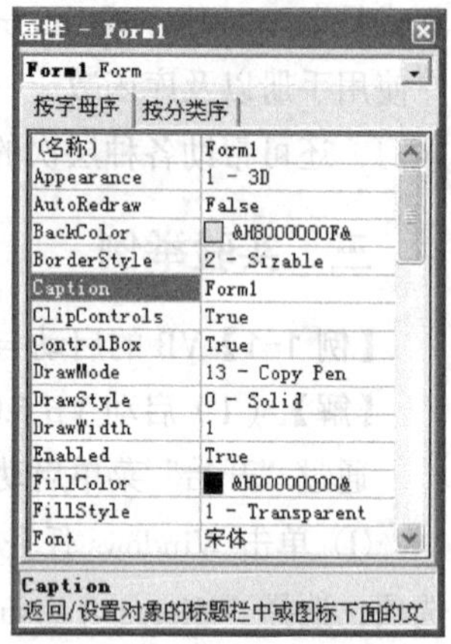

图 2-1-3　属性窗口

（3）工程资源管理器窗口：

① VB 6.0 应用程序集成开发环境的右边显示了工程资源管理器窗口，由于是新建的工程，系统会给出默认名称“工程 1”，因此窗口的标题栏中显示“工程 1”，如图 2-1-4 所示。

② 单击“查看代码”按钮，会弹出代码窗口，用于显示和编辑代码。

③ 单击“查看对象”按钮，会切换回窗体窗口，用于查看窗口上的模块对象。

④ 单击“切换文件夹”按钮，可以使工程中的文件按类型分层次或不分层次显示。

（4）代码窗口：

代码窗口是专门用来进行程序设计的窗口，可在其中显示和编辑程序代码。打开代码窗口有以下几种方法：

① 在工程资源管理器窗口中单击“查看代码”按钮。

② 在窗体窗口中用鼠标双击一个控件或窗体本身。

③ 选择“视图”→“代码窗口”命令。

在代码窗口的“对象”下拉列表框中选择对象 Form；在代码窗口的“过程”下拉列表框中选择事件 Click，如图 2-1-5 所示。

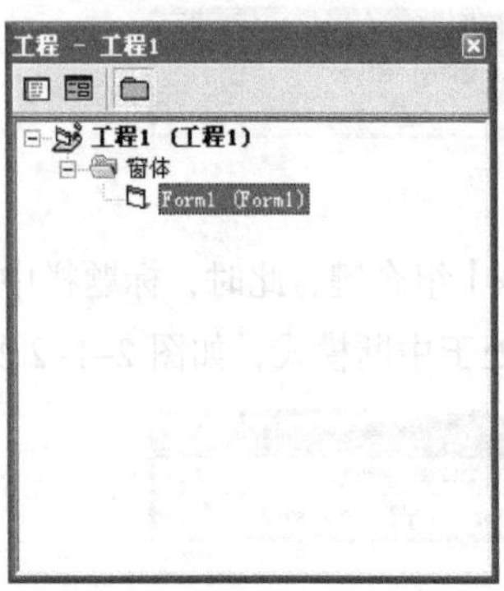

图 2-1-4　工程资源管理器窗口

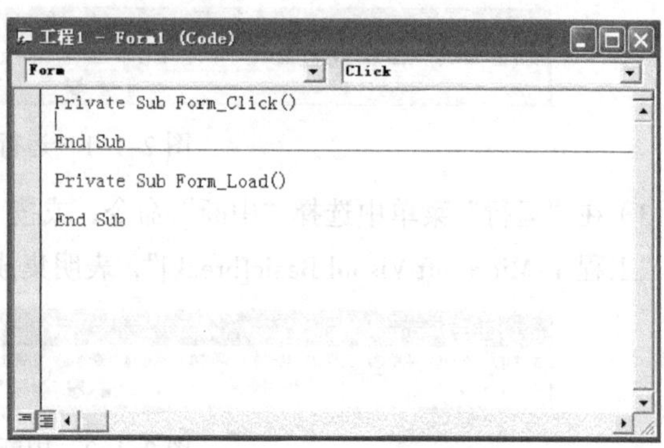

图 2-1-5　代码窗口

（5）工具箱：

在设计状态下，工具箱总是出现在 VB 集成环境的左侧，用鼠标可以拖动工具箱到任何位置，如图 2-1-6 所示。若不想显示工具箱，可以单击其右上角的关闭按钮关闭工具箱；若要再次显示工具箱，可选择"视图"→"工具箱"命令。

3）VB 集成开发环境中的工具栏

除了"标准"工具栏外，VB 6.0 还提供了"编辑"、"窗体编辑器"、"调试"等专用的工具栏。

① 在"视图"菜单中选择"工具栏"命令，其级联菜单中列出了 VB 提供的工具栏及当前工具栏的状态。图 2-1-7 所示表示当前只打开了"标准"工具栏。

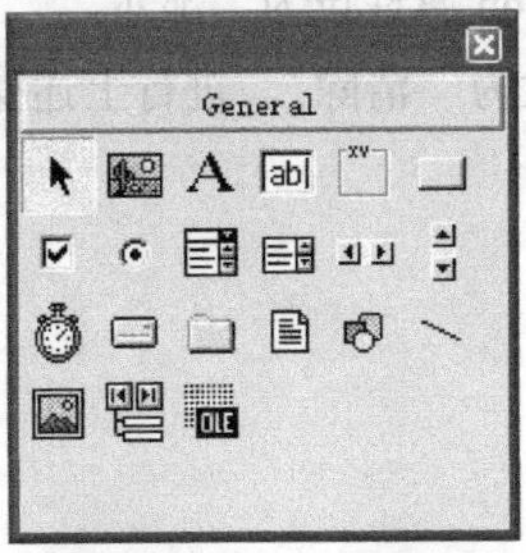

图 2-1-6 工具箱

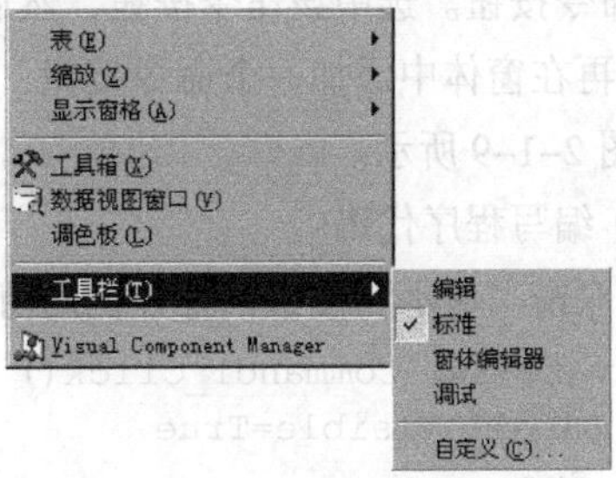

图 2-1-7 工具栏菜单

② 在"工具栏"级联菜单中选择"编辑"命令，可打开"编辑"工具栏。

③ 在"工具栏"级联菜单中选择"窗体编辑器"命令，打开"窗体编辑器"工具栏。

④ 在"工具栏"级联菜单中选择"调试"命令，打开"调试"工具栏。

【例 1-3】 建立一个简单的 VB 应用程序。

【解】 首先建立一个自己的文件夹，以便将练习中生成的各种文件保存在该文件夹中，这里在 E 盘建立一个 VBSY 文件夹。

（1）建立一个新的工程。启动 VB 6.0，新建一个新的工程，进入 VB 6.0 集成开发环境，屏幕上出现一个默认的 Form1 窗体。

（2）设置窗体属性。选中窗体窗口中的窗体，在属性窗口中选择 Caption 属性，然后在右列中输入"窗体"，此时窗体的标题栏变为"窗体"，如图 2-1-8 所示。

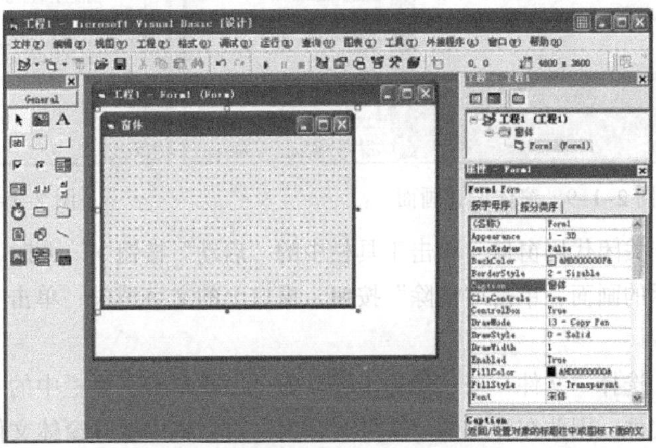

图 2-1-8 VB 6.0 集成开发环境中的窗体

（3）在窗体上绘制控件：

① 单击工具箱中标有字母 A 的工具按钮（标签），这时鼠标指针会变为十字形，将十字形鼠标指针移动到窗体的合适位置，按住鼠标左键，然后拖动鼠标，会在窗体上画出一个矩形区域，当其大小合适后，释放鼠标按键，窗体上即出现了一个标签控件，中间有文字“Label1”。

选中标签控件，然后在属性窗口中将其 Caption 属性设为“建立一个简单的 VB 应用程序”；再选中 Font 属性，单击其右侧的“...”按钮，在打开的“字体”对话框中将字号设为“四号”，将字形设为“粗体”。

② 单击工具箱中凸起矩形图案的工具按钮（命令按钮），按照上述方法在窗体的合适位置画出一个命令按钮。选中该命令按钮，然后在属性窗口中将其 Caption 属性设为“显示”。

③ 再在窗体中添加一个命令按钮，然后将其 Caption 属性设为“清除”。进行上述操作后的窗体如图 2-1-9 所示。

（4）编写程序代码：

① 双击“显示”按钮，打开代码窗口，然后输入如下代码：

```
Private Sub Command1_Click()
   Label1.Visible=True
End Sub
```

② 在代码窗口的“对象”下拉列表框中选择对象 Command2，在“过程”下拉列表框中选择事件 Click（见图 2-1-10），然后输入如下代码：

```
Private Sub Command2_Click()
   Label1.Visible=False
End Sub
```

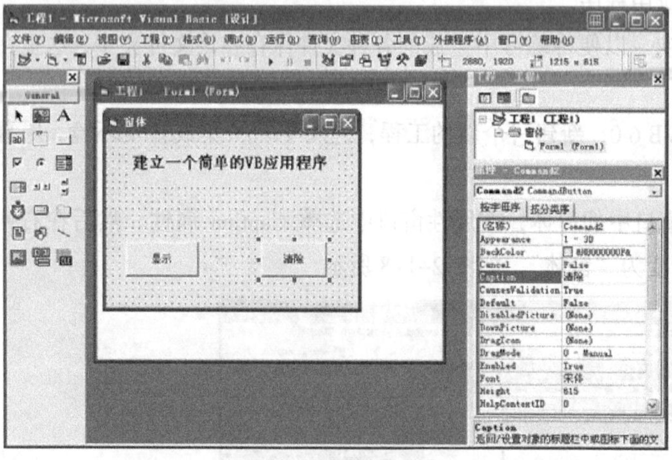

图 2-1-9　窗体设计画面

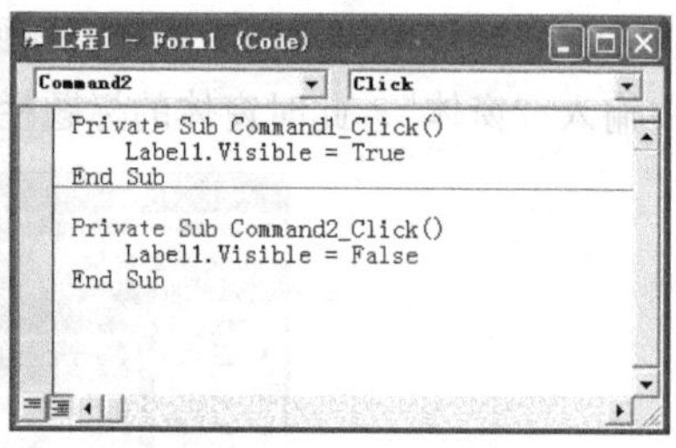

图 2-1-10　代码窗口

（5）运行程序。关闭代码窗口，单击工具栏中的“启动”按钮▸。此时，程序开始运行，并显示图 2-1-11 所示的画面，单击“清除”按钮，窗口上的文字消失；单击“显示”按钮，文字又显示出来。

（6）保存文件。选择“文件”→“保存工程”命令，或单击工具栏中的“保存工程”按钮。由于是第一次保存文件，因此在弹出的“文件另存为”对话框中保存窗体文件，将窗体文件保存在 E 盘的“实验 1 例子”文件夹下，并命名为 shy1-3.frm。此时，系统会继续提示保存工程文件，将工程文件也保存在 E 盘的“实验 1 例子”文件夹下，并命名为 shy1-3.vbp。

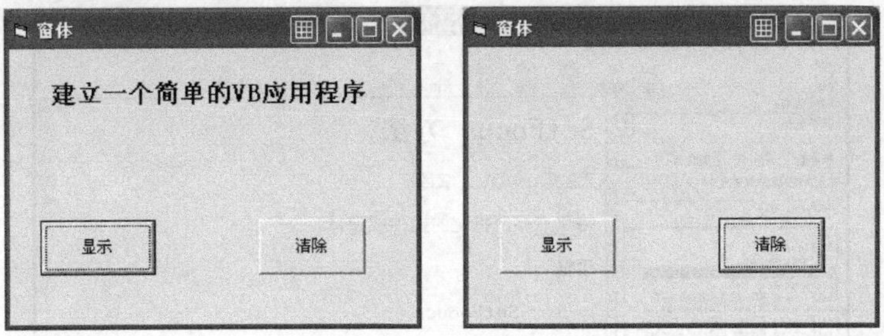

图 2-1-11 程序运行窗口

（7）生成可执行文件。选择“文件”→“生成 shy1-3.exe”命令，弹出“生成工程”对话框，此时可执行文件名已默认为 shy1-3.exe，如图 2-1-12 所示。在该对话框中单击“选项”按钮，打开“工程属性”对话框（见图 2-1-13），在该对话框中可以设置版本号、版本信息、编译选项等。最后单击“确定”按钮进行编译。编译完成后，E 盘的“实验 1 例子”文件夹下就会有可执行程序 shy1-3.exe。

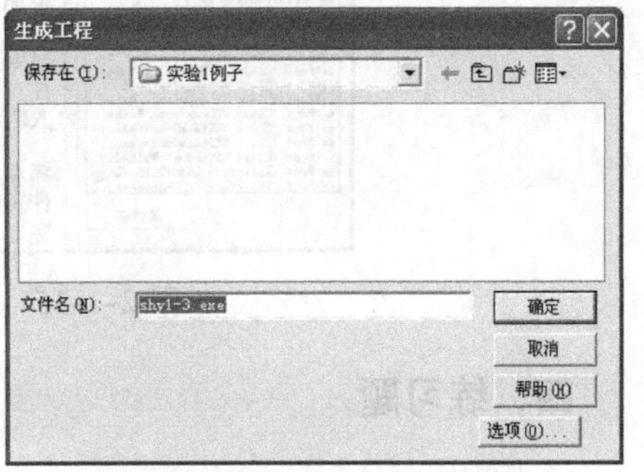

图 2-1-12 “生成工程”对话框

（8）运行可执行文件。在 E 盘的“实验 1 例子”文件夹下双击 shy1-3.exe 文件，运行该可执行文件。启动该程序后的窗口如图 2-1-13 所示。

【例 1-4】使用 VB 的帮助。

【解】选择“帮助”→“内容”命令，弹出“MSDN Library Visual Studio 6.0”窗口。

（1）利用目录浏览主题。选择“目录”选项卡，在列表框中依次展开“Visual Basic 文档”→“参考”→“控件参考”→“固有控件”节点，最后选择“CommandButton 控件”主题，此时右侧窗格中显示出相应内容，如图 2-1-14 所示。

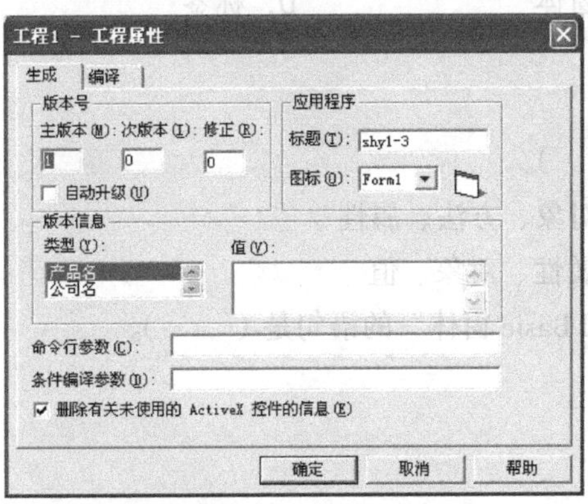

图 2-1-13 “工程属性”对话框

图 2-1-14 利用“目录”选项卡浏览主题

（2）利用索引查找信息。选择“索引”选项卡，在“键入要查找的关键字”文本框中输入“SetFocus 方法”，此时光标定位在索引项列表框中的“SetFocus 方法”项目上，单击“显示”按钮，右侧窗格中即显示出相应内容，如图 2-1-15 所示。

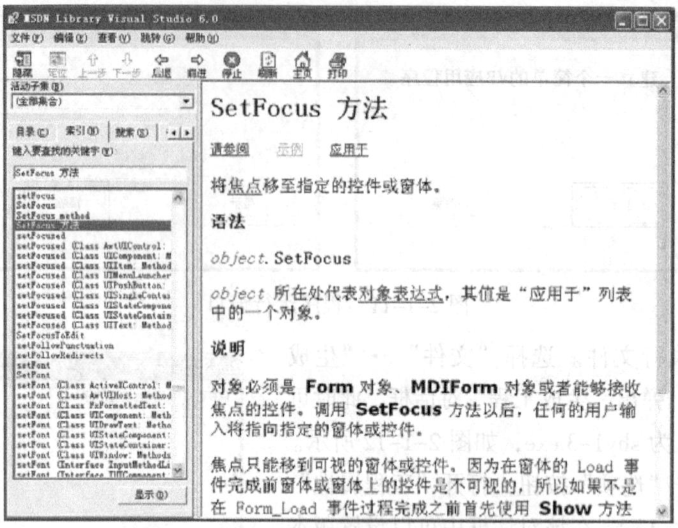

图 2-1-15　利用“索引”选项卡查找信息

四、练习题

1. 单项选择题

（1）VB 是一种面向对象的可视化程序设计语言，采取了（　　）的编程机制。

A. 事件驱动　　B. 按过程顺序执行

C. 从主程序开始执行　　D. 按模块顺序执行

（2）VB 是一种面向对象的可视化程序设计语言，其中（　　）不是面向对象系统所包含的 3 个要素。

A. 变量　　B. 事件　　C. 属性　　D. 方法

（3）在 VB 中最基本的对象是（　　），它是应用程序的基石，是其他控件的容器。

A. 文本框　　B. 命令按钮　　C. 窗体　　D. 标签

（4）若有如下语句：

```
Form1.Caption="Visual Basic 实例"
```

则 Form1、Caption 和"Visual Basic 实例"分别代表（　　）。

A. 对象、值、属性　　B. 对象、方法、属性

C. 对象、属性、值　　D. 属性、对象、值

（5）以下能在窗体 Form1 的标题栏中显示“Visual Basic 窗体”的语句是（　　）。

A. Form1.Name="Visual Basic 窗体"

B. Form1.Title="Visual Basic 窗体"

C. Form1.Caption="Visual Basic 窗体"

D. Form1.Text="Visual Basic 窗体"

（6）以下叙述中错误的是（　　）。

A．事件过程是响应特定事件的一段程序

B．不同的对象可以具有相同名称的方法

C．对象的方法是执行指定操作的过程

D．对象事件的名称可以由编程者指定

（7）以下叙述中错误的是（　　）。

A．一个工程可以包括多种类型的文件

B．Visual Basic 应用程序既能以编译方式执行，也能以解释方式执行

C．程序运行后，在内存中只能驻留一个窗体

D．对于事件驱动型应用程序，每次运行时的执行顺序可以不同

（8）以下不属于 Visual Basic 系统文件类型的是（　　）。

A．*.frm　　B．*.bat　　C．*.vbg　　D．*.vbp

（9）VB 的集成开发环境有 3 种工作状态，以下选项中不属于 3 种工作状态之一的是（　　）。

A．设计状态　　B．编写代码状态　　C．运行状态　　D．中断状态

（10）下面有关对象属性的叙述中，不正确的是（　　）。

A．一个对象的属性可分位为外观、行为等若干类

B．相同属性可能具有不同的数据类型

C．一个对象的所有属性都可在属性窗口中进行设置

D．属性窗口中的属性列表可以按字母排列也可按类别排列

2．填空题

（1）VB 应用程序中标准模块文件的扩展名是________。

（2）VB 工程文件的扩展名是________，窗体文件的扩展名是________。

（3）在 VB 集成环境下，如果没有显示工具箱，应选择________菜单中的________命令，使工具箱显示。

（4）VB 是一种面向________的程序设计语言。

（5）一只白色的足球被踢进球门，则白色、足球、踢、进球门分别是________。

（6）VB 是用于开发________环境下的应用程序的工具。

（7）能被对象所识别的动作与对象可执行的活动分别称为对象的________和________。

（8）一个可执行的 VB 的应用程序至少要包括一个________。

3．编程题

（1）编写一个 VB 程序，实现两个数的乘法运算，并显示结果。程序的运行界面如图 2-1-16 所示，单击“计算”按钮，将进行乘法计算，并在“积”文本框中显示两个数相乘的结果；单击“清空”按钮，将清除 3 个文本框中显示的内容；单击“退出”按钮，则结束程序。

（2）编写一个 VB 程序，界面如图 2-1-17 所示，当单击不同的按钮时，标签控件可随之移动。（提示：分别编写 4 个命令按钮的单击事件过程，以向左移动的按钮为例，即使得标签控件的 Left 属性值变化；该事件过程中的语句为：Label1.Left=Label1.Left-200。）

4．讨论题

（1）简述 VB 6.0 集成开发环境中各主要窗口的作用。

（2）简述创建 VB 应用程序的基本步骤。

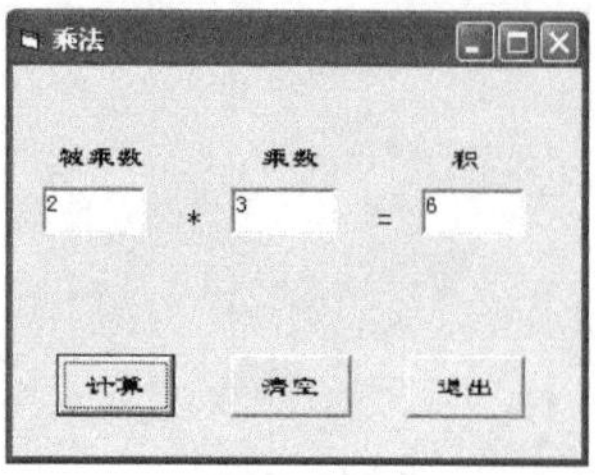

图 2-1-16　编程题（1）界面

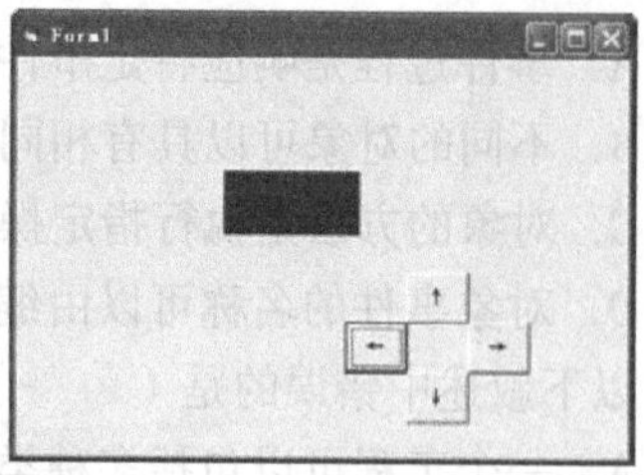

图 2-1-17　编程题（2）界面

实验 2　VB 语言基础

一、实验目的

（1）掌握 VB 数据类型的概念。

（2）掌握各种类型常量的表示方法。

（3）掌握变量的声明与赋值方法。

（4）掌握运算符的功能及优先级、表达式的书写及运算顺序。

（5）掌握 VB 常用函数的功能及使用方法。

二、相关知识

1. 数据类型

VB 提供了丰富的数据类型，所有的数据都具有数据类型。如果数据的数值与数据类型不匹配，就会出现错误或者造成内存空间的浪费。在 VB 中，数据类型分为标准数据类型和自定义类型。

标准数据类型包括数值型数据类型、非数值型数据类型和变体数据类型。其中，数值型数据类型包括整型、长整型、单精度型、双精度型、货币型、字节型；非数值类型包括日期型、逻辑型、字符型和对象数据类型。

2. 变量的声明

变量用来在程序运行期间临时存储数值。声明变量包括名称和数据类型。

3. 表达式

表达式是指用运算符或圆括号将运算元素连接起来的一个有意义的式子。VB 的表达式有下列形式：

（1）算术表达式：由算术运算符连接。其运算符的含义、优先级和数学中的运算符相同，只是整除运算符（\）和取模运算符（Mod）是新概念，读者应加以注意。

（2）关系表达式：由关系运算符连接，其运算结果是一个逻辑量。运算符两边的操作数如果是数值型，则按其大小比较；如果是字符型，则按其字符编码的码值从左到右一一比较。

（3）逻辑表达式：由逻辑运算符连接，运算结果为逻辑值。

（4）字符串表达式：由字符串运算符“+”和“&”连接。它们的功能都是将两个字符串连接起来。“+”运算符两边的操作数应均为字符型；“&”运算符两边的操作数可以是字符型或数值型。

4. 内部函数

VB 提供了大量的内部函数供用户编程时使用。内部函数按功能分为数学函数、转换函数、字符串函数、日期函数等。用户可以通过 VB 的“帮助”菜单了解所有内部函数的使用方法。

三、实验举例

【例 2-1】新建一个工程，然后在窗体中添加一个命令按钮 Command1，在 Command1 的单击事件中编制并运行如下程序，在窗体中观察并分析运行结果。

```
Private Sub Command1_Click()
    Dim Amt As Integer,Bmt As Integer,Cmt As Single,Dmt As Double
    Amt=6
    Print 10+Amt
    Print Amt-10
    Print -Amt
    Print Amt*Amt
    Print 10/Amt
    Print 10\Amt
    Print 10 Mod Amt
    Print Amt^2
    Bmt=10/Amt
    Cmt=10/Amt
    Dmt=10/Amt
    Print Bmt
    Print Cmt
    Print Dmt
End Sub
```

分析：该程序演示了 VB 中算术运算符的使用以及不同的数值型数据。其中，“-”运算符在单目运算（单个操作数）中做取负运算，在双目运算（两个操作数）中做算术减运算，其余都是双目运算符。

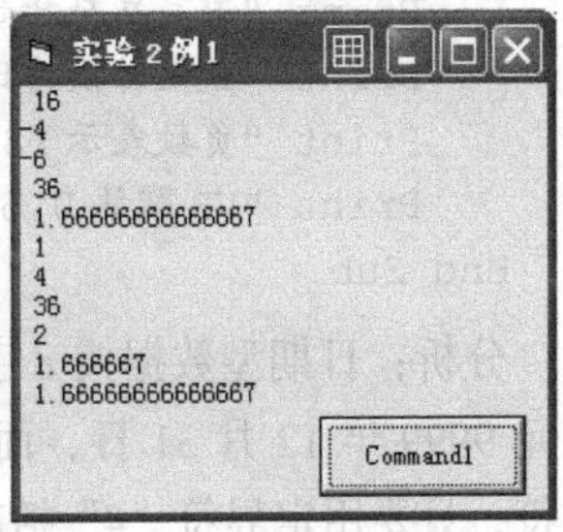

图 2-2-1 例 2-1 程序运行结果

程序运行结果如图 2-2-1 所示。

【例 2-2】逻辑型数据的使用。在窗体的 Command1 单击事件中编制并运行如下程序：

```
Private Sub Command1_Click()
    Dim a As Boolean,b As Boolean
    Dim x As Integer,y As Integer
    x=0
    y=-2
    a=x
    b=y
    Print a,b,x,y
    a=True
    b=False
    x=a
    y=b
    Print x,y,a,b
```

```
End Sub
```

分析：逻辑型数据有两个值：真（True）和假（False）。逻辑数据和数值型数据可以互相转换，当逻辑数据转换成数值型数据时，True 转换为-1，False 转换为 0；当其他数值型数据转换成逻辑数据型时，非 0 值转换为 True，0 转换为 False。

程序运行结果如图 2-2-2 所示。

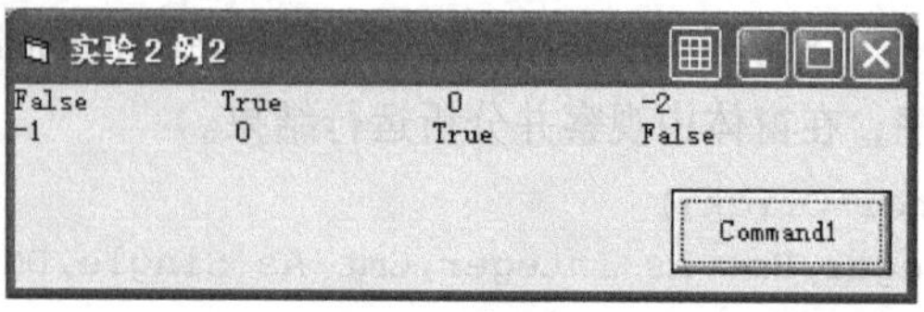

图 2-2-2 例 2-2 程序运行结果

【例 2-3】日期型数据。在窗体的 Command1 单击事件中编制并运行如下程序：

```
Private Sub Command1_Click()
    Dim a As Date,s As Date,d As Date
    Dim f As Date,s1 As Date,s2 As Date
    a=#5/9/2002#
    s=#5/12/1999 12:30:15 PM#
    d=2001.12
    f=-2001.12
    s1=0.5
    s2=0
    Print "用定界符括起来的标准日期: ";"a=";a,"s=";s
    Print "数值转换为日期时，整数代表日期，小数代表时间: ";"d=";d
    Print "负数表示 1899 年 12 月 31 日之前的日期: ";"f=";f
    Print "VB 默认 0.5 为中午 12 点; 0 为午夜 0 点: ";"s1=";s1,"s2=";s2
End Sub
```

分析：日期型数据按 8 字节的浮点数来存储，可以表示的日期范围从公元 100 年 1 月 1 日到公元 9999 年 12 月 31 日，而时间范围从 0:00:00 到 23:59:59。任何字面上可被认作日期和时间的字符，只要用定界符“#”括起来，都可以作为日期型数据。在程序中输入数据时，系统会自动将它们转换为标准形式。

当其他数据转换为日期型数据时，小数点左边的数字代表日期，而小数点右边的数字代表时间。VB 默认午夜为 0，而中午 12 点为 0.5，使用负数表示 1899 年 12 月 31 日之前的日期。

运行结果如图 2-2-3 所示。

【例 2-4】关系运算符。在窗体的 Command1 单击事件中编制并运行如下程序：

```
 Private Sub Command1_Click()
    Print "abcde"="abd"
    Print "abcde">"aba"
    Print "BC">="ABCFF"
    Print 31<3
    Print "34"<"3"
    Print "abc"<>"ABC"
End Sub
```

分析：关系运算符是双目运算符，其功能是将两个操作数进行大小比较，其运算结果为逻辑值，如果关系成立，则返回 True，否则返回 False。操作数可以是数值型和字符型。

在比较时注意以下原则：

（1）如果两个操作数是数值型，则按其大小进行比较。

（2）如果两个操作数是字符型，则按字符的 ASCII 码值从左到右一一比较，也就是说，先比较两个字符串中的第一个字符，其 ASCII 码值大的字符串大，如果第一个字符相同，则比较第二个字符，依此类推，直到比出结果为止。

运行结果如图 2-2-4 所示。

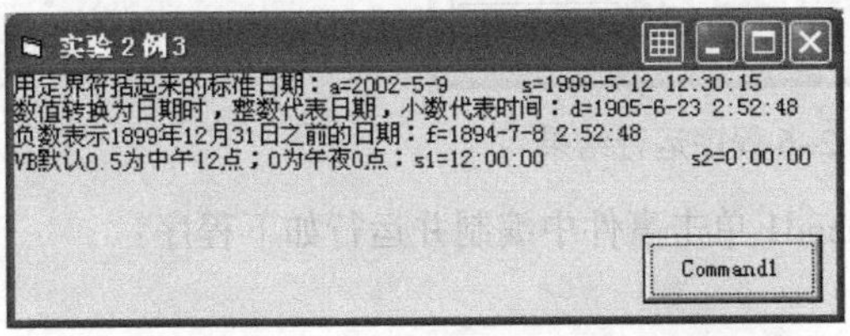

图 2-2-3　例 2-3 程序运行结果

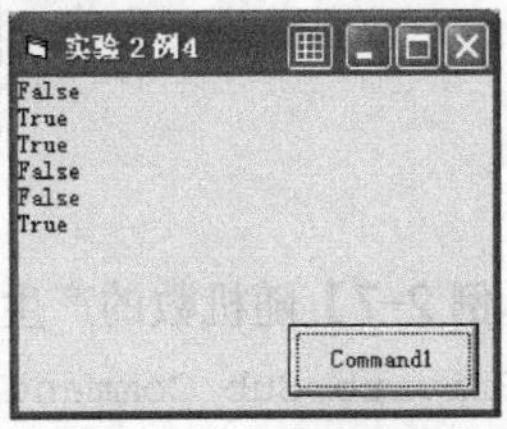

图 2-2-4　例 2-4 程序运行结果

【例 2-5】逻辑运算符的使用。在窗体的 Command1 单击事件中编制并运行如下程序：

```
Private Sub Command1_Click()
    Dim s1 As Boolean,s2 As Boolean,s3 As Boolean,s4 As Boolean
    s1=False
    s2=True
    s3=True
    s4=False
    Print Not s1
    Print s1 And s2
    Print s2 And s3
    Print s1 Or s2
    Print s1 Or s4
    Print s1 Xor s2
    Print s2 Xor s3
    Print s1 Eqv s3
    Print s1 Eqv s4
    Print s2 Imp s4
    Print s2 Imp s3
    Print 10 And 6
End Sub
```

分析：逻辑运算符除 Not 是单目运算符外，其余都是双目运算符。逻辑运算符的功能是对操作数进行逻辑运算，结果是逻辑值 True 或 False。如果逻辑运算符对数值进行运算，则按数字的二进制值逐位进行逻辑运算。此例中 10 And 6 的运算是二进制数 1010 和 0110 按位进行逻辑与运算，结果为 0010，即十进制数 2。

图 2-2-5　例 2-5 程序运行结果

运行结果如图 2-2-5 所示。

【例 2-6】算术运算函数的使用。在窗体的 Command1 单击事件中编制并运行如下程序：

```
Private Sub Command1_Click()
```

```
    Print Abs(-1.7),Log(12),Sqr(9)
    Print Exp(3),Sin(30*3.1415926/180)
    Print Int(-3.5),Fix(-3.5),Round(1.5),Round(1.512,2)
End Sub
```

运行结果如图 2-2-6 所示。

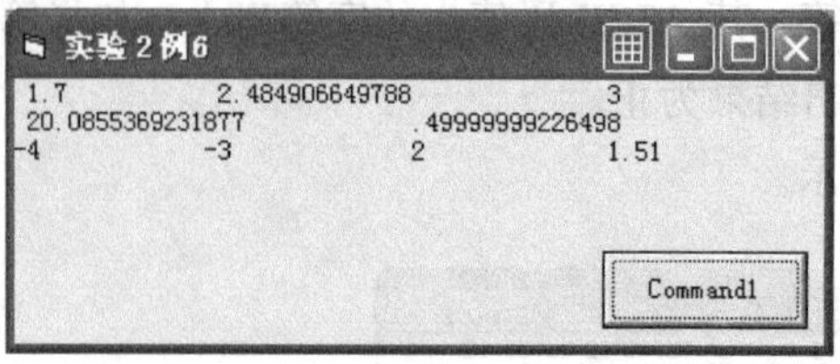

图 2-2-6 例 2-6 程序运行结果

【例 2-7】随机数的产生。在窗体的 Command1 单击事件中编制并运行如下程序：

```
Private Sub Command1_Click()
    Print Tab(5);Rnd();
    Print Tab(20);Rnd(0);
    Print Tab(35);Rnd(1);
    Print Tab(50);Rnd(-1);
    Randomize
    Print Tab(65);Int(Rnd()*10)
End Sub
```

分析：Rnd()函数返回小于 1 但大于或等于 0 的值。单击命令按钮多次，产生图 2-2-7 所示的结果，可以发现当 Rnd()函数没有自变量时，每次产生的随机数是相同的。因为 VB 在产生随机数时，必须依靠一个“随机数生成器”的值产生新的随机数。如果指定相同的随机数生成器值，得到的随机数就是一样的。为了避免这种情况，可以使用 Randomize 语句，该语句以系统时间作为随机数生成器的值，此后产生的随机数不再相同。

【例 2-8】求余数（模）运算符的使用。在窗体的 Command1 单击事件中编制并运行如下程序：

```
Private Sub Command1_Click()
    Print 20 Mod 3
    Print 20 Mod -3
    Print -20 Mod 3
    Print -20 Mod -3
End Sub
```

运行结果如图 2-2-8 所示。

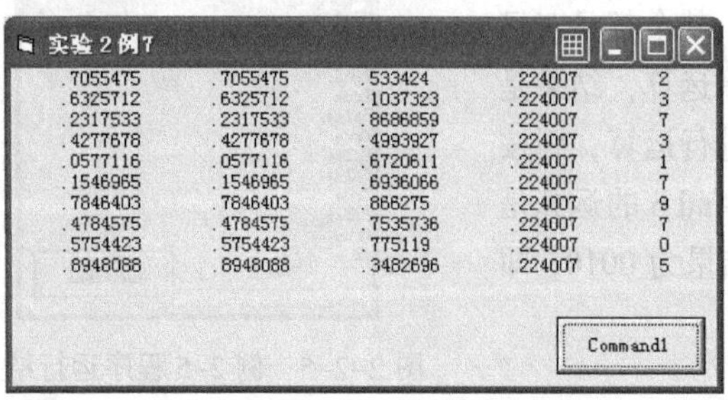

图 2-2-7 例 2-7 程序运行结果

图 2-2-8 例 2-8 程序运行结果

四、练习题

1. 单项选择题

（1）以下合法的 VB 标识符是（　　）。

A. ForLoop　　B. Dim　　C. 9abc　　D. a#x

（2）下列可作为 VB 变量名的是（　　）。

A. A#A　　B. 4A　　C. ?xy　　D. constA

（3）以下选项中不可作为 VB 合法常量的是（　　）。

A. -1.3E+2　　B. E 10　　C. 1.3E　　D. 45E-3

（4）若有以下变量声明语句：

```
Dim s
Dim a As Integer
```

则变量 a 与 s 的数据类型分别是（　　）。

A. 整型、整型　　B. 整型、变体型　　C. 变体型、整型　　D. 变体型、变体型

（5）以下字符串常量中，值最大的是（　　）。

A. "Visual Basic"　　B. "Visual C++"

C. "程序"　　D. "运算"

（6）表达式 4+5\6*7/8 Mod 9 的值是（　　）。

A. 4　　B. 5　　C. 6　　D. 7

（7）将数学表达式 $\cos^2(a+b)+5e^2$ 写成 VB 的表达式，其正确形式是（　　）。

A. Cos(a+b)^2+5*exp(2)　　B. Cos^2(a+b)+ 5*exp(2)

C. Cos(a+b)^2+5*ln(2)　　D. Cos^2(a+b)+ 5*ln(2)

（8）数学式 $3\leqslant x<10$ 表示成正确的 VB 表达式为（　　）。

A. 3<=x<10　　B. 3<=x AND x<10

C. x>=3 OR x<10　　D. 3<=x AND <10

（9）设 x=4，y=8，z=7，以下表达式的值是（　　）。

```
x<y And (Not y>z) Or z<x
```

A. 1　　B. -1　　C. True　　D. False

（10）可以同时删除字符串前导和尾部空格的函数是（　　）。

A. Ltrim()　　B. Rtrim()　　C. Trim()　　D. Mid()

（11）函数 String(n,"str")的功能是（　　）。

A. 把数值型数据转换为字符串

B. 返回由 n 个"s"组成的字符串

C. 从字符串中取出 n 个字符

D. 从字符串中第 n 个字符开始取子字符串

（12）Rnd()函数不可能为下列（　　）值。

A. 0　　B. 1　　C. 0.1234　　D. 0.0005

（13）Int(198.555*100+0.5)/100 的值是（　　）。

A. 198　　B. 199.6　　C. 198.56　　D. 200

（14）如果 x 是一个正实数，对 x 的第 3 位小数四舍五入的 VB 表达式是（　　）。

A．0.01*Int(x+0.005)　　B．0.01*Int(100*(x+0.005))

C．0.01*Int(100*(x+0.05))　　D．0.01*Int(x+0.05)

（15）执行语句 s=Len(Mid("VisualBasic",1,6))后，s 的值是（　　）。

A．Visual　　B．Basic　　C．6　　D．11

（16）下面能进行算术运算的符号是（　　）。

A．Imp　　B．Mod　　C．Not　　D．Like

（17）在程序中将变量 a、b、s、d 分别定义为 Integer 类型、Boolean 类型、String 类型和 Date 类型，下列赋值语句中正确的是（　　）。

A．a="333"+"22"　　B．d="abc"

C．s=5+"abc"　　D．b=#True#

（18）描述 X、Y 中有一个小于 Z 的逻辑表达式是（　　）。

A．X<Z And Y<Z　　B．X<Z Or Y<Z

C．X<Z Xor Y<Z　　D．X<Y<Z

（19）在一行内写多条语句时，每个语句之间要用（　　）符号分隔。

A．,　　B．;　　C．、　　D．:

（20）一个语句要在下一行中继续书写，可以用（　　）符号作为续行符。

A．+　　B．-　　C．_（空格与下画线）　D．...（省略号）

2．基本运算题

新建工程，在立即窗口中输出下列表达式的值，通过观察输出结果，体会 VB 的基本表达式运算。已知变量 s 为字符型，值为"ab3"；变量 t 为整型，其值为 3。

（1）t^3

（2）10/t

（3）10\t

（4）9 Mod t

（5）-t

（6）t*10 Mod 7

（7）s & t

（8）s>t

（9）Len(s)

（10）UCase(s)

3．讨论题

（1）VB 提供了哪些标准数据类型？

（2）VB 如何识别日期常数？VB 能否识别“#2002 年 5 月 12 日#”这样一个日期常数？

（3）如何在逻辑型数据和其他的数据类型之间转换，如其他的数据类型转换为 Boolean 类型时，0 会转换成什么逻辑值？当转换 Boolean 值为其他数据类型时，False 和 True 将是什么？

（4）使用续行符应注意什么？

实验3 顺序结构程序设计

一、实验目的

（1）掌握数据的输入方法。

（2）掌握数据的输出方法。

（3）正确使用VB赋值语句。

（4）掌握顺序结构程序的设计方法。

二、相关知识

1. 赋值语句

赋值语句是VB中使用频率最高的语句，这个语句的含义就是将等号右边表达式的值传送给等号左边的对象属性或变量，使其可以在程序运行中改变。使用赋值语句应注意以下几点：

（1）只有当表达式是一种与变量兼容的数据类型时，该表达式的值才可以赋给变量或属性。不能将字符串表达式的值赋给数值变量，也不能将数值表达式的值赋给字符串变量。如果这样做，在解释时就会出现错误。

（2）可以把字符串或数值表达式赋给Variant变量，反之就必须分析：任何除Null之外的Variant值都可以赋给字符串变量，但只有当Variant值可以解释为一个数时才能赋给数值变量。

（3）将一种数据类型的表达式赋给另一种数值类型的变量时，系统会强制将该表达式的值转换为变量的数据类型。

（4）可以使用IsNumeric()函数来确认Variant是否可以转换为一个数。函数的格式为：

```
IsNumeric(expression)
```

其中，expression 参数是一个Variant类型，包含数值表达式或字符串表达式。如果整个expression的运算结果为数字，则IsNumeric()函数返回True；否则返回False。

2. InputBox()函数

该函数产生一个对话框，在对话框中显示提示信息，等待用户输入正文或单击按钮，此时返回包含文本框内容的字符串。作为对话框消息出现的字符串表达式，最大长度是1 024个字符，由所用字符的宽度决定。如果该消息包含多行，则可在各行之间用回车符vbCr、换行符vbLf或回车换行符的组合vbCrLf来分隔。

3. MsgBox()函数

MsgBox()函数也产生一个对话框，在对话框中显示消息，等待用户单击按钮，并返回一个Integer数，告诉用户单击了哪一个按钮。函数中显示在对话框中的消息是一个字符串表达式，其规则与InputBox()函数相同。MsgBox()函数根据所选参数的不同，可以弹出不同形式的消息框供用户使用。

4. Print方法

窗体（Form）、图片框（PictureBox）和打印机（Printer）都具有Print方法，用于输出变量、常量或表达式的值。Print 方法的格式为“对象名. Print 输出项”，表示在指定的对象上输出，如果省略对象名，则表示在当前窗体上输出。该语句最常用的两个参数是 Spc(n)、Tab(n)，其中 Spc(n)用来在输出中插入空格，n 为要插入的空格个数。Tab(n)用来将插入点定位在绝对列号上，n 为列号。

三、实验举例

【例 3-1】将 a、b 两个变量进行交换。

【解】运行界面的建立：启动 VB，单击工具箱中的文本框控件，鼠标指针变成“+”形状，在窗体上拖动鼠标，生成一个文本框控件；用同样方法生成第二个文本框控件。单击工具箱中的命令按钮控件，在窗体上生成一个命令按钮控件，将命令按钮的 Caption 属性设为“开始交换”。选中窗体，将窗体的 Caption 属性设为“数值交换”。双击命令按钮，在命令按钮的单击事件中编写如下代码：

```
Private Sub Command1_Click()
    Dim m As Double,n As Double,t As Double
    m=Val(Text1.Text)
    n=Val(Text2.Text)
    t=m
    m=n
    n=t
    Text1.Text=m
    Text2.Text=n
End Sub
```

交换前和交换后的结果如图 2-3-1 所示。

（a）交换前　　　　（b）交换后

图 2-3-1　例 3-1 程序运行界面

为了实现交换功能，切忌写成下面的形式：

```
m=n
n=m
```

【例 3-2】计算矩形的周长。程序界面如图 2-3-2 所示，要求在 Text1 中输入矩形的长度，在 Text2 中输入矩形的宽度，计算结果即矩形的周长输出在 Text3 中。

【解】程序代码如下：

```
Private Sub Command1_Click()
    Dim m As Double,n As Double,k As Double
    m=Text1.Text
    n=Text2.Text
    k=2*(m+n)
    Text3.Text=k
End Sub
```

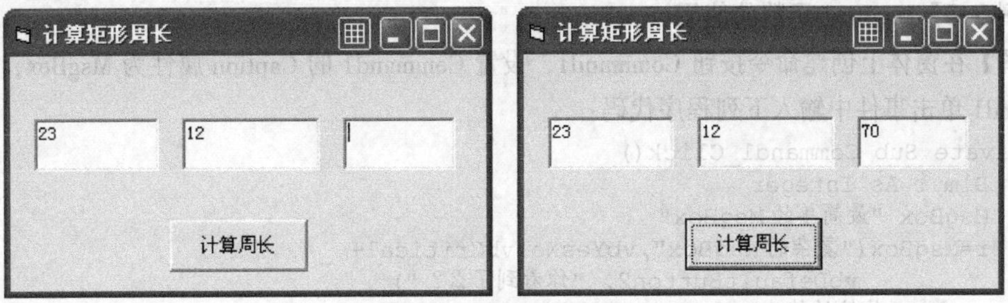

图 2-3-2　计算矩形的周长

【例 3-3】已知圆的半径 R，求圆的周长和面积。

【解】

（1）选择“文件”→“新建工程”命令，新建一个工程。

（2）在窗体上创建两个标签（Label），并调整位置和大小，设置标签 Label1 的 Caption 属性为“圆的周长是:”，标签 Label2 的 Caption 属性为“圆的面积是:”。

（3）在窗体上创建一个命令按钮 Command1，设置 Command1 的 Caption 属性为“计算”，然后在 Command1 单击事件中输入如下程序代码：

```
Private Sub Command1_Click()
    Dim r as Integer,s as Single,area As Single
    r=3
    s=2*3.14159*r
    area=3.14159*r^2
    Label1.Caption="圆的周长是: "+Format(s)
    Label2.Caption="圆的面积是: "+Format(area)
End Sub
```

（4）运行程序，在界面上单击“计算”按钮，即可求出圆的周长和面积，如图 2-3-3 所示。

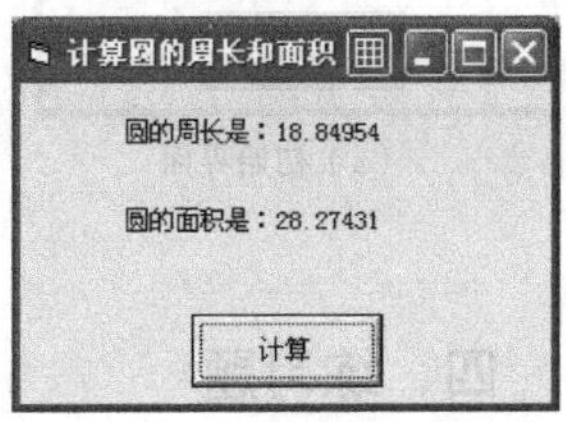

图 2-3-3　圆的周长和面积

【例 3-4】InputBox()函数的不同用法。

【解】在窗体上创建命令按钮 Command1，并对其单击事件编程如下：

```
Private Sub Command1_Click()
    Dim StrName As String,Title As String
    Dim Default As String,MyValue As String
    StrName="请输入数据"                    '设置提示信息
    Title="InputBox 函数使用举例"           '设置标题
    Default="2"                             '设置默认值
    '第一种使用方式：显示提示信息、标题及默认值
    MyValue=InputBox(StrName,Title,Default)
    '第二种使用方式：指定坐标：对话框在(1000,1000)的位置显示
    MyValue=InputBox(StrName,Title,Default,1000,1000)
```

```
    '第三种使用方式：显示“帮助”按钮，使用帮助文件
    MyValue=InputBox(StrName,Title,,,,"DEMO.HLP",10)
End Sub
```

分析：程序中演示了 InputBox()函数的 3 种不同用法。第一种使用方式，输入对话框中无输入时，“2”作为输入的内容；第二种使用方式，对话框在坐标(1000,1000)的位置显示；第三种使用方式，在对话框中显示“帮助”按钮。

【例 3-5】 MsgBox()函数的使用。

【解】 在窗体上创建命令按钮 Command1，设置 Command1 的 Caption 属性为 MsgBox，然后在 Command1 单击事件中输入下列程序代码：

```
Private Sub Command1_Click()
    Dim r As Integer
    MsgBox "最简单的 MsgBox"
    r=MsgBox("复杂的 MsgBox",vbYesNo+vbCritical+ _
            vbDefaultButton2, "你看到了么？")
    Print "你按的值为"; r
End Sub
```

程序运行时单击命令按钮 MsgBox（见图 2-3-4（a）），执行 MsgBox "最简单的 MsgBox"语句，弹出图 2-3-4（b）所示对话框；单击“确定”按钮，执行 MsgBox("复杂的 MsgBox",vbYesNo+vbCritical+vbDefaultButton2, "你看到了么？")语句，弹出消息框，如图 2-3-4（c）所示，当用户选择其中一个按钮（如“是”）时，函数产生该按钮对应的值（6），将其赋给变量 r，并在窗体上输出，如图 2-3-4（d）所示。

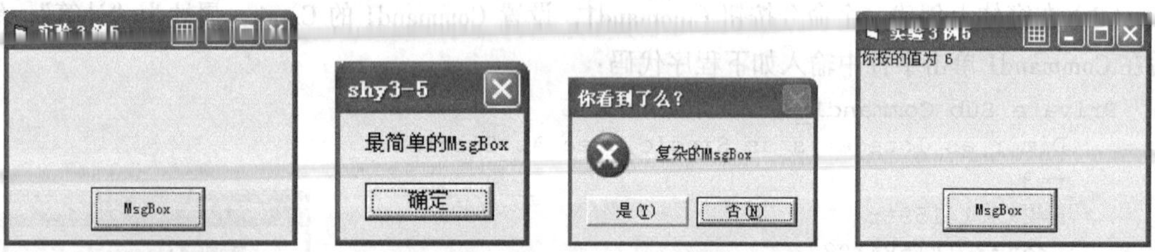

（a）初始界面　（b）对话框　（c）消息框　（d）运行结果

图 2-3-4　MsgBox()函数的使用

四、练习题

1. 单项选择题

（1）设变量 a、b、c 的值分别为 10、5、1，则执行语句 Print a>b>c 后，结果为（　　）

A. True　　B. False　　C. 1　　D. 出错信息

（2）以下关于 MsgBox 的叙述中，错误的是（　　）。

A. MsgBox()函数返回一个整数

B. 通过 MsgBox()函数可以设置信息框中图标和按钮的类型

C. MsgBox 语句没有返回值

D. MsgBox()函数的第一个参数是整数，该参数只能确定对话框中显示的按钮数目

（3）InputBox()函数返回值的类型为（　　）。

A. 数值　　B. 字符串

C．变体　　　　　　　　　　　D．数值或字符串（视输入的数据而定）

（4）执行如下两条语句，窗体上显示的是（　　）。

```
a=9.8596
Print Format(a,"$00,00.00")
```

A．0,009.86　　B．$9.86　　C．9.86　　D．$0,009.86

（5）以下程序段运行时，若输入4321，则输出结果是（　　）。

```
Dim a As Integer
a=InputBox("请输入一个四位整数")
Print a Mod 10;a\10 Mod 10;a\1000;a\100 Mod 10
```

A．1　2　3　4　　　　　　B．4　3　2　1

C．1　2　4　3　　　　　　D．4　2　1　3

2．填空题

（1）执行下面的程序段后，b的值为________。

```
a=300 : b=20 : a=a+b : b=a-b : a=a-b
```

（2）对于以下程序段，若在输入对话框中分别输入321和456，则输出结果为________。

```
a=InputBox("请输入一个整数")
b=InputBox("请输入一个整数")
Print a+b
```

（3）执行下面的程序段后，b的值为________。

```
Dim a As String,b As String
a="BeijingShanghai"
b=Mid(a,InStr(a,"g")+1)
Print b
```

（4）以下程序段的输出结果为________。

```
Dim a As Integer,b As Integer,c As Integer
a=5 : b=6 : c=7
a=b
b=c
c=a
Print a;b;c
```

（5）以下程序段的输出结果为________。

```
a=Sqr(9)
b=3^2
c=a<b
Print c
```

（6）以下程序段的输出结果为________。

```
Dim x As Integer,y As Integer
x=2
y=3
Print x;"+";y;"=";x+y
```

（7）以下程序段运行时，若输入1，则输出结果为________。

```
Dim r As Single,a As Single
r=InputBox("请输入半径")
```

```
a=3.14*r*4
Print "area=";a
```

（8）以下程序段运行时，若在文本框中输入"Visual"，则输出结果为________。

```
Dim t As String
t=Text1
Label1=UCase(t)
```

3．编程题

（1）输入学生的语文、数学、英语、物理 4 门课程的成绩，计算该学生的总成绩和平均成绩并输出。要求使用 InputBox()函数分别进行输入，使用 Print 方法输出。

（2）输入圆的半径，输出其周长、面积。要求使用 TextBox 分别进行输入，使用 Label 方法输出。

（3）输入一元二次方程 $ax^2+bx+c=0$ 的系数 a、b、c，输出两个实根。要求使用 TextBox 分别进行输入，使用 Label 方法输出。

（4）输入一个整数，表示秒数，将其转换为天、时、分、秒输出。要求使用 TextBox 输入，使用 MsgBox 消息框输出。

4．讨论题

（1）VB 中输入数据有几种方式？

（2）如何使用文本框控件输入和输出数据？

（3）如何用 Print 语句构造输出格式？

实验 4　选择结构程序设计

一、实验目的

（1）掌握选择结构程序的设计方法。

（2）掌握逻辑表达式的正确书写形式。

（3）掌握 If 单分支和 If 双分支结构语句的使用。

（4）掌握 If 多分支语句的使用。

（5）掌握 Select Case 语句的使用。

二、相关知识

选择结构也称分支结构，即根据条件选择要执行的分支。VB 中常用的选择结构语句有：If 语句和 Select Case 语句。

1．If 语句

If 语句的形式较多，分为单分支形式、双分支形式、多分支形式和嵌套形式。If 语句中的判断条件是数值表达式或字符串表达式，其运算结果为 True 或 False。

1）If 单分支形式

If 单分支有两种格式，一种为块结构，另一种为单行结构。块结构为：

```
If 表达式 Then
   语句组
End If
```

单行格式为：

```
If 表达式 Then 语句组
```

在块结构中，If必须与End If匹配；单行格式中不能有End If，且若语句组为多条语句，必须写在同一行，语句之间使用冒号分隔。例如：

```
If A>10 Then A=A+1 : B=B+A : C=C+B
```

2）If双分支

与If单分支格式相似，If双分支也分为两种格式，即块结构与单行结构。块结构形式为：

```
If 表达式 Then
   语句组1
Else
   语句组2
End If
```

单行格式为：

```
If 表达式 Then  语句组1 Else 语句组2
```

通常，单行结构多用于比较简单的数据处理。在实际应用时，使用块形式的情况更多，因为其具有更强的结构与适应性，并且比较容易阅读、维护及调试。

3）If多分支

If多分支结构的格式为：

```
If 表达式1 Then
语句组1
ElseIf 表达式2 Then
语句组2
…
ElseIf 表达式n Then
语句组 n
Else
语句组n+1
End If
```

If多分支形式只有块结构。其中，Else和ElseIf子句都是可选项。在If块中，可以放置任意多个ElseIf子句，但是都必须在Else子句之前。

注意，在该语句的执行过程中，一旦有一个分支被执行，便跳出If语句，跳到End If语句后执行，即使有多个条件都为真，也只能执行第一个条件为真的分支。

4）If语句的嵌套

在实现选择结构时，若各个分支的语句组中又包含另一个分支结构，则称为选择结构的嵌套。在嵌套的If语句中，要注意嵌套的每个If都必须与End If配对，书写时采用缩进格式可增强程序的可读性。

2. Select Case语句

Select Case 语句的格式如下：

```
Select Case 测试表达式
    Case 表达式列表 1
       语句组 1
    Case 表达式列表 2
       语句组 2
    …
    Case 表达式列表 n
       语句组 n
    Case Else
       语句组 n+1
End Select
```

Select Case 语句为多分支语句，其中的测试表达式是任何数值表达式或字符串表达式，根据表达式的值来决定执行几组语句中的其中之一。表达式列表有以下 4 种形式：

（1）单个表达式。

（2）一组用逗号隔开的枚举值。

（3）某个范围，由“表达式 1 to 表达式 2”组成，值较小的表达式放在前面，值较大的表达式放在后面。若为字符串常量，则按字符的编码顺序从低到高排列。

（4）Is 关系运算表达式。

三、实验举例

【例 4-1】 输入两个数，将其按照从大到小的顺序输出。

【解】 新建工程，在窗体上添加一个命令按钮，编写该命令按钮的单击事件过程。程序代码如下：

```
Private Sub Command1_Click()
    Dim x As Integer,y As Integer,t As Integer
    x=InputBox("请输入 x")
    y=InputBox("请输入 y")
    Print x,y
    If x<y Then
        t=x
        x=y
        y=t
    End If
    Print x,y
End Sub
```

程序运行时，输入 1、2，先对 x、y 进行输出；然后对 x、y 进行比较，如果 x<y，则将 x、y 交换；最后对 x、y 进行输出。运行结果如图 2-4-1 所示。

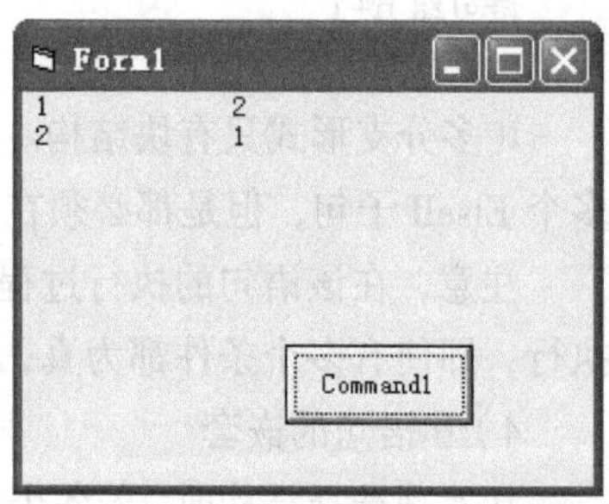

图 2-4-1　例 4-1 程序运行结果

【例 4-2】 输入 3 个数，求其中的最小值。

分析：设置一个存放最小值的变量 min，先将第一个数存入 min 中，然后用 min 依次与第二、第三个数比较，如果发现某个数比 min 小，则将其存入 min 中，则比较完成后，变量 min 中存放的一定是最小的数。

【解】 新建工程，在窗体上添加一个命令按钮，编写其单击事件过程。程序代码如下：

```
Private Sub Command1_Click()
    Dim x As Integer,y As Integer,z As Integer
    Dim min As Integer
    x=InputBox("输入")
    y=InputBox("输入")
    z=InputBox("输入")
    min=x
    If min>y Then
        min=y
    End If
    If min>z Then
        min=z
    End If
    Print x,y,z
    Print "最小值为: "; min
End Sub
```

程序运行时，若输入 1、2、3，则运行结果如图 2-4-2 所示。

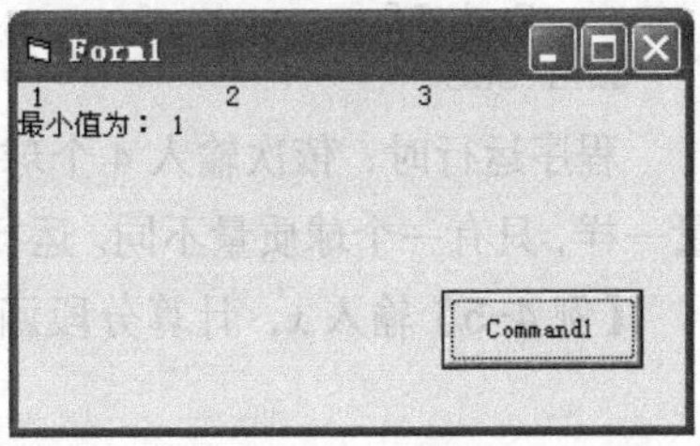

图 2-4-2 例 4-2 程序运行结果

【例 4-3】输入一个数，判断这个数的奇偶性。

分析：为判断一个数的奇偶性，可令其对 2 进行取余运算，若余数为 1，则表明其为奇数，否则为偶数。

【解】新建工程，在窗体上添加一个命令按钮，编写其单击事件过程。程序代码如下：

```
Private Sub Command1_Click()
    Dim a As Integer
    a=InputBox("输入一个数")
    If a Mod 2=1 Then
        MsgBox a & "是奇数"
    Else
        MsgBox a & "是偶数"
    End If
End Sub
```

程序运行时，输入 56，则输出结果如图 2-4-3 所示。

图 2-4-3 例 4-3 程序运行结果

【例 4-4】天平问题。假定有 4 个外观一样的球，知道其中只有一个球与其他球质量不同，但不知道这个球轻还是重。现在用一个天平称重，问如何用两次称重找到这个球，请编写程序。

分析：该题的答案有 4 种可能，因此最终应有 4 个分支，题目要求两次称重就要找出答案，因此可使用 If 语句的嵌套结构。

【解】新建工程，窗体布局如图 2-4-4 所示，编写命令按钮 Command1 的单击事件过程。程序代码如下：

```
Private Sub Command1_Click()
    Dim a As Double,b As Double,c As Double,d As Double
    a=Text1
    b=Text2
    c=Text3
    d=Text4
    If a=b Then
```

```
        If a=c Then
           Label1="要找的球是 d"
        Else
           Label1="要找的球是 c"
        End If
    Else
        If b=c Then
            Label1="要找的球是 a"
        Else
            Label1="要找的球是 b"
        End If
    End If
End Sub
```

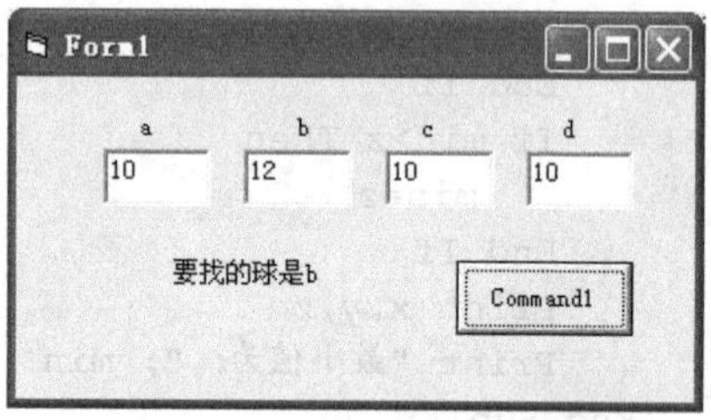

图 2-4-4　例 4-4 程序运行结果

程序运行时，依次输入 4 个球的质量，要求 3 个球质量一样，只有一个球质量不同。运行结果如图 2-4-4 所示。

【例 4-5】输入 x，计算分段函数 y 的值并输出。

$$y=\begin{cases}x^2+1 & x<0\\ 2x+1 & 0\leqslant x<1\\ 3x^3 & x\geqslant 1\end{cases}$$

分析：本题中，根据 x 值的不同取值，函数值 y 的计算公式也不同。因此，对于输入的 x 值要进行判断，以确定要用哪个分支计算 y 的值。这类题目在数学中是经常碰到的。其典型算法就是使用选择结构程序。可以使用 If 多分支语句，也可以使用 If 语句嵌套结构，或由 Select Case 语句构成多分支结构。

【解】新建工程，在窗体上添加 3 个命令按钮，分别使用以下 3 种方法编写命令按钮的单击事件过程。

方法 1：使用 If 多分支语句实现。

```
Private Sub Command1_Click()
    Dim y As Single,x As Single
    x=InputBox("输入 x 的值")
    Print "输入的 x 值是: "; x
    If x<0 Then
        y=x*x+1
    ElseIf x<1 Then
        y=2*x+1
    Else
        y=3*x*x*x
    End If
    Print "方法 1 输出的结果是: "; y
End Sub
```

方法 2：使用 If 语句的嵌套结构实现。

```
Private Sub Command2_Click()
    Dim y As Single,x As Single
    x=InputBox("输入 x 的值")
```

```
    Print "输入的 x 值是: "; x
    If x<0 Then
        y=x*x+1
    Else
        If x<1 Then
            y=2*x+1
        Else
            y=3*x*x*x
        End If
    End If
    Print "方法 2 输出的结果是: "; y
End Sub
```

方法 3：使用 Select Case 语句实现。

```
Private Sub Command3_Click()
    Dim y As Single,x As Single
    x=InputBox("输入 x 的值")
    Print "输入的 x 值是: "; x
    Select Case x
        Case Is<0
            y=x*x+1
        Case Is<1
            y=2*x+1
        Case Else
            y=3*x*x*x
    End Select
    Print "方法 3 输出的结果是: "; y
End Sub
```

程序运行时，依次单击“方法 1”、“方法 2”、“方法 3”按钮，并依次输入 x 的值 4，计算结果如图 2-4-5 所示，可见使用不同的方法，输出结果相同。

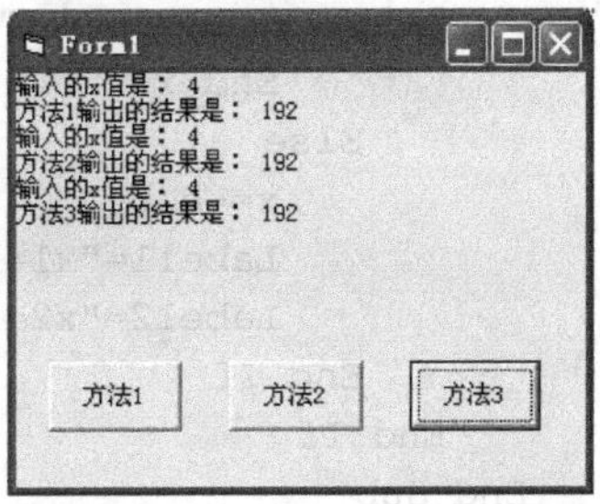

图 2-4-5　例 4-5 程序运行结果

【例 4-6】输入 a、b、c，求一元二次方程 $ax^2+bx+c=0$ 的根，其中 a、b、c 为方程的系数。

分析：对于一元二次方程，当 a、b、c 为不同的值时，方程有不同的根。

（1）当 $a\neq0$ 时，一元二次方程的根有 3 种情况：

① 当 $b^2-4ac<0$ 时，有两个共轭复根。

② 当 $b^2-4ac=0$ 时，有两个相等的实根。

③ 当 $b^2-4ac>0$ 时，有两个不相等的实根。

（2）当 $a=0$ 时，一元二次方程变为 $bx+c=0$，这时要视 b、c 的情况而定：

① 当 $b\neq0$，$c\neq0$ 时，$x=-c/b$。

② 当 $b=0$，$c\neq0$ 时，方程无解。

③ 当 $b=0$，$c=0$ 时，方程有无穷多解。

【解】新建工程，在窗体上添加 3 个文本框，用于输入系数；在文本框下部添加两个标签，用于显示所求的根。窗口布局可参照图 2-4-6 所示。添加一个命令按钮，编写其单击事件过程。程序代码如下：

```
Private Sub Command1_Click()
    Dim a As Single,b As Single,c As Single,d As Single
    Dim x1 As Single,x2 As Single,x As Single
    a=Text1
    b=Text2
    c=Text3
    If a<>0 Then
        d=b*b-4*a*c
        If d>=0 Then
            x1=(-b+Sqr(d))/(2*a)
            x2=(-b-Sqr(d))/(2*a)
            Label1="x1=" & x1
            Label2="x2=" & x2
        Else
            x1=(-b)/(2*a)
            x2=Sqr(-d)/(2*a)
            Label1="x1=" & x1 & "+" & Abs(x2) & "i"
            Label2="x2=" & x1 & "-" & Abs(x2) & "i"
        End If
    Else
        If b=0 Then
            If c=0 Then
                MsgBox("该方程有无穷解")
            Else
                MsgBox("该方程无解")
            End If
        Else
            x=-c/b
            Label1="x1=" & x
            Label2="x2=" & x
        End If
    End If
End Sub
```

程序运行时，若输入 1、2、1，则程序运行结果如图 2-4-6 所示。

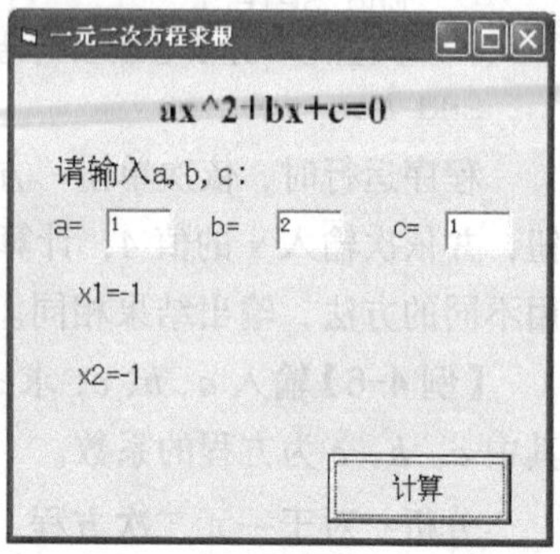

图 2-4-6　例 4-6 程序运行结果

【例 4-7】输入某学生的成绩等级（A、B、C、D、E），输出对应的分数段。对应关系如下所示：

A：90 分以上

B：80～89 分

C：70～79 分

D：60～69 分

E：低于 60 分

分析：根据所输入的成绩等级 A、B、C、D 或 E，输出对应的分数段，为多分支结构。这里采用 Select Case 语句，Case 后使用单个表达式。

【解】新建工程，在窗体上添加命令按钮，编写该命令按钮的单击事件，程序代码如下：

```
Private Sub Command1_Click()
    Dim t As String
    t=InputBox("输入成绩等级: A/B/C/D/E")
    t=UCase(t)  '转换为大写字母
    Select Case t
        Case "A"
            Print t & " : 90分以上"
        Case "B"
            Print t & " : 80~89分"
        Case "C"
            Print t & " : 70~79分"
        Case "D"
            Print t & " : 60~69分"
        Case "E"
            Print t & " : 60分以下"
    End Select
End Sub
```

图 2-4-7 例 4-7 程序运行结果

程序运行时，当分别输入 A、C、E 时，程序运行结果如图 2-4-7 所示。

四、练习题

1. 单项选择题

（1）针对语句 If I=1 Then J=1，下列说法正确的是（　　）。

A. I=1 和 J=1 均为赋值语句

B. I=1 和 J=1 均为关系表达式

C. I=1 为关系表达式，J=1 为赋值语句

D. I=1 为赋值语句，J=1 为关系表达式

（2）下列程序段运行后，显示的结果是（　　）。

```
Dim x
If x Then Print x Else Print x+1
```

A. 1　　B. 0　　C. 2　　D. 错误信息

（3）下列程序段运行后，显示的结果是（　　）。

```
Dim a As Integer
a=Int(Rnd)+5
Select Case a
    Case 5
        Print "优秀"
    Case 4
        Print "良好"
    Case 3
        Print "通过"
    Case Else
        Print "未通过"
End Select
```

A. 优秀　　B. 良好　　C. 通过　　D. 未通过

（4）以下程序段运行时，若在输入对话框中输入 2，则输出结果为（　　）。

```
x=InputBox("输入")
Select Case x
    Case 1,3
       Print "分支 1"
    Case Is>4
       Print "分支 2"
    Case Else
       Print "Else 分支 "
End Select
```

A. 分支 1　　B. 分支 2　　C. Else 分支　　D. 程序出错

（5）已知 x 为整型变量，则以下选项中与函数 IIf(x>0,x,–x) 功能相同的代数式为（　　）。

A. |x|　　B. –|x|　　C. x　　D. –x

2. 填空题

（1）下列程序段的运行结果是______。

```
x=Int(Rnd)+3
If x^2>8 Then y=x^2+1
If x^2=9 Then y=x^2-2
If x^2<8 Then y=x^3
Print y
```

（2）下列程序段的运行结果是______。

```
Dim x As Integer,y As Integer,t As Integer
x=5 : y=3
If x>y Then
   t=x : x=y : y=t
End If
Print x,y
```

（3）下列程序段运行时，若输入–16，则结果是______。

```
Dim t As Single
t=InputBox("请输入 t")
If t>=0 Then
   Print Sqr(t)
Else
   MsgBox "输入的数小于 0"
End If
```

（4）下列程序段的运行结果是______。

```
Dim x As Integer,a As Integer
a=1
If a<3 Then
   x=3
ElseIf a<2 Then
   x=2
Else
   x=1
End If
Print x
```

（5）下列程序段运行时，若输入7，则结果是______。

```
Dim x As Integer
x=InputBox("请输入x")
Print IIf(x Mod 3=2,True,False)
```

（6）下面程序段运行时，若输入2010，则结果是______。

```
Dim y As Integer
y=InputBox("input")
If y Mod 4=0 And y Mod 100<>0 Or y Mod 400=0 Then
    MsgBox y & " is leap year."
Else
    MsgBox y & " is not leap year."
End If
```

3．编程题

（1）输入1个数，判断其是否能同时被3和7整除。

（2）输入3个数据，输出其中的最大值。

（3）输入3个数，按由大到小的顺序输出。

（4）使用InputBox()函数输入3个数，判断这3个数是否可以组成三角形。如果能够构成三角形，则计算并在窗体上输出三角形的面积，否则使用 MsgBox 给出提示信息。构成三角形的条件是：任意两条边之和大于第三条边。

（5）按“体重指数”对肥胖程度进行划分，计算体重指数的公式为：

$$体重指数\ t = w/h^2$$

其中：w为体重，单位为千克；h为身高，单位为米。

① 当$t<18$时，为低体重；

② 当$18 \leqslant t<25$时，为正常体重；

③ 当$25 \leqslant t<27$之间时，为超重体重；

④ 当$t \geqslant 27$时，为肥胖。

编程从键盘输入身高h和体重w，根据给定公式计算体重指数t，然后判断体重属于何种类型。

（6）编程计算分段函数的值。由键盘输入t值，计算Y的值。

$$Y=\begin{cases} t^2 & t<1 \\ t^2-1 & 1 \leqslant t<2 \\ t^2-2t+1 & 2 \leqslant t<3 \\ t^2+4t-17 & t \geqslant 3 \end{cases}$$

（7）输入年龄，输出所处人群：9岁以下为儿童，输出A；10～19岁为少年，输出B；20～29岁为青年，输出C；30～49岁为中年，输出D；50岁以上为老年，输出E。要求使用Select Case语句实现。

（8）输入年份，输出对应的属相。已知1984年为鼠年。要求使用Select Case语句实现。

4．讨论题

（1）VB中可实现选择结构的语句有哪几种？

（2）试分析If多分支结构和Select Case语句的异同点。

实验 5　循环结构程序设计

一、实验目的

（1）掌握循环结构程序的设计方法。

（2）掌握 For 语句和 Do 语句的结构形式与使用方法。

（3）学会如何控制循环条件，防止死循环或不循环。

（4）掌握嵌套的循环结构的执行顺序。

（5）掌握 Exit 语句的使用。

二、相关知识

如果在指定的条件下多次重复执行一组相同的语句，可以通过循环来实现。VB 提供了 Do…Loop 和 For 循环语句。

1. Do…Loop 循环语句

```
Do While/Until <条件>                          Do
    语句块                                         语句块
    [Exit Do]                  或                  [Exit Do]
    语句块                                         语句块
Loop                                           Loop While/Until <条件>
```

2. For 循环语句

```
For 循环变量=初值 To 终值 [Step 步长]
    语句块
    [Exit For]
    语句块
Next 循环变量
```

3. 循环嵌套应注意的事项

内循环和外循环的变量不能同名；外循环必须完全包含内循环，不能交叉；循环的转移应遵循“允许循环内转移，允许转出，禁止转入”的原则。

三、实验举例

【例 5-1】求自然数 N 的阶乘。

【解】在窗体上创建命令按钮 Command1，设置 Command1 的 Caption 属性为“求阶乘”，然后在 Command1 单击事件中输入下列程序代码：

```
Private Sub Command1_Click()
Dim s As Single,n As Integer,i As Integer
n=InputBox("输入自然数N","求N的阶乘")
s=1
i=1
Do While i<=n
    s=s*i
    i=i+1
```

```
    Loop
    Print "n=";n,n;"!=";s
End Sub
```

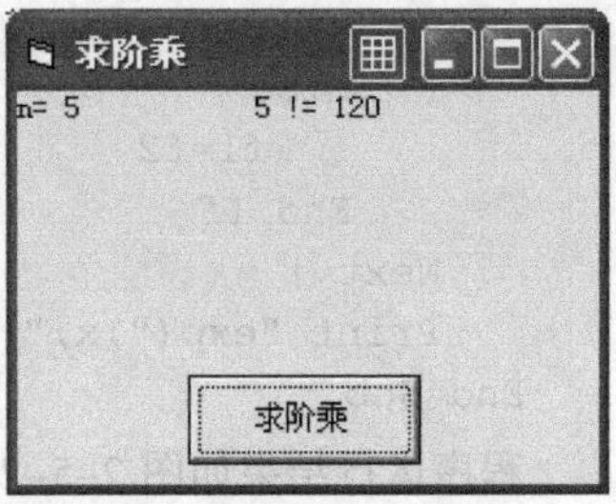

图 2-5-1 求阶乘

运行结果如图 2-5-1 所示。

该程序是求整数 n 的阶乘的程序。Do While...Loop 是当型循环结构，当条件为真时，则执行语句块；当执行到 Loop 语句时，当型循环将控制返回到 Do While 语句并再次对条件进行测试，如果条件仍然为真，则一直执行循环体；如果条件为假，则退出循环，执行 Loop 语句后面的语句。

对于当型循环，如果条件一开始就不成立，则一次也不执行循环体；反之，如果条件总为真，则永远执行循环体。为了能使循环正常进行，循环体中必须有改变循环条件的语句，否则程序进入死循环。此题中当输入 n 的值以后循环次数可以确定，因此可以采用另外一种循环结构——For Next 结构。下面使用 For Next 结构改写上面的例子。

```
Private Sub Command1_Click()
    Dim s As Single,n As Integer,k As Integer
    n=InputBox("输入自然数 N","求 N 的阶乘")
    s=1
    If n=0 Then
        s=1
    Else
        For k=1 To n
            s=s*k
        Next k
   End If
   Print "n=";n,n;"!=";s
End Sub
```

【例 5-2】编程求 e^x 的近似值。要求最后一项的值小于或等于 0.000001 为止。方法用 e^x 的展开式，形式为：

$$e^x = 1+\frac{x}{1!}+\frac{x^2}{2!}+\frac{x^3}{3!}+\cdots+\frac{x^n}{n!}$$

分析：从上面的展开式中可以看出，相邻两项之间存在着如下关系。

$$\frac{x^k}{k!}=\frac{x^{k-1}}{(k-1)!}\times\frac{x}{k}$$

利用循环程序和上述关系可以求出 e^x 的近似值。累加的项数越多，e^x 的精度越高。

【解】程序 1：

```
Private Sub Command1_Click()
    Dim x As Single,y As Single,f1 As Single
    Dim f2 As Single,i As Integer
    x=InputBox("输入 x 的值","求 exp(x) 的值")
    y=1
    f1=x
    For i=2 To 1000
        y=y+f1
        f2=f1*x/i
```

```
        If Abs(f2)<0.000001 Then
           Exit For
        Else
           f1=f2
        End If
    Next i
    Print "exp(";x;")=";y
End Sub
```

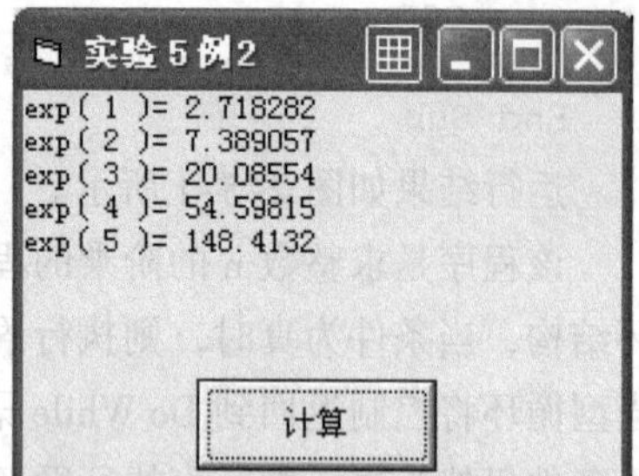

图 2-5-2　例 5-2 程序运行界面

程序运行结果如图 2-5-2 所示。

该段程序中项数取了一个足够大的值(1000)，当最后一项小于 0.000001 时，用 Exit For 语句退出循环。由于该题目中累加的项数是未知的，所以也可以使用其他循环形式。下面使用 Do...Loop While 循环编写程序。

程序 2：

```
Private Sub Command1_Click()
    Dim x As Single,y As Single,f1 As Single
    Dim f2 As Single,i As Integer
    x=InputBox("输入 x 的值","求 exp(x)的值")
    y=0
    f1=1
    i=0
    Do
        y=y+f1
        i=i+1
        f2=f1*x/i
        f1=f2
    Loop While Abs(f2)>=0.000001
    Print "exp(";x;")=";y
End Sub
```

【例 5-3】计算π的近似值，计算公式为：

$$\pi=2\times\frac{2^2}{1\times3}\times\frac{4^2}{3\times5}\times\frac{6^2}{5\times7}\times\cdots\times\frac{(2\times n)^2}{(2n-1)\times(2n+1)}$$

要求最后两项绝对值的误差小于 10^{-5}，并输出累乘的次数。

分析：由级数展开式看出，该式子为一个连续相乘的式子，为此需要构造一个循环，在循环中使 *n* 每次加 1，同时让式子的每一项累乘到一个求积变量中，实现式子的连续相乘。

【解】程序代码如下：

```
Private Sub Command1_Click()
    Dim Pi As Double,Temp As Double
    Dim n As Double,k As Double
    Pi=2                 'π的初值
    Temp=2               '每一项的分子的初值
    n=1                  '累乘次数的初值
    Do
        Pi=Temp
        k=2*n
        Temp=Temp*(k/(k-1))*(k/(k+1))      '将每一项累乘到 Temp
        n=n+1                              'n 加 1，准备下一次
```

```
    Loop Until Abs(Pi-Temp)<0.000001
    Print "π的值是: " & Pi
    Print "共累乘了" & n & "次"
End Sub
```

程序运行结果如图 2-5-3 所示。

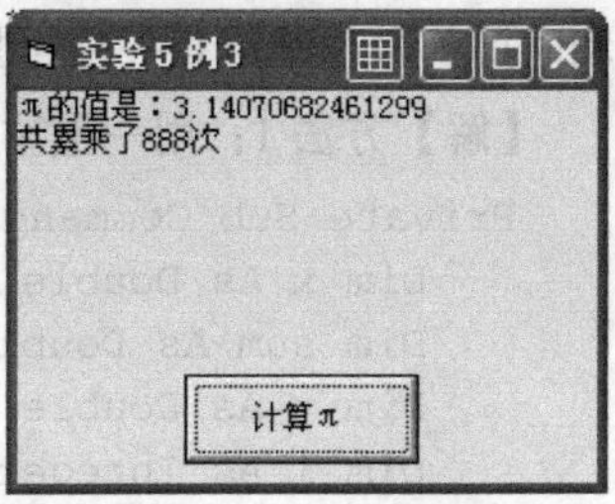

图 2-5-3 求 π 的值

【例 5-4】求 e=1+1/1!+1/2!+1/3!+1/4!+⋯的值。

分析：级数展开式是一个求和的式子，为此设置一个求和变量 sum，并构造一个循环，在循环中将每一项累加到 sum 中。

该式子的每一项又是一个阶乘，为此可以设置一个求积变量 t，在循环中通过累乘得到阶乘值，然后将其累加到 sum 中。

【解】具体的程序代码如下：

```
Private Sub Command1_Click()
    Dim sum As Double
    Dim t As Double
    Dim i As Integer
    sum=1
    t=1
    For i=1 To 100
        t=t/i                        't是求积变量，累乘得到阶乘的结果
        sum=sum+t                    'sum是求和变量，累加得到级数结果
        If t<0.00001 Then
            Exit For
        End If
    Next i
    MsgBox sum
End Sub
```

或改写为如下程序：

```
Private Sub Command1_Click()
    Dim sum As Double
    Dim t As Double
    Dim i As Integer
    sum=1
    t=1
    i=1
    Do
        t=t/i
        sum=sum+t
        i=i+1
    Loop While t>0.000001
    MsgBox sum
End Sub
```

程序运行结果如图 2-5-4 所示。

图 2-5-4 求 e 的值

【例 5-5】求 $\sin(x)=x-\frac{x^3}{3!}+\frac{x^5}{5!}-\frac{x^7}{7!}+\cdots$ 的值。

分析：本例算法与例 5-4 基本相同，即通过循环构造累乘和累加，唯一不同的是本例求和式

子为正负相间。为此可以设置一个符号位，让该符号位在循环中不断地在+1 或-1 之间变化，在求和时用符号位乘以每一项再累加到求和变量中，这样就实现了求和式子的正负相间变化。

【解】方法 1：用一重循环来实现。程序代码如下：

```
Private Sub Command1_Click()
    Dim x As Double
    Dim sum As Double
    Dim t As Double
    Dim i As Integer
    sum=0
    x=InputBox("请输入 x 的值")
    t=x
    i=1
    Do
        sum=sum+t                       '累加求和
        t=-t*x*x/(2*i)/(2*i+1)
                '累乘求积。由于有负号，每次相乘会使符号变化，即正负相间
        i=i+1
    Loop While Abs(t)>0.000001
    Print sum
End Sub
```

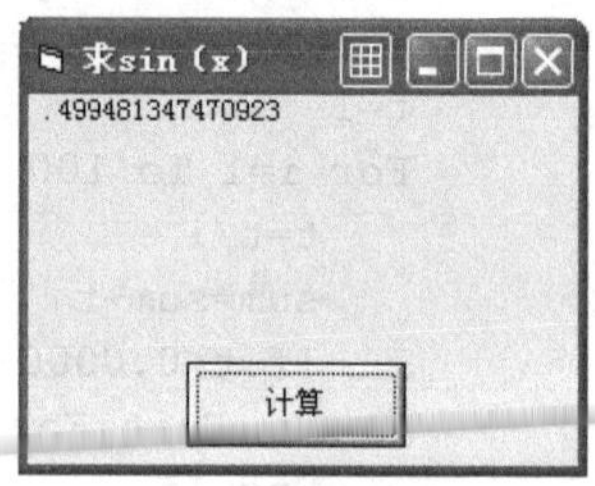

图 2-5-5 求 sin(x)的值

输入 x 值为 0.523（π/6），程序运行结果如图 2-5-5 所示。

方法 2：使用循环的嵌套来实现。程序代码如下：

```
Private Sub Command2_Click()
    Dim x As Double
    Dim sum As Double
    Dim t As Double,s As Integer
    Dim i As Integer
    Dim j As Integer
    x=InputBox("请输入 x 的值")
    sum=x
    i=1
    s=1
    Do
        s=s*-1                          's 是符号位，乘-1 使得每次循环符号发式变化
        t=1                             '内循环求级数的每一项（阶乘、x 的幂）
        For j=1 To 2*i+1
            t=t*x/j
        Next j
        sum=sum+s*t                     '外循环求和，求和时乘以符号位，产生正负相间
        i=i+1
    Loop While Abs(t)>0.000001
    Print sum
End Sub
```

【例 5-6】求两个数的最大公约数（迭代算法——辗转相除）。

分析：对两个数 a、b（$a>b$）求最大公约数，数学上的方法是：首先 a 除以 b，得到余数 d，如果 d 为 0，则 b 就是最大公约数；如果 d 不为 0，则再用 b 除以 d，得到余数，如果余数仍不为 0，就继续除，直到余数为 0，即找到了最大公约数。

由上面的方法可以看出，所有操作都是两个数相除取余数，为此可以构造循环，在循环中做 *a* 除 *b* 取余数 *d* 的操作，如果 *d* 不为 0（还未找到最大公约数），将 *b* 赋值给 *a*，*d* 赋值给 *b*，这样又转换成 *a* 除 *b* 取余数 *d* 的操作，即辗转相除。如此循环，直到余数为 0，即可求出最大公约数。

【解】具体的程序代码如下：

```
Private Sub Command1_Click()
    Dim a As Long
    Dim b As Long
    Dim c As Long
    Dim d As Long
    a=Val(Text1.Text)
    b=Val(Text2.Text)
    If b>a Then                '使得 a>b
        c=a
        a=b
        b=c
    End If
    Do
        d=a Mod b              'a 除 b 余数赋给 d
        a=b
        b=d
    Loop While d>0
    Text3.Text=a
End Sub
Private Sub Command2_Click()
    End
End Sub
```

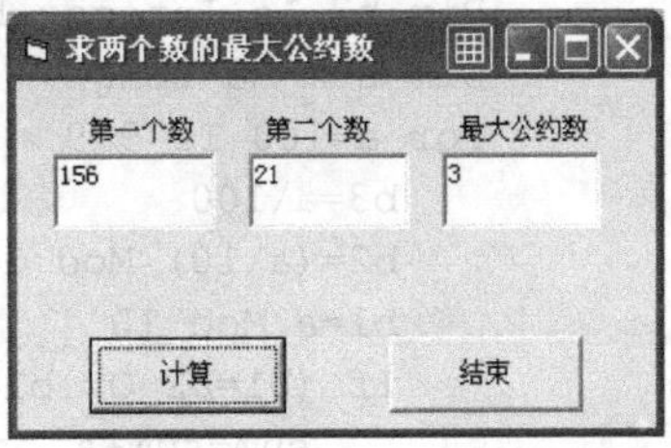

图 2-5-6　求最大公约数

程序运行界面及结果如图 2-5-6 所示。

【例 5-7】将一张面值为 100 元的人民币等值换成 100 张 0.5 元、1 元和 5 元的零钞，要求每种零钞不少于 1 种，编程计算有哪几种组合。

分析：用 *x*、*y*、*z* 分别代表 5 元、1 元和 0.5 元零钞的张数，根据题意可以得到如下两个方程：

$$x+y+z=100$$
$$5x+y+0.5z=100$$

这类问题属于穷举法问题，解题的基本思路是：列举各种可能的情况，判断哪一种可能是符合要求的解。通过分析注意到，*x* 最大取值应小于 20，*y* 最大取值应为 $100-x$；同时在 *x*、*y* 取定值后，*z* 的值便确定了：$z=100-x-y$。所以，该问题的算法使用双重循环即可实现。

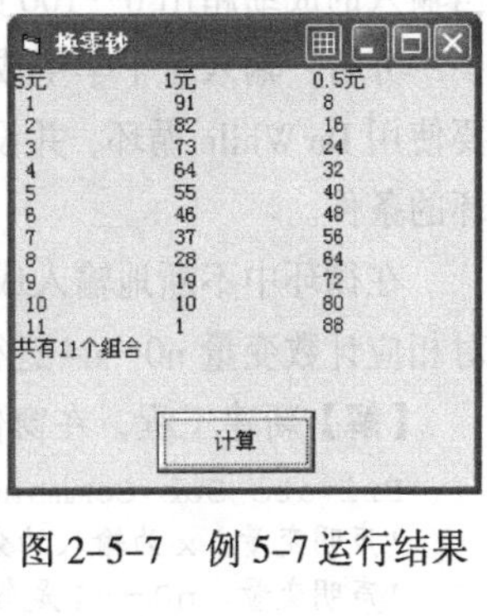

图 2-5-7　例 5-7 运行结果

【解】优化后的程序代码如下，程序运行结果如图 2-5-7 所示。

```
Private Sub Command1_Click()
    Dim x%,y%,z%,n%
    Print "5元           1元            0.5元"
    n=0
    For x=1 To 20
        For y=1 To 100-x
            z=100-x-y
```

```
            If 5*x+y+0.5*z=100 Then
                Print x,y,z
                n=n+1
            End If
        Next y
    Next x
    Print "共有" & n & "个组合"
End Sub
```

【例 5-8】在所有的三位数中，找出只有某两位为相同数字的数，求有多少个数满足这个要求，并求出这些数的和。

分析：三位数即 100～999 这些数，为此可以构造一个从 100 到 999 的循环，在循环中逐一对每一个三位数进行判断，如果符合题目要求，则相应的计数变量加 1 进行累计，并且将这个数累加到求和变量中。

【解】程序代码如下：

```
Private Sub Form_click()
    Dim a As Integer
    Dim b As Integer
    Dim b3 As Integer,b2 As Integer,b1 As Integer
    Dim sum As Long
    For a=100 To 999
        b3=a\100                  '取得三位数的百位数字
        b2=(a\10) Mod 10          '取得三位数的十位数字
        b1=a Mod 10               '取得三位数的个位数字
        If (b1=b2 Or b1=b3 Or b2=b3) And Not (b1=b2 And b2=b3) Then
            sum=sum+a             '符合要求，将该数累加到 sum 中
            b=b+1                 '符合要求，将计数变量 b 加 1
        End If
    Next a
    Print sum,b
End Sub
```

运行结果如图 2-5-8 所示。

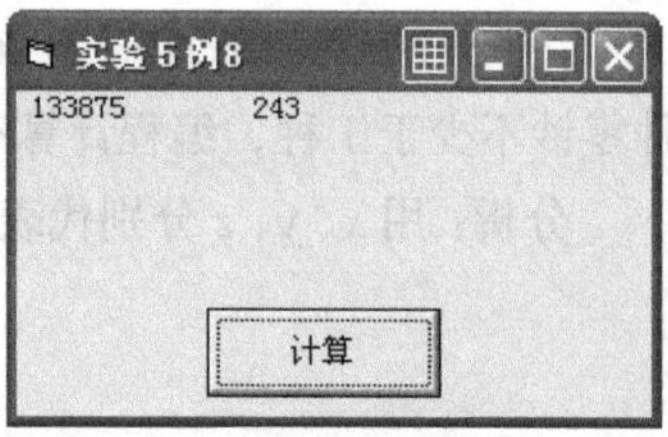

图 2-5-8 例 5-8 程序运行结果

【例 5-9】输入若干个同学的成绩，统计各个分数段的人数，当输入的成绩超出 0～100 则表示输入结束。

分析：输入若干学生成绩进行统计，由于人数不确定，需要使用 Do While 循环，并设置合适的退出循环的条件。本例是以输入的成绩不符合要求为退出循环的条件。

在循环中不断地输入成绩，如果成绩符合要求，则对成绩进行判断，根据成绩所在分数范围，对相应计数变量 n0～n4 进行加 1 操作，同时将成绩累加到求和变量 sum 中。

【解】新建工程，在窗体上添加一个命令按钮，编写该按钮的单击事件过程。程序代码如下：

```
Private Sub Command1_Click()
'声明变量，x 为输入的分数，n 为输入的人数，sum 为总分，aver 为平均分
'声明变量，n0～n4 是各分数段的人数
    Dim x As Integer,n As Integer
    Dim n0 As Integer,n1 As Integer,n2 As Integer
    Dim n3 As Integer,n4 As Integer
```

```
    Dim sum As Single,aver As Single
    x=InputBox("请输入成绩(0~100)")
    Do While x>=0 And x<=100
      Print x
      n=n+1                         'n 累计人数
      sum=sum+x                     '将成绩累加到 sum 中
      Select Case x                 '判断成绩所在分数段,将对应计数变量累加
        Case Is<60
            n0=n0+1
        Case Is<70
            n1=n1+1
        Case Is<80
            n2=n2+1
        Case Is<90
            n3=n3+1
        Case Else
            n4=n4+1
      End Select
      x=InputBox("请输入成绩(0~100)")
    Loop
    aver=sum/n
    Print "总分为: ";sum,"平均分为: ";aver
    Print "各分数段的人数分别为: "
    Print "60 分以下: " & n0
    Print "60~69 分: " & n1
    Print "70~79 分: " & n2
    Print "80~89 分: " & n3
    Print "90 分以上: " & n4
End Sub
```

【例 5-10】 输出这样的四位数，要求其各位数字之和等于 8，统计有多少个这样的四位数，并将其以每行 8 个以列表形式输出。

分析：思路与例 5-8 基本相同，构造 1 000～9 999 的循环，在循环中，对每一个四位数逐一进行判断，如果符合题目要求，则计数变量加 1 进行累计，并将这个数输出。

在输出时，由于符合要求的数比较多，需要每行输出若干个数（本例是 8 个）后换行。为此可以利用计数变量除 8 取余数，根据余数是否为 0 决定是否换行。

【解】 新建工程，在窗体上添加一个命令按钮，编写该按钮的单击事件过程。程序代码如下：

```
Private Sub Command1_Click()
    Dim a As Integer,b As Integer,c As Integer
    Dim d As Integer,i As Integer,n As Integer
    n=0
    For i=1000 To 9999
        a=i\1000                    '得到千位数字
        b=i\100 Mod 10              '得到百位数字
        c=i\10 Mod 10               '得到十位数字
        d=i Mod 10                  '得到个位数字
        If a+b+c+d=8 Then
            Print i;
            n=n+1                   '计数
```

```
            If n Mod 8=0 Then       '每行输出 8 个
               Print
            End If
         End If
      Next
      Print
      Print "共有 " & n & " 个和为 8 的四位数。"
   End Sub
```

运行结果如图 2-5-9 所示。

图 2-5-9　例 5-10 程序运行结果

还可以用另一种思路解决这一问题，程序如下：

```
Private Sub Command1_Click()
   Dim a As Integer,b As Integer,c As Integer
   Dim d As Integer,i As Integer,n As Integer
   n=0
   For a=1 To 9                                         '千位数字的变化范围是 1~9
      For b=0 To 9                                      '百位数字的变化范围是 0~9
         For c=0 To 9                                   '十位数字的变化范围是 0~9
            For d=0 To 9                                '个位数字的变化范围是 0~9
               If a+b+c+d=8 Then                        '如果符合要求
                  i=a*1000+b*100+c*10+d                 '构造这个数
                  Print i;
                  n=n+1                                 '计数
                  If n Mod 8=0 Then                     '每行输出 8 个
                     Print
                  End If
               End If
            Next
         Next
      Next
   Next
   Print
   Print "共有 " & n & " 个和为 8 的四位数。"
End Sub
```

请读者对比两个算法的不同，体会各自的思路。

【例 5-11】 求指定区间内函数 $f(x)$的积分 $\int_b^a f(x)\mathrm{d}x$，其中 $f(x)=1+\sin(x)$。

分析：对函数 $f(x)$在区间$[a,b]$上的定积分，其几何意义是求 $f(x)$曲线和直线 $x=a$，$y=0$，$x=b$ 所围成的曲边梯形的面积，如图 2-5-10 所示。为求出此面积，将区间$[a,b]$分成若干个小区间，每个区间的长度为$(b-a)/n$。再近似求出每个小曲边梯形面积，然后将 n 个小区间面积相加，即可近似得到总面积，即定积分的近似值。n 值越大，区间划分得越小，近似程度也就越高。近似计算小曲边梯形面积的方法常用的有矩形法、梯形法、辛普生法。本例使用矩形法进行求解。

【解】 新建工程，在窗体上添加一个命令按钮，编写其单击事件过程。程序代码如下：

```
Private Sub Command1_Click()
   Dim a As Single,b As Single,t As Single,sum As Single
   Dim n As Integer,h As Single,x As Single
   a=InputBox("请输入下限")
```

```
    b=InputBox("请输入上限")
    n=InputBox("请输入区间个数")
    h=(b-a)/n
    sum=0
    x=a
    For i=1 To n
        t=(1+Sin(x))*h      '计算矩形面积
        sum=sum+t           '累加
        x= x+h
    Next
    Print "a=" & a;" b=" & b;" n=" & n,"sum=" & sum
End Sub
```

程序运行时，若输入下限、上限的值为 1、2，n 分别为 10、50、100 时的运行结果如图 2-5-11 所示。由此可知，n 的值越大，划分的区间则越小，计算结果越精确。

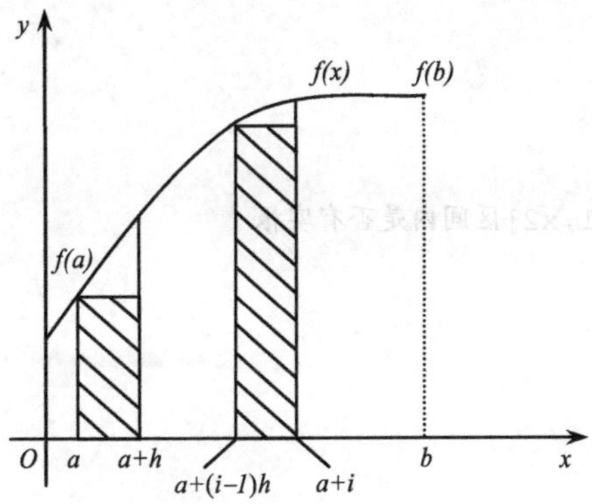

图 2-5-10 数值积分

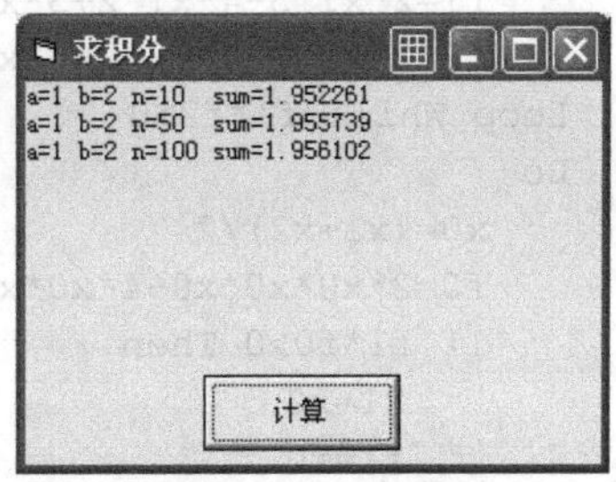

图 2-5-11 例 5-11 程序运行结果

【例 5-12】使用二分法求方程 $2x^3-4x^2+3x-6=0$ 在[-10,10]区间的根，要求精度为 10^{-6}。

分析：二分法的思路是先指定一个区间$[x_1,x_2]$，如果函数 $f(x)$在此区间是单调变化的，则可以根据 $f(x_1)$和 $f(x_2)$是否同号来确定方程 $f(x)=0$ 在区间$[x_1,x_2]$内是否有一个实根，如图 2-5-12 所示。若 $f(x_1)$和 $f(x_2)$不同号，则 $f(x)=0$ 在区间$[x_1,x_2]$内有且只有一个实根；若 $f(x_1)$和 $f(x_2)$同号，则 $f(x)=0$ 在区间$[x_1,x_2]$内无实根，要重新设置 x_1，x_2 的值。当确定 $f(x)$在区间$[x_1,x_2]$内有一个实根后，可采用二分法将$[x_1,x_2]$一分为二，再判断在哪一个小区间内有实根。如此不断进行下去，直到小区间足够小为止。

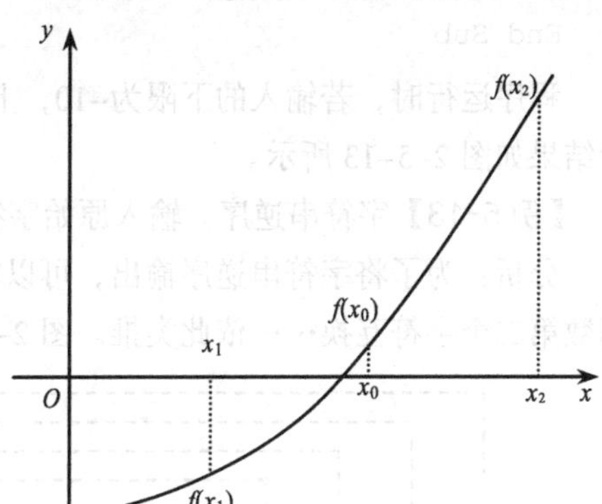

图 2-5-12 二分法

具体算法如下：

（1）输入 x_1 和 x_2 的值。

（2）计算 $f(x_1)$和 $f(x_2)$，并赋给变量 f_1 和 f_2。

（3）如果 $f(x_1)$和 $f(x_2)$同号，说明在$[x_1,x_2]$内无实根，返回步骤（1），重新输入 x_1 和 x_2 的值；若 $f(x_1)$和 $f(x_2)$不同号，则在$[x_1,x_2]$内必有一个实根，执行步骤（4）。

（4）计算 x_1 和 x_2 的中点：$x_0=(x_1+x_2)/2$。

（5）计算 $f(x_0)$赋给变量 f0。

（6）求得新区间：判断 $f(x_0)$ 和 $f(x_1)$ 是否异号。

① 如果异号，则应在 $[x_1,x_0]$ 中寻找根，则将 x_0 赋给 x_2，将 f0 赋给 f2，为下一次求根做准备。

② 否则（即 $f(x_0)$ 和 $f(x_1)$ 同号），则应在 $[x_0,x_2]$ 中寻找根，则将 x_0 赋给 x_1，将 f0 赋给 f1，为下一次求根做好准备。

（7）判断区间 $[x_1,x_2]$ 是否足够小，若 x_1-x_2 的绝对值小于给定的精度 10-6，说明 x_0 和精确解的误差小于 10^{-6}，已达到要求精度。若不小于 10^{-6}，则返回步骤（4）重复执行（4）、（5）、（6）；否则执行步骤（8）。

（8）输出 x_0 的值，它就是所求出的近似根。

【解】新建工程，在窗体上添加一个命令按钮，编写其单击事件过程。程序代码如下：

```
Private Sub Command1_Click()
    Dim x1 As Single,x2 As Single,f1 As Single,f2 As Single
    Dim f0 As Single,x0 As Single
    Do
        x1=InputBox("输入区间下限")
        x2=InputBox("输入区间上限")
        f1=2*x1^3-4*x1^2+3*x1-6
        f2=2*x2^3-4*x2^2+3*x2-6
    Loop While f1*f2>0         '判断输入的[x1,x2]区间内是否有实根
    Do
        x0=(x1+x2)/2
        f0=2*x0*x0*x0-4*x0*x0+3*x0-6
        If f1*f0>0 Then
            x1=x0
            f1=f0
        Else
            x2=x0
            f2=f0
        End If
    Loop While Abs(x1-x2)>0.000001
    Print "x=" & x0
End Sub
```

程序运行时，若输入的下限为-10，上限为 10，则程序运行结果如图 2-5-13 所示。

图 2-5-13　例 5-12 程序运行结果

【例 5-13】字符串逆序。输入原始字符串，单击“开始”按钮后，将字符串逆序输出。

分析：为了将字符串逆序输出，可以将字符串的首字符与尾字符互换，然后将第 2 个字符与倒数第二个字符互换……依此类推。图 2-5-14 给出了字符互换的示意。

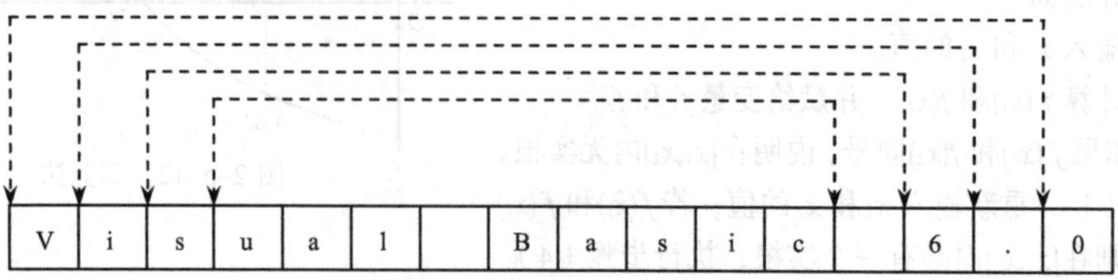

图 2-5-14　字符互换的示意图

为了实现这一互换过程，需先得到字符串的长度 l，然后从首字符开始，通过循环依次与后面的符号互换，一直循环到字符串长度 l 的 1/2 处。

【解】新建工程，在窗体上添加一个命令按钮，编写其单击事件过程。程序代码如下：

```
Private Sub Command1_Click()
    Dim s As String
    Dim n As Integer,i As Integer
    s=Text1.Text
    n=Len(s)                    '获取字符串的长度
    t=n\2
    For i=1 To t
        m=Mid(s,i,1)
        Mid(s,i,1)=Mid(s,n-i+1,1)
        Mid(s,n-i+1,1)=m
    Next
    Text2=s
End Sub
```

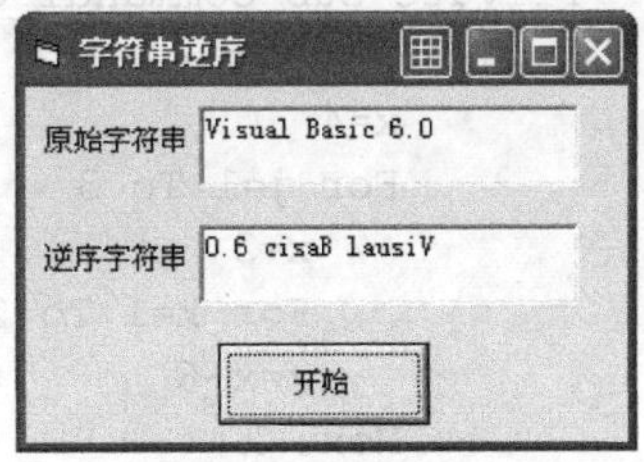

图 2-5-15　例 5-13 程序运行结果

程序运行结果如图 2-5-15 所示。在程序中，通过 Mid() 取子串函数，在字符串的两端依次取出一个符号并借助变量 m 实现互换。

四、练习题

1．单项选择题

（1）设有以下循环结构：

```
Do
    循环体
Loop While 条件
```

则以下叙述中错误的是（　　）。

A．若“条件”是一个值为 0 的常数，则一次也不执行循环体

B．“条件”可以是关系表达式、逻辑表达式或常数

C．循环体中可以使用 Exit Do 语句

D．如果“条件”总为 True，则将无法结束循环

（2）以下程序段执行后，i 的值为（　　）。

```
i=1
Do While i<5
    i=i+1
Loop
```

A．3　　B．4　　C．5　　D．6

（3）以下程序段执行后的输出结果为（　　）。

```
s=0
i=10
Do
    s=s+i
    i=i-2
```

```
Loop While i>2
Print s
```

A. 10　　B. 30　　C. 28　　D. 52

（4）执行下面的程序段后，x 的值为（　　）。

```
x=5
For i=1 To 20 Step 2
   x=x+i\5
Next i
```

A. 21　　B. 22　　C. 23　　D. 24

（5）在窗体上添加一个命令按钮，然后编写如下事件过程：

```
Private Sub Command1_Click()
   For i=1 To 4
      x=4
      For j=1 To 3
         x=3
         For k=1 To 2
         x=x+6
      Next k
      Next j
   Next i
   Print x
End Sub
```

程序运行后，单击命令按钮，输出结果是（　　）。

A. 7　　B. 15　　C. 157　　D. 538

（6）在窗体上添加一个命令按钮，然后编写如下事件过程：

```
Prevate Sub Command1_Click()
   x=0
   Do Until x=-1
      a=InputBox("请输入 A 的值")
      a=Val(a)
      b=InputBox("请输入 B 的值")
      b=Val(b)
      x=InputBox("请输入 x 的值")
      x=Val(x)
      a=a+b+x
   Loop
   Print a
End Sub
```

程序运行后，单击命令按钮，依次在输入对话框中输入 5、4、3、2、1、-1，则输出结果为（　　）。

A. 2　　B. 3　　C. 14　　D. 15

（7）阅读下面的程序段：

```
a=0
For i=1 To 3
   For j=1 To i
      For k=j To 3
         a=a+1
```

```
        Next k
    Next j
Next i
```

执行上面的三重循环后，a 的值为（   ）。

A. 3　　B. 9　　C. 14　　D. 21

（8）在窗体上创建一个名称为 Command1 的命令按钮和一个名称为 Text1 的文本框，然后编写如下事件过程：

```
Private Sub Command1_Click()
    n=Val(Text1.Text)
    For i=2 To n
        For j=2 To Sqr(i)
            If i Mod j=0 Then Exit For
        Next j
        If  j>Sqr(i) Then Print i
    Next i
End Sub
```

该事件过程的功能是（   ）。

A. 输出 n 以内的奇数　　B. 输出 n 以内的偶数

C. 输出 n 以内的素数　　D. 输出 n 以内能被 j 整除的数

（9）设有如下程序：

```
Private Sub Command1_Click()
    Dim sum As Double,x As Double
    sum=0
    n=0
    For i=1 To 5
        x=n/i
        n=n+1
        sum=sum+x
    Next
End Sub
```

该程序通过 For 循环计算一个表达式的值，这个表达式是（   ）。

A. 1+1/2+2/3+3/4+4/5　　B. 1+1/2+2/3+3/4

C. 1/2+2/3+3/4+4/5　　D. 1+1/2+1/3+1/4+1/5

（10）以下程序段的输出结果为（   ）。

```
Dim a As String
a="abbacddcba"
For i=6 To 2 Step -2
    x=Mid(a,i,i)
    y=Left(a,i)
    z=Right(a,i)
    z=UCase(x & y & z)
Next i
Print z
```

A. ABA　　B. BBABBA　　C. ABBABA　　D. AABAAB

2. 填空题

（1）执行下面的程序段后，s 的值为________。

```
s=5
For i=2.6 To 4.9 Step 0.6
    s=s+1
Next i
```

（2）本程序的功能是利用随机数函数模拟投币，方法是：每次随机产生一个整数 0 或 1，相当于一次投币，1 代表正面，0 代表反面。在窗体上有 3 个文本框，名称分别为 Text1、Text2、Text3，分别用于显示投币总次数、出现正面的次数和出现反面的次数，如图 2-5-16 所示。程序运行时，在文本框 Text1 中输入总次数，然后单击“开始”按钮，按照输入的次数模拟投币，分别统计出现正面、反面的次数，并显示结果。以下是实现上述功能的程序，请填空。

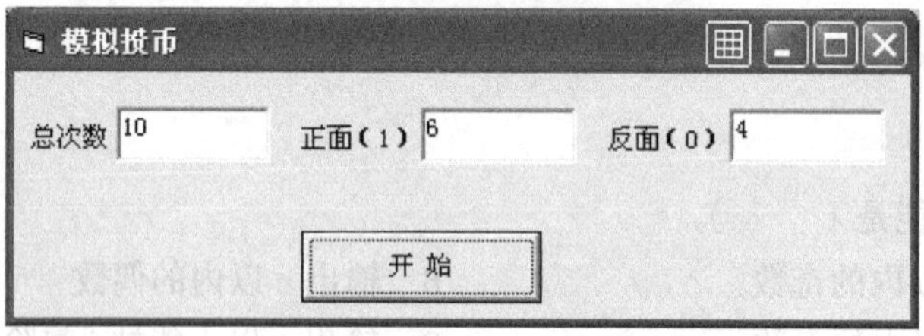

图 2-5-16　填空题（2）程序运行界面

```
Private Sub Command1_Click()
    Randomize
    Dim n As Integer,n1 As Integer,n2 As Integer
    n=Text1.Text
    n1=0
    n2=0
    For i=1 To ____①____
        r=Int(Rnd*2)
        If r= ____②____ Then
            n1=n1+1
        Else
            n2=n2+1
        End If
    Next
    Text2.Text=n1
    Text3.Text=n2
End Sub
```

（3）下面的程序是输入任意长度的字符串，要求将字符串顺序倒置，例如，将输入的“ASDFGHJKL”变换为“LKJHGFDSA”。阅读程序并填空。

```
Private Sub Command1_Click()
    Dim a$,I%,c$,d$,n%
    a=InputBox$("输入字符串")
    Print a,
    n= ____①____
    For I=1 To ____②____
        c=Mid(a,I,1)
        Mid(a,I,1)= ____③____
```

```
    ____④____ =c
    Next I
    Print a
End Sub
```

（4）下列程序的功能是找出被 3、5、7 除余数为 1 的最小的 5 个正整数。阅读程序并填空。

```
Private Sub Command1_Click()
    Dim CountN As Integer,n As Integer
    CountN=0
    n=0
    Do
        n=n+1
        If ____①____ Then
            Print n
            CountN=CountN+1
        End If
    Loop ____②____
End Sub
```

（5）在窗体上创建一个名称为 Command1 的命令按钮，然后编写如下事件过程：

```
Private Sub Command1_Click()
    c=1234
    c1=Trim(Str(C))
    For i=1 To 4
        Print ________
    Next
End Sub
```

程序运行后，单击命令按钮，要求在窗体上显示如下内容：

```
1
12
123
1234
```

阅读程序并填空。

3. 编程题

（1）编写程序，求 $s=1\times2\times3+2\times3\times4+\cdots+n\times(n+1)\times(n+2)$的值。$n$ 由程序输入。

（2）有一个分数序列$\frac{2}{1},\frac{3}{2},\frac{5}{3},\frac{8}{5},\frac{13}{8},\frac{21}{13},\cdots$，求出这个序列前 20 项的和。

（3）求$\sum_{n=1}^{10} n!$（即 $1!+2!+3!+\cdots+10!$）。

（4）求一类三位数，该数中有某两位为相同数字，且该数是一个完全平方数，输出这些数并统计个数。

（5）输出所有的“水仙花数”。“水仙花数”是指一个三位数，其各位数字立方和等于该数本身。例如：371 是一个水仙花数，因为 $371=3^3+7^3+1^3$。

（6）打印图 2-5-17 所示的九九乘法表。

4. 讨论题

（1）在 For 循环语句中，试分析循环初值、终值和步长的关系。

（2）Exit Do 语句的作用是什么？它可以在哪些循环中使用？

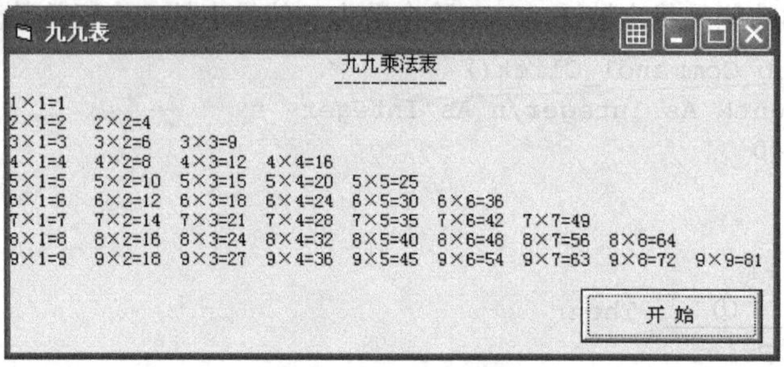

图 2-5-17　九九乘法表

实验 6　定长数组的使用

一、实验目的

（1）掌握一维数组的声明和一维数组元素的使用形式。

（2）掌握二维数组的声明和二维数组元素的使用形式。

（3）学会利用循环操作数组。

（4）学会利用数组解决一些较为复杂的问题。

二、相关知识

1. 数组的概念

数组是一组相同类型的变量的集合,在程序中可以用一个数组名代表逻辑上相关的一组数据。在 VB 中有两种类型的数组：固定大小的数组以及在运行时大小可变的动态数组，有时也称这两种数组为定长数组和可变长数组。数组必须先声明后使用。

2. 定长数组

一维数组的声明形式为：

```
Dim 数组名(下界 To 上界) As 数据类型
```

当省略“下界 To”时，下界默认值为 0，当省略“As 数据类型”时，该数组为变体数组。

二维数组的声明形式为：

```
Dim 数组名(下界1 To 上界1,下界2 To 上界2 ) As 数据类型
```

其中，“下界 1 To 上界 1”说明了第一维下标的范围，表示二维数组的行；“下界 2 To 上界 2”说明了第二维下标的范围，表示二维数组的列。

3. 数组元素的引用形式

声明数组时用数组名表示该数组的整体，但在具体操作时是针对每个数组元素进行的，因此，数组的引用单位是数组元素。一维数组元素的引用形式为：

数组名(下标)

二维数组元素的引用形式为：

数组名(下标 1,下标 2)

在对每一个一维数组元素进行访问时，往往配合一重 For 循环语句进行，使用循环变量 i 作为数组元素的下标，当 i 的值从下界变化到上界时，“数组名(i)”则可表示该数组中的每一个数组元素。同理，在对二维数组元素进行访问时，则需要使用两重 For 循环，循环变量分别用来控制二维数组元素的行与列。

4．数组的基本操作

数组的基本操作包括以下内容：

（1）数组的输入与输出；

（2）数组元素的求和、求平均值；

（3）求数组中的最大/小值及其下标；

（4）逆序；

（5）排序；

（6）查找。

三、实验举例

【例 6-1】定义两个包含 5 个数组元素的数组 a、b，将 a 数组的元素分别赋值为 1、2、3、4、5，将 b 数组元素分别赋值为 1、3、5、7、9，并将其输出。

分析：将数组元素赋值为有规律的数，需要找到数组元素下标与数组元素之间的关系。a 数组中各数组元素的值与其下标相同；而 b 数组中各数组元素下标 i 与数组元素值的关系为 b(i)=2*i–1。

【解】新建工程，在窗体上添加命令按钮，编写该命令按钮的单击事件过程。程序代码如下：

```
Private Sub Command1_Click()
   Dim a(1 To 5) As Integer        '声明 a 数组
   Dim b(1 To 5) As Integer        '声明 b 数组
   Dim i As Integer
   For i=1 To 5
      a(i)=i                       '为 a 数组元素赋值
      b(i)=2*i-1                   '为 b 数组元素赋值
   Next i
   Print "a 数组为: "
   For i=1 To 5                    '输出 a 数组元素
      Print a(i);
   Next i
   Print
   Print "b 数组为: "
   For i=1 To 5                    '输出 b 数组元素
      Print b(i);
   Next i
End Sub
```

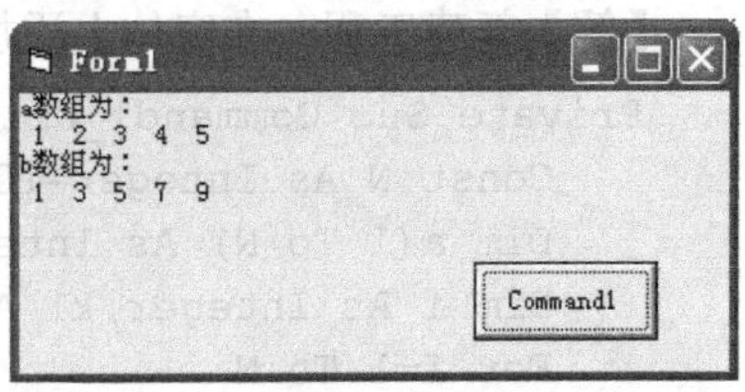

图 2-6-1　例 6-1 的程序运行结果

程序运行结果如图 2-6-1 所示。

思考：如何使用同样的方法将数组元素赋值为 2、4、6、8、10，或赋值为 1、4、9、16、25?

【例 6-2】定义一个包含 10 个数组元素的数组，输出其中的最大值与最小值。

分析：求最大值的方法为：首先将第一个数组元素作为最大值赋予变量 max，然后利用循环，将 max 与数组中的其他数组元素进行比较，若数组元素大于 max，则将其赋予 max，循环结束后，max 中存放的即为最大值。求最小值的方法与该方法相似。

【解】新建工程，在窗体上添加命令按钮，编写该命令按钮的单击事件过程。程序代码如下：

```
Private Sub Command1_Click()
    Const N As Integer=10          '定义符号常量N为10
    Dim a(1 To N) As Integer
    Dim i As Integer,max As Integer,min As Integer
    For i=1 To N                   '输入
        a(i)=InputBox("输入")
    Next
    max=a(1)                       '将第一个数组元素作为最大值和最小值
    min=a(1)
    For i=2 To N
        If max<a(i) Then           '如果发现有更大的元素，将其保存到max
            max=a(i)
        End If
        If min>a(i) Then           '如果发现有更小的元素，将其保存到min
            min=a(i)
        End If
    Next i
    For i=1 To N                   '输出
        Print a(i);
    Next
    Print
    Print "最大值为: " & max
    Print "最小值为: " & min
End Sub
```

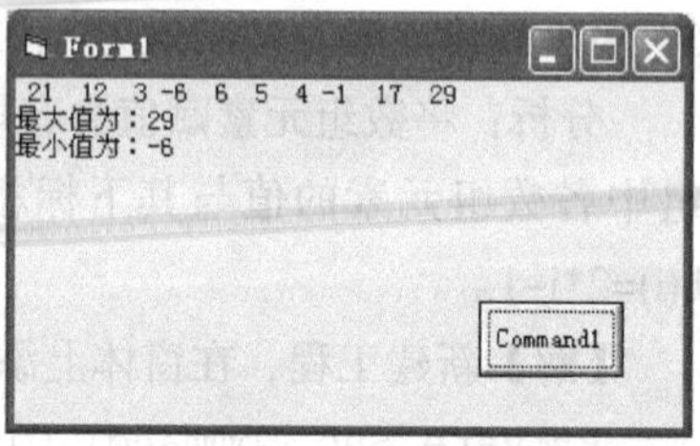

图 2-6-2 例 6-2 的程序运行结果

程序运行结果如图 2-6-2 所示。

【例 6-3】定义一个包含 10 个数组元素的数组 a，找到其中的最大值与最小值，并将最小的数据放在数组首，最大的数据放在数组尾。

分析：为实现该要求，在求最大值与最小值的同时还必须记录最大或最小值的位置，即最大或最小的数组元素的下标。以最大值为例，设置变量 k1 表示最大值的位置，并为其赋初值为 1，表示第一个数组元素为最大值。然后利用循环将 a(k1)与数组中的其他数组元素比较，若比 a(k1)大，则将其数组元素的下标赋予 k1，这样循环结束后，k1 中保存的就是最大值的位置，相应的，a(k1)则为最大值。将其与数组的最后一个数组元素进行交换即可。

【解】新建工程，在窗体上添加命令按钮，编写该命令按钮的单击事件过程。程序代码如下：

```
Private Sub Command1_Click()
    Const N As Integer=10
    Dim a(1 To N) As Integer
    Dim i As Integer,k1 As Integer,k2 As Integer
    For i=1 To N                   '输入数组元素
        a(i)=InputBox("输入")
```

```
    Next
    For i=1 To N                        '输出数组元素
       Print a(i);
    Next
    Print
    k1=1                                '将第一个数组元素作为最大值，将其下标 1 存入 k1
    k2=1                                '将第一个数组元素作为最小值，将其下标 1 存入 k2
    For i=2 To N
       If a(k1)<a(i) Then               '如果发现更大元素
          k1=i                          '将该元素的下标存入 k1
       End If
       If a(k2)>a(i) Then               '如果发现更小元素
          k2=i                          '将该元素的下标存入 k2
       End If
    Next i
    Print "最大值为：" & a(k1); "最大值的位置为：" & k1
    Print "最小值为：" & a(k2); "最小值的位置为：" & k2
    t=a(1)                              '第一个数组元素与最小值交换
    a(1)=a(k2)
    a(k2)=t
    t=a(N)                              '最后一个数组元素与最大值交换
    a(N)=a(k1)
    a(k1)=t
    Print "交换后："
    For i=1 To N                        '输出
       Print a(i);
    Next
    Print
End Sub
```

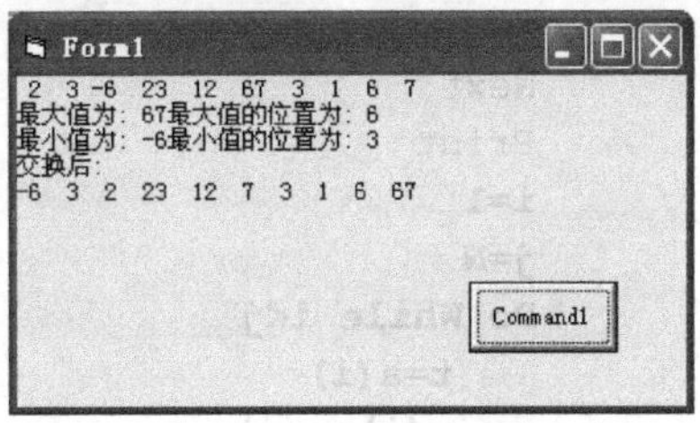

图 2-6-3 例 6-3 的程序运行结果

程序运行结果如图 2-6-3 所示。

【例 6-4】将包含 5 个数组元素的数组逆序后输出。

分析：进行逆序时，可以将数组中的第一个数组元素与最后一个数组元素进行互换，然后将第二个与倒数第二个的互换……依此类推。可以使用两种方法，第一种是控制互换的次数，若有 N 个数组元素，则应互换 $N\backslash 2$ 次，每次为 a(i)与 a(N+1−i)数组元素的互换，其中 i 表示数组元素的下标也表示互换次数，其变化范围为 1～$N\backslash 2$；另一种是使用两个下标变量 i 和 j，分别控制两端的数组元素的访问，i 从首元素下标 1 开始逐次加 1；j 从尾元素的下标开始逐次减 1，当 i<j 时，a(i)与 a(j)进行互换。

【解】新建工程，在窗体上添加命令按钮，编写该命令按钮的单击事件过程。程序代码如下：

方法 1：

```
Private Sub Command1_Click()
  Const N As Integer=5
  Dim a(1 To N) As Integer
  For i=1 To N                          '输入
     a(i)=InputBox("输入")
  Next
  For i=1 To N                          '输出逆序前的数组元素
     Print a(i);
```

```
    Next
    Print
    For i=1 To N\2                  '逆序
       t=a(i)
       a(i)=a(N+1-i)
       a(N+1-i)=t
    Next
    Print "逆序后: "
    For i=1 To N                    '输出逆序后的数组元素
       Print a(i);
    Next
    Print
End Sub
```

方法 2：

```
Private Sub Command1_Click()
    Const N As Integer=5
    Dim a(1 To N) As Integer
    For i=1 To N                    '输入
       a(i)=InputBox("输入")
    Next
    For i=1 To N                    '输出逆序前的数组元素
       Print a(i);
    Next
    Print
    i=1
    j=N
    Do While i<j                    '逆序
       t=a(i)
       a(i)=a(j)
       a(j)=t
       i=i+1
       j=j-1
    Loop
    Print "逆序后: "
    For i=1 To N          '输出逆序后的数组元素
       Print a(i);
    Next
    Print
 End Sub
```

程序运行结果如图 2-6-4 所示。

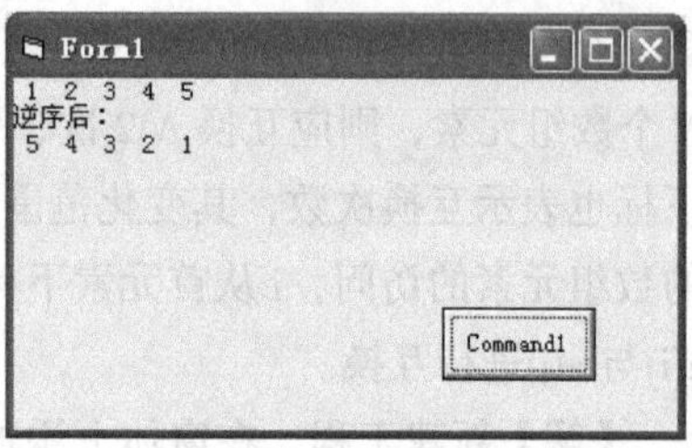

图 2-6-4　例 6-4 的程序运行结果

【例 6-5】使用冒泡法对包含 5 个数组元素的数组按升序排序。

分析：以升序为例，冒泡法的思路为：从第一个数据开始，对数组中两两相邻的数据进行比较，如 a(1)与 a(2)比较，若 a(1)>a(2)，则 a(1)与 a(2)交换，这样较大的数就向后移动；然后 a(2)与 a(3)比较……直到最后 a(*N*−1)与 a(*N*)比较结束。这样经过一轮比较后，将最大的数沉底移动到末尾，成为最后一个数组元素，而较小的数像气泡一样“上浮”一个位置，这就是第一轮排序。然后对剩余的 *N*−1 个数 a(1)～a(*N*−1)按照同样的方法进行两两比较、互换，得到次大数，完成第二轮排序……如此进行两两比较互换，经过 N-1 轮比较后即可得到一个有序的数组。

【解】新建工程，在窗体上添加命令按钮，编写该命令按钮的单击事件过程。程序代码如下：

```
Private Sub Command1_Click()
    Const N As Integer=5
    Dim a(1 To N) As Integer,t As Integer
    Dim i As Integer,j As Integer
    For i=1 To N                                  '输入
       a(i)=InputBox("输入")
    Next
    Print "排序前: "
    For i=1 To N                                  '输出排序前的数组元素
       Print a(i);
    Next
    Print
    For i=1 To N-1                                '冒泡法升序排序
       For j=1 To N-i
       If a(j)>a(j+1) Then                        '相邻元素比较立即互换
          t=a(j)
          a(j)=a(j+1)
          a(j+1)=t
       End If
       Next j
    Next i
    Print "排序后: "
    For i=1 To N                                  '输出排序后的数组元素
       Print a(i);
    Next
    Print
End Sub
```

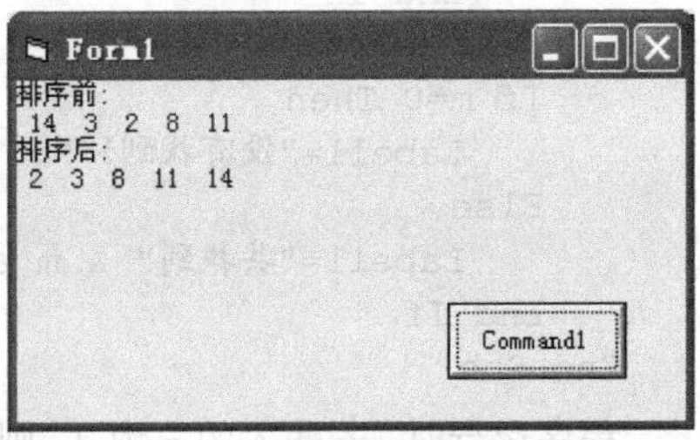

图 2-6-5 例 6-5 的程序运行结果

程序运行结果如图 2-6-5 所示。若要进行降序排序，将 If a(j)>a(j+1) Then 修改为 If a(j)<a(j+1) Then 即可。

【例 6-6】使用顺序查找法，对已有的数组 a（假定长度为 10）查找其中是否包含某个数据 x。若 a 中有多个 x，则输出其所在位置。

分析：顺序查找法即将要查找的数据 x 与数组中的每一个数组元素逐一进行比较，直到找到该元素，或全部比较结束后没有找到。若该数组中包含多个 x，则每次找到后必须记录其位置。为此设置另外一个数组 b，用于记录 x 在数组 a 中的位置，其长度与 a 数组相同，初始值为 0。利用循环进行比较，若 a(i)与 x 的值相同，则将相应的 b(i)的值设置为 1。这样 b 数组中值为 1 的数组元素的下标即为 x 在 a 数组中的位置。若 b 数组每个数组元素的值均为 0，则表示 x 不在数组 a 中。

【解】新建工程，在窗体上添加一个标签用于显示查找结果；添加一个命令按钮，编写该命令按钮的单击事件过程。程序代码如下：

```
Private Sub Command1_Click()
    Const N As Integer=10
    Dim a(1 To N) As Integer,t As Integer
```

```
    Dim b(1 To N) As Integer
    Dim x As Integer                          'x 为待查找数据
    Dim i As Integer,j As Integer
    Dim s As String                           's 表示 x 在数组 a 中的位置
    Dim m As Integer                          'm 表示 x 在数组 a 中的个数
    For i=1 To N
       a(i)=InputBox("输入")                  '输入
       b(i)=0                                 'b 数组中各个数组元素初始化为 0
    Next
    Print "数组元素为: "
    For i=1 To N                              '输出数组元素
       Print a(i);
    Next
    Print
    x=InputBox("输入要查找的数据")
    Print "要查找的数据为: " & x
    For i=1 To N                              '顺序查找
       If x=a(i) Then
          b(i)=1                              '如果找到 x，则将 b(i)的值设置为 1
       End If
    Next
    s=""
    m=0
    For i=1 To N
       If b(i)=1 Then
          s=s & i & ","                       '记录位置
          m=m+1                               '统计个数
       End If
    Next i
    If m=0 Then
       Label1="没有找到! "
    Else
       Label1="共找到" & m & "个,它在第" & Left(s,Len(s)-1) & "个位置"
    End If
End Sub
```

程序运行时，若输入的 x 为 7，则程序结果如图 2-6-6 所示。

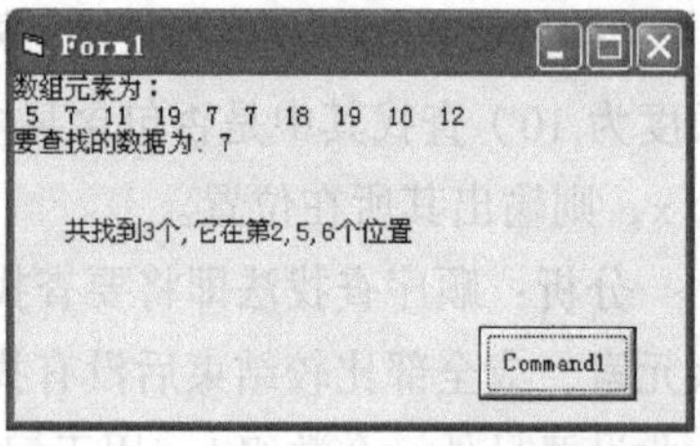

图 2-6-6　例 6-6 的程序运行结果

【例 6-7】折半查找法。对于有序数组（假定长度为 10，按升序排列），查找该数组中是否包含数据 x。

分析：上例采用顺序查找，但当数组很大时，顺序查找法的效率较低。因此可以采用另外一种查找方法，即折半查找法，也称二分法查找。注意，使用折半查找法的前提是数组必须是有序的。

假定数组为升序排列，则折半查找法的思路是：将要查找的数据 x 与数组的中间元素进行比较，若相同则查找成功，即可结束程序；否则判断 x 位于数组的哪半部分，然后在该部分中进行查找，舍弃另一半，这样可将查找范围缩小到原来的一半。如此重复该过程，直到找到或数组中无此数据。

图 2-6-7 是对数组长度 N 为 10 的数组，查找数据 x=6 的折半查找法查找示意图，该数组为

升序排序。

其步骤如下：

（1）设置3个整型变量top、bottom和middle，分别代表所查找数组a的下界、上界和中间数组元素的下标值，即top为1，bottom为N，middle为(top+middle)/2。

（2）计算查找区间中间元素的下标middle为(top+bottom)/2，然后比较x与a(middle)。

（3）若x与a(middle)相等，则查找结束，程序运行完毕；若x>a(middle)，说明x位于该数组的后半部分，修改查找区间，使top为middle+1，bottom不变；若x<a(middle)，说明x位于前半部分，修改查找区间，使bottom为middle−1，top不变。

（4）重复上面的步骤（2）和（3），直到找到x，或当top>bottom时结束，说明该数组中不包含x。

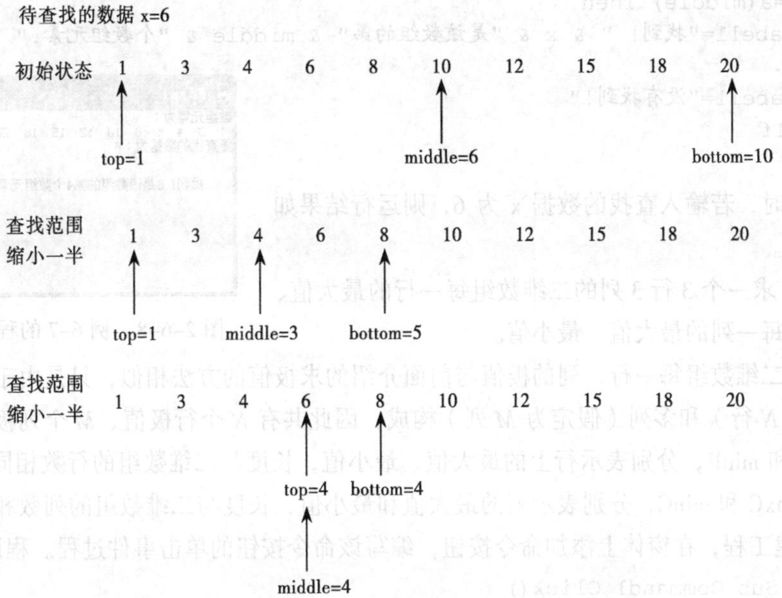

图2-6-7 折半查找法示意图

【解】新建工程，在窗体上添加一个标签用于显示查找结果；添加一个命令按钮，编写该命令按钮的单击事件过程。程序代码如下：

```
Private Sub Command1_Click()
    Const N As Integer=10
    Dim a(1 To N) As Integer                  '定义数组
    Dim x As Integer,i As Integer
    Dim top As Integer,bottom As Integer,middle As Integer
    For i=1 To N                              '输入有序数组
       a(i)=InputBox("输入数组")
    Next i
    Print "数组元素为: "
    For i=1 To N                              '输出数组元素
       Print a(i);
    Next
    Print
    x=InputBox("输入要查找的数据")             '输入要查找的数
```

```
    Print "要查找的数据为: " & x
    top=1
    bottom=N
    Do While top<=bottom
       middle=(top+bottom)/2
       If x=a(middle) Then
          Exit Do
       ElseIf x<a(middle) Then
          bottom=middle-1
       Else
          top=middle+1
       End If
    Loop
    If x=a(middle) Then
       Label1="找到! " & x & "是该数组的第" & middle & "个数组元素."
    Else
       Label1="没有找到!"
    End If
End Sub
```

程序运行时，若输入查找的数据 x 为 6，则运行结果如图 2-6-8 所示。

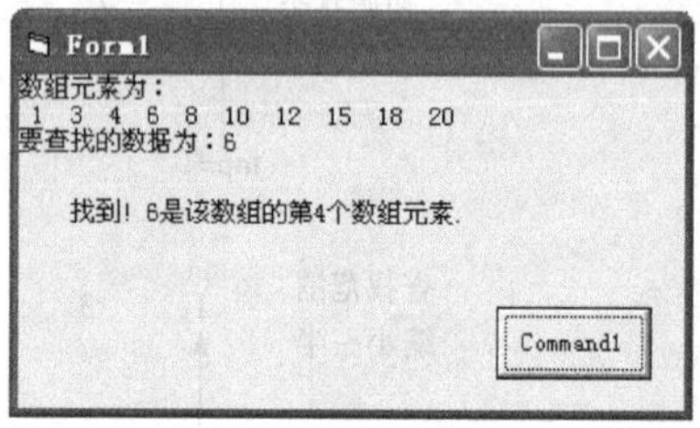

图 2-6-8　例 6-7 的程序运行结果

【例 6-8】 求一个 3 行 3 列的二维数组每一行的最大值、最小值，以及每一列的最大值、最小值。

分析：求二维数组每一行、列的极值与前面介绍的求极值的方法相似，只是由于二维数组由多行（假定为 N 行）和多列（假定为 M 列）构成，因此共有 N 个行极值、M 个列极值。设置一维数组 maxR 和 minR，分别表示行上的最大值、最小值，长度与二维数组的行数相同，为 N；设置一维数组 maxC 和 minC，分别表示列的最大值和最小值，长度与二维数组的列数相同，为 M。

【解】 新建工程，在窗体上添加命令按钮，编写该命令按钮的单击事件过程。程序代码如下：

```
Private Sub Command1_Click()
    Const N As Integer=3,M As Integer=3  'N表示行，M表示列
    Randomize
    Dim b(1 To N,1 To M) As Integer
    'maxR 数组存放每一行的最大值，minR 存放每一行的最小值
    Dim maxR(1 To N) As Integer,minR(1 To N) As Integer
    'maxC 数组存放每一列的最大值，minC 存放每一列的最小值
    Dim maxC(1 To M) As Integer,minC(1 To M) As Integer
    '为二维数组元素赋值
    For i=1 To N
       For j=1 To M
          b(i,j)=Int(Rnd*11) '使用随机函数为数组元素赋值(0~10)
       Next j
    Next i
    '求每行的最大值和最小值
    For i=1 To N
       maxR(i)=b(i,1)
       minR(i)=b(i,1)
       For j=1 To M
```

```
            If maxR(i)<b(i,j) Then
                maxR(i)=b(i,j)
            End If
            If minR(i)>b(i,j) Then
                minR(i)=b(i,j)
            End If
        Next j
    Next i
    '求每列的最大值和最小值
    For j=1 To M
        maxC(j)=b(1,j)
        minC(j)=b(1,j)
        For i=1 To N
            If maxC(j)<b(i,j) Then
                maxC(j)=b(i,j)
            End If
            If minC(j)>b(i,j) Then
                minC(j)=b(i,j)
            End If
        Next i
    Next j
    '输出二维数组元素及每行的最大、最小值
    Print N & "行" & M & "列数组元素及每行的最大值与最小值"
    For i=1 To N
        For j=1 To M
            Print b(i,j),
        Next j
        Print "|" & maxR(i),minR(i)
    Next i
    '输出每列的最大值
    Print "每列的最大值为: "
    For j=1 To M
        Print maxC(j),
    Next j
    Print
    '输出每列的最小值
    Print "每列的最小值为: "
    For j=1 To M
        Print minC(j),
    Next j
End Sub
```

程序运行结果如图 2-6-9 所示。程序中为调试方便，使用随机函数为数组元素赋值，赋值范围为 0～10 内的数据，也可使用 InputBox()函数进行输入，其形式为：

```
b(i,j)=InputBox("输入第" & i & "行第" & j & "列的数组元素")
```

【例 6-9】输入两个矩阵，输出其乘积。假定第一个矩阵为 4 行 3 列，第二个矩阵为 3 行 2 列。

分析：若两个矩阵可以相乘，则第一个矩阵的列数与第二个矩阵的行数必须相同，得到的结果依然为一个矩阵，其行数与第一个矩阵的行数相同，列数与第二个矩阵的列数相同，即 4×3 的矩阵与 3×2 的矩阵相乘后，将得到一个 4×2 的矩阵。具有多行多列的矩阵应使用二维数组进行存储。

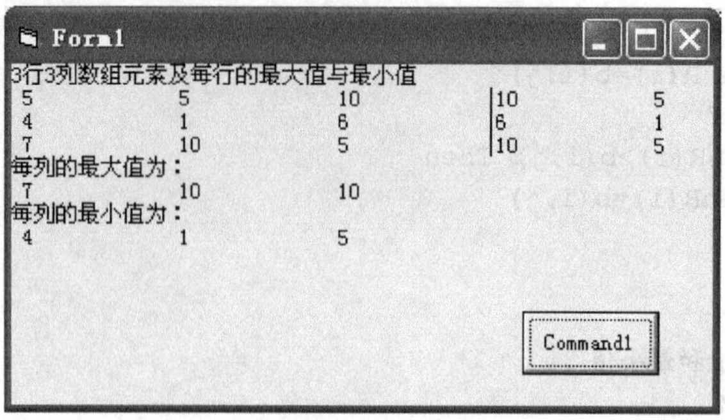

图 2-6-9　例 6-8 的程序运行结果

【解】新建工程，在窗体上添加命令按钮，编写该命令按钮的单击事件过程。程序代码如下：

```
Private Sub Command1_Click()
'N、M分别表示第一个矩阵的行和列
    Const N As Integer=4, M As Integer=3
    Const L As Integer=2                           'L表示第二个矩阵的列
    Dim a(1 To N,1 To M) As Integer
    Dim b(1 To M,1 To L) As Integer
    Dim c(1 To N,1 To L) As Integer                'c数组存放乘积
    '输入a数组元素
    For i=1 To N
        For j=1 To M
            a(i,j)=InputBox("输入a数组第" & i & "行第" & j & "列的数组元素")
        Next j
    Next i
    '输入b数组元素
    For i=1 To M
        For j=1 To L
            b(i,j)=InputBox("输入b数组第" & i & "行第" & j & "列的数组元素")
        Next j
    Next i
    '计算乘积
     For i=1 To N
        For j=1 To L
            c(i,j)=0
            For k=1 To M
                c(i,j)=c(i,j)+a(i,k)*b(k,j)
            Next k
        Next j
    Next i
    '输出a数组
    Print "a矩阵为:"
    For i=1 To N
        For j=1 To M
            Print a(i,j),
        Next j
        Print
    Next i
```

```
    '输出b数组
    Print "b矩阵为:"
    For i=1 To M
        For j=1 To L
            Print b(i,j),
        Next j
        Print
    Next i
    '输出c矩阵
    Print "c矩阵为:"
    For i=1 To N
        For j=1 To L
            Print c(i,j),
        Next j
        Print
    Next i
End Sub
```

程序运行结果如图 2-6-10 所示。

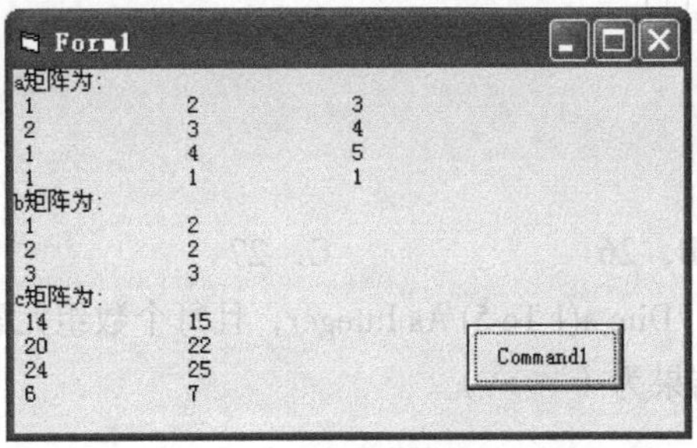

图 2-6-10　例 6-9 的程序运行结果

四、练习题

1. 单项选择题

（1）若有声明语句：Dim a(2,–1 To 1,3)，则 a 数组中包含（　　）个数组元素。

A．12　　　B．18　　　C．24　　　D．36

（2）下列数组声明语句中正确的是（　　）。

A．Dim a[3,4] As Integer　　　B．Dim a(3,4) As Integer

C．Dim a(n,n) As Integer　　　D．Dim a(3 4) As Integer

（3）要将 3×3 方阵中的数据存入 a 数组中（不浪费空间），声明数组 a 的正确语句是（　　）。

A．Dim a(9) As Single　　　B．Dim a(3,3) As Single

C．Dim a(–1 To 1,–5 to –4) As Single　　　D．Dim a(–3 To –1,5 to 7) As Single

（4）以下程序段的输出结果是（　　）。

```
Private Sub Command1_click()
    Dim a(1 To 5) As String
    For i=1 To 5
        a(i)=Chr(Asc("A")+(i-1))
    Next i
```

```
    For i=1 To 5
        Print a(i);
    Next
End Sub
```

A. 1 2 3 4 5　　B. abcde　　C. ABCDE　　D. 出错

（5）若有以下数组声明语句：Dim a(3, 2 To 5) As Integer，以下对数组元素的使用形式正确的是（　　）。

A. a(2)　　B. a(1)(3)　　C. a(3,1)　　D. a(0,5)

（6）以下程序的输出结果是（　　）。

```
Private Sub Command1_click()
    Dim a(1 To 10) As Integer,sum As Integer
    For i=1 To 10
        a(i)=2*i-1
    Next i
    sum=0
    For i= 1 To 10
        If a(i) Mod 3=0 Then
            sum=sum+a(i)
        End If
    Next
    Print sum
End Sub
```

A. 25　　B. 26　　C. 27　　D. 28

（7）已有数组声明语句：Dim a(1 To 5) As Integer，且每个数组元素的值分别为 2、5、-1、12、3，则下列程序段执行后的结果为（　　）。

```
k=1
For i=2 To 5
    If a(i)>a(k) Then
        k=i
    End If
Next
Print a(k)
```

A. -1　　B. 4　　C. 12　　D. 5

（8）以下程序的输出结果是（　　）。

```
Private Sub Command1_Click()
    Dim a(1 To 10),p(1 To 3) As Integer
    k=5
    For i=1 To 10
        a(i)=i
    Next i
    For i=1 To 3
        p(i)=a(i*i)
    Next i
    For i=1 To 3
        k=k+p(i)*2
    Next i
    Print k
End Sub
```

A. 33　　B. 28　　C. 35　　D. 37

（9）以下程序代码的运行结果为（　　）。

```
Private Sub Command1_Click()
   Dim a(1 To 4,1 To 4) As Integer
   For i=1 To 4
      For j=1 To 4
         a(i,j)=(i-1)*3+j
      Next j
   Next i
   For i=3 To 4
      For j=3 To 4
         Print a(j,i);
      Next j
      Print
   Next i
End Sub
```

A. 6　9
7　10　　B. 7　10
8　11　　C. 8　11
9　12　　D. 9　12
10　13

（10）以下程序代码的运行结果为（　　）。

```
Private Sub Command1_Click()
   Dim a(10,10) As Integer
   Dim i As Integer,j As Integer
   For i=1 To 3
      For j=2 To 4
         a(i,j)=i+j
      Next j
   Next i
   Print a(2,3)+a(3,4)
End Sub
```

A. 15　　B. 14　　C. 13　　D. 12

2. 填空题

（1）下列程序运行后的输出结果为________。

```
Private Sub Command1_Click()
   Dim a(1 To 4) As Integer
   Dim s As Integer
   For i=1 To 4
      a(i)=i*i
   Next i
   s=0
   For i=1 To 4
      s=s+a(i)
   Next i
   Print s
End Sub
```

（2）下列程序运行时，若输入 Visual Basic Programming，则程序输出结果为________。

```
Private Sub Command1_Click()
   Dim n(25) As Integer,s As String,m As Integer
```

```
    s=UCase(InputBox("请输入字母字符串"))
    For i=1 To Len(s)
        k=Asc(Mid(s,i,1))-Asc("A")
        If k>=0 Then
            n(k)=n(k)+1
        End If
    Next i
    m=n(0)
    For i=1 To 25
        If m<n(i) Then
            m=n(i)
        End If
    Next i
    Print m
End Sub
```

（3）以下程序的功能是输出 3 个数中的中间数，例如输入的 3 个数为 4、1、3，则输出 3。请填空。

```
Private Sub Command1_click()
    Dim a(1 To 3) As Integer
    Print "输入的数据是: ";
    For i=1 To 3
        a(i)=InputBox("输入数据")
        Print a(i);
    Next
    Print
    If a(1)<a(2) Then
        t=a(1)
        a(1)=____①____
        a(2)=t
    End If
    If a(2)>a(3) Then
        m=a(2)
    ElseIf a(1)>a(3) Then
        m=____②____
    Else
        m=____③____
    End If
    Print "中间数是: "; m
End Sub
```

（4）下列程序的功能是数组元素的逆序。请填空。

```
Private Sub Command1_Click()
    Dim a(1 To 5) As Integer,t As Integer
    For i=1 To 5
        a(i)=2*i
    Next i
    For i=____①____To____②____
        t=a(i)
        ____③____
        a(6-i)=t
```

```
    Next i
    For i=1 To 5
        Print a(i);
    Next i
End Sub
```

（5）以下程序的功能是首先为二维数组 a 的数组元素赋值，且每个数组元素的值为其对应的两个下标之和；然后计算所有数组元素之和并输出。请填空。

```
Private Sub Command1_Click()
    Dim a(1 To 3,1 To 2) As Integer,s As Integer
    For i=1 To 3
        For j=1 To 2
            a(i,j) =_____①_____
        Next j
    Next i
    s=_____②_____
    For i=1 To 3
        For j=1 To 2
            s=s+_____③_____
        Next j
    Next i
    Print s
End Sub
```

（6）下列程序的功能是生成并输出一个 4×4 的二维数组，将其转置后，在窗体上输出。请填空。

```
Private Sub Command1_Click()
    Dim a(1 To 4,1 To 4) As Integer
    Dim k As Integer,j As Integer,t As Integer
    For k=1 To 4
        For j=1 To 4
            a(k,j)=Int(Rnd*10)+1
            Print a(k,j);
        Next j
        _____①_____
    Next k
    Print
    For k=1 To 4
        For j=1 To _____②_____
            t=a(k,j)
            _____③_____
            a(j,k)=t
        Next j
    Next k
    For k=1 To 4
        For j=1 To 4
            _____④_____
        Next j
        Print
    Next k
End Sub
```

3. 编程题

（1）定义一个包含 10 个数组元素的数组 a，为其数组元素分别赋值为 2、4、6、8、…、20，并将其输出。

（2）输入 10 个评委给出的分数，去掉最高分和最低分后，计算平均分并输出。

（3）输入 5 个学生的姓名与一门课程的成绩，按成绩的升序输出姓名和成绩。分别使用比较互换法、选择法与冒泡法实现。

（4）输出一个 5×5 的矩阵，除对角线上的元素为 1 外，其他数组元素的值均为 0。

（5）输入 5×5 矩阵，求出每列元素之和，并把和值最大的那一列上的各元素和第一列上各元素进行对调。

（6）输入两个均为 3×4 的矩阵，输出这两个矩阵的和。

（7）输入 5 个学生 3 门课程的成绩，并进行如下操作：

① 计算并输出每门课程的平均分；

② 输出每门课程中的最高分与最低分；

③ 计算每个学生的平均分；

④ 按学生的平均分进行降序排列。

4. 讨论题

（1）为何使用数组？如何选择数组的维数？

（2）何种情况下数组会越界？

（3）如何声明固定大小的数组，有几种方法？

实验 7　动态数组、控件数组与自定义类型的数组

一、实验目的

（1）掌握动态数组声明形式。

（2）掌握与数组有关的几个函数的使用。

（3）掌握控件数组的创建及使用。

（4）掌握自定义类型及其数组的使用。

二、相关知识

1. 动态数组的声明

声明动态数组包括两个步骤，即：

（1）只声明数组名与数据类型，形式为：

```
Dim 数组名() As 数据类型
```

此时定义的数组的大小是不确定的。

（2）使用 ReDim 语句重新声明数组的大小与维数，形式为：

```
ReDim 数组名(下界1 To 上界1,下界2 To 上界2,…) As 数据类型
```

其中，数组的下界和上界可以是变量也可以是表达式。

需要注意的是，可以多次使用 ReDim 语句来改变数组的大小和维数；使用 ReDim 语句会使原数组中数组元素的值丢失，因此可以在 ReDim 后使用 Preserve 参数保留数组中的数据。

2. 与数组有关的几个函数

Array()函数：对数组进行整体赋值，该数组必须为变体型的动态数组，或者为变体型变量进行赋值，然后可将该变量作为数组名使用。

UBound()和 LBound()函数：可用于获取数组某一维的上界与下界。

Split()函数：可实现数据的批量输入，将字符串用分隔符将各项数据分离到数组中。

3. 控件数组

控件数组是一组具有相同名称和类型的控件集合，控件数组中的各个元素共用一个控件名称，共享同一个事件过程。控件数组中每个元素都有唯一的 Index 属性，即控件数组元素的下标，第一个数组元素的下标为 0。

4. 自定义类型及其数组

自定义类型通过 Type 语句来实现，其形式为：

```
Type 自定义类型名
    成员名 1 As 数据类型名
    成员名 2 As 数据类型名
    …
    成员名 n As 数据类型名
End Type
```

自定义数据类型不能在过程内定义，一般是在标准模块（*.bas）中定义，默认为 Public；若在窗体的通用声明区定义，在 Type 前必须使用 Private 关键字。

自定义类型数组即数据类型为自定义类型的数组，自定义类型数组的每个数组元素是一个自定义类型的变量。

三、实验举例

【例 7-1】 输入学生人数 *n*，并输入 *n* 个学生的成绩，求平均成绩，并统计低于平均成绩的人数。

分析：由于学生人数在程序运行时才能确定，因此应使用动态数组。

【解】 新建工程，在窗体上添加命令按钮，编写该命令按钮的单击事件过程。程序代码如下：

```
Private Sub Command1_Click()
    Dim a() As Integer                          '声明动态数组
    Dim n As Integer,i As Integer,t As Integer
    n=InputBox("输入学生人数")                  '输入学生人数
    ReDim a(1 To n)                             '重新指定数组长度
    Dim s As Integer
    s=0
    For i=1 To n
        a(i)=InputBox("输入成绩")               '输入成绩
        s=s+a(i)
    Next i
    s=s/n                                       '计算平均成绩
    '统计低于平均成绩的人数
```

```
    t=0
        For i=1 To n
            If s>a(i) Then
                t=t+1
            End If
        Next i
        '输出
        Print "共" & n & "个学生,各个成绩为: "
        For i=1 To n
            Print a(i);
        Next i
        Print
        Print "平均成绩为: " & s
        Print "低于平均成绩的人数为: " & t
    End Sub
```

程序运行结果如图 2-7-1 所示。

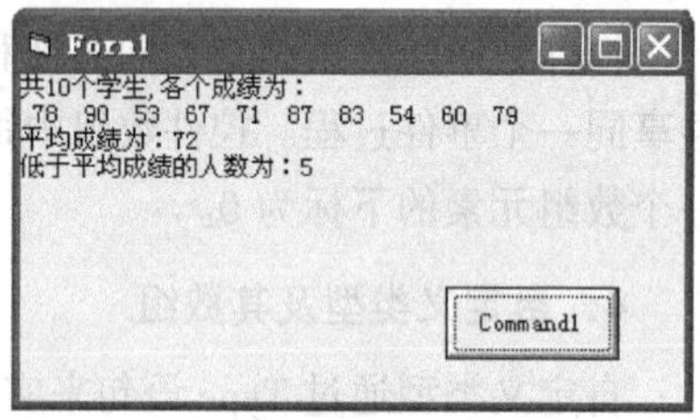

图 2-7-1　例 7-1 的程序运行结果

【例 7-2】输入整数 *n*，输出 Fibonacci 数列的第 *n* 项。

分析：已知 Fibonacci 数列具有如下规律，即第一项与第二项的值为 1，其后各项为前两项之和。为输出该数列第 *n* 项的值，可将数组声明为动态数组，当输入 *n* 后，再重新声明其长度为 *n*。

【解】新建工程，在窗体上添加两个标签控件，分别用于显示提示信息与输出结果；添加文本框控件，将其 Text 属性设置为空。添加命令按钮，编写该命令按钮的单击事件过程，程序代码如下：

```
    Private Sub Command1_Click()
        Dim n As Integer            'n表示数组长度
        Dim f() As Long             '声明 f 数组，存放 Fibonacci 数列的各项
        n=Text1                     '输入 n
        ReDim f(1 To n)             '重新声明数组长度为 n
        f(1)=1
        f(2)=1
        For i=3 To n
            f(i)=f(i-1)+f(i-2)
        Next
        Label2="第" & n & "项为: " & f(n)  '输出
    End Sub
```

程序运行结果如图 2-7-2 所示。

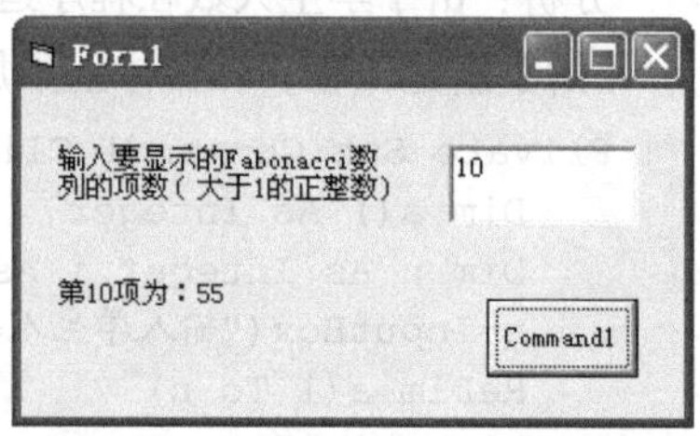

图 2-7-2　例 7-2 的程序运行结果

【例 7-3】在有序数组中插入一个数据 x，使其依然有序排列。假定原数组中包含 5 个数组元素，且为升序排列。

分析：本题是一个插入问题。其基本思路是：首先从原有序数组的最后一个数组元素开始依次与待插入的数据 x 比较，若 x 小于比较的数组元素，则将数组元素向后移动一个位置；当 x 大于数组元素时，则可停止比较，结束循环；最后将 x 放到(i+1)的位置处即可，这样即可实现插入新值后的数组仍然有序。

【解】新建工程，在窗体上添加一个命令按钮，编写该命令按钮的单击事件过程，程序代码如下：

```
Private Sub Command1_Click()
    Dim a()
    Dim x As Integer                    'x 为要插入的数据
    Dim n1 As Integer,n2 As Integer
    a=Array(5,7,9,12,15)
    n1=LBound(a)                        'n1 表示数组下限
    n2=UBound(a)                        'n2 表示数组上限
    Print "插入前: "
    For i=n1 To n2
        Print a(i);
    Next i
    Print
    n2=n2+1
    ReDim Preserve a(n2)                '重新声明数组大小，并保留原有数据
    x=InputBox("输入要插入的数据")
    For i=n2-1 To n1 Step -1            '插入
        If a(i)>x Then
            a(i+1)=a(i)
        Else
            Exit For
        End If
    Next i
    a(i+1)=x
    Print "插入后: "
    For i=n1 To n2
        Print a(i);
    Next i
    Print
End Sub
```

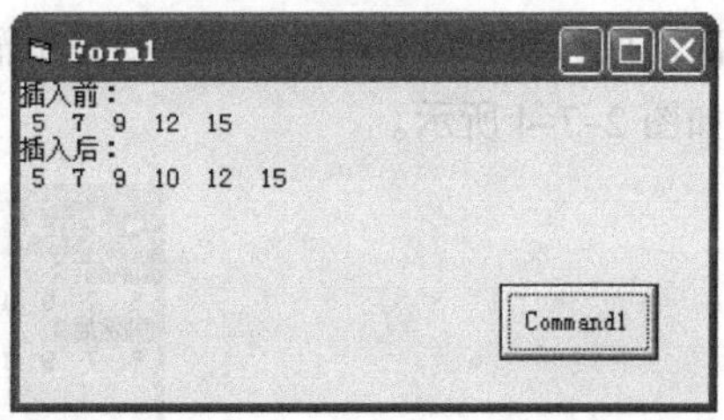

图 2-7-3　例 7-3 的程序运行结果

程序运行时，若输入 10，则程序运行结果如图 2-7-3 所示。程序中使用 Array()函数为数组进行赋值，由于插入新数据后数组长度将增 1，因此使用 ReDim 语句进行重新声明，并同时使用 Preserve 保留原有数据。

【例 7-4】有一个已按升序排列的数组，删除一个数 x 后仍然有序。

分析：在对数组执行删除操作时，并不能将某个数组元素的存储空间释放，只能将后面的元素依次移动将待删除的数据覆盖，执行删除操作后应重新声明数组长度。

【解】新建工程，在窗体上添加一个命令按钮，编写该命令按钮的单击事件过程。程序代码如下：

```
Private Sub Command1_Click()
    Dim a()
    Dim x As Integer                    'x 为要删除的数据
    Dim n1 As Integer,n2 As Integer
    a=Array(5,7,9,10,12,15)
    n1=LBound(a)                        'n1 表示数组下限
    n2=UBound(a)                        'n2 表示数组上限
    Print "删除前: "
    For i=n1 To n2
```

```
        Print a(i);
    Next i
    Print
    x=InputBox("输入要删除的数据")
    For i=n1 To n2                          '查找x是否在该数组中
        If x=a(i) Then
            Exit For
        End If
    Next i
    If  i<=n2 Then                          '若找到x，则可进行删除
        For j=i To n2-1
            a(j)=a(j+1)
        Next j
        n2=n2-1
        ReDim Preserve a(n2)                '删除x后重新声明数组长度
        Print "删除后: "                    '输出
        For i=n1 To n2
            Print a(i);
        Next i
        Print
    Else                                    '未找到x
        MsgBox x & "不在该数组中！"
    End If
End Sub
```

程序运行时，首先找到 x 在该数组中的位置，若找到，则可进行删除，将其后的数组元素依次向前移动一位；若找不到，则弹出消息框给出提示信息。当输入 x 值为 10 时，程序的运行结果如图 2-7-4 所示。

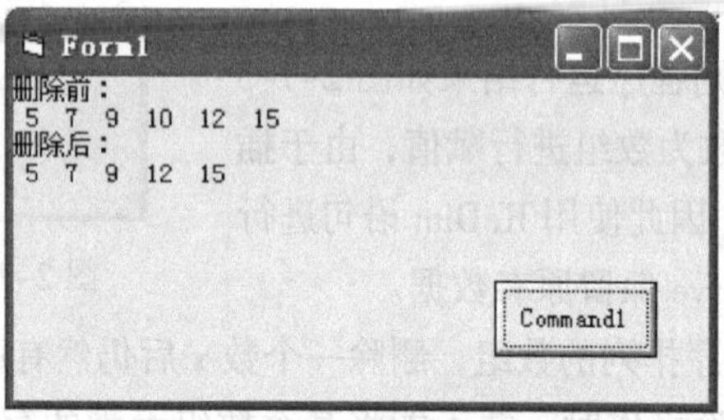

图 2-7-4　例 7-4 的程序运行结果

【例 7-5】输入 n，输出杨辉三角形前 n 行数据。

分析：由于杨辉三角形由多行多列的数据构成，因此应使用二维数组处理。杨辉三角形的特点为：第一列与斜边上的数组元素值均为 1，其余数组元素如 $a(i, j)$的值为 $a(i-1, j-1)$与 $a(i-1, j)$的和，其中 i、j 分别表示行与列，且 $i\geqslant 3$，$j\geqslant 2$。

【解】新建工程，在窗体上添加一个标签控件，用于显示提示信息；添加一个文本框，用于输入行数 n；为便于显示，该程序将输出内容放在图片框中显示，因此在窗体上添加一个 PictureBox 控件；添加一个命令按钮，并编写该命令按钮的单击事件过程。程序代码如下：

```
Private Sub Command1_Click()
    Picture1.Cls                            '清除图片框中的内容
    Dim a() As Long
```

```
    Dim n As Integer
    n=Text1                          '输入
    ReDim a(1 To n,1 To n)           '声明数组的长度
    For i=1 To n                     '为第一列与对角线上的数组元素赋值
        a(i,1)=1
        a(i,i)=1
    Next i
    For i=3 To n                     '为其余数组元素赋值
        For j=2 To i-1
            a(i,j)=a(i-1,j-1)+a(i-1,j)
        Next j
    Next i
    '输出
    For i=1 To n
        For j=1 To i
            Picture1.Print a(i,j); Tab(j*5);
        Next j
        Picture1.Print
    Next i
End Sub
```

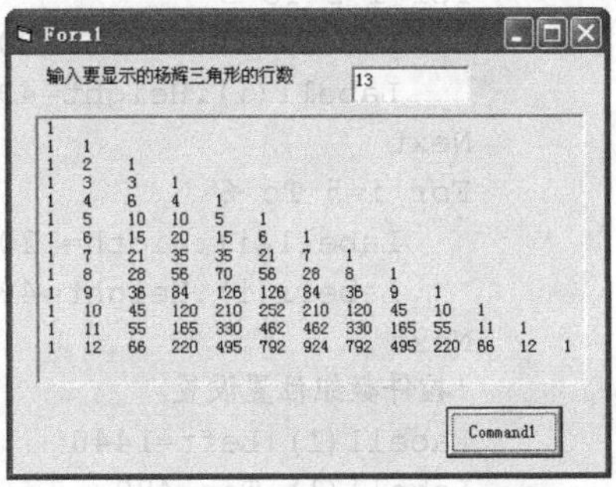

图 2-7-5 例 7-5 的程序运行结果

程序运行时，若输入 13，则程序结果如图 2-7-5 所示。程序中使用了 Tab()函数，目的是使各项对齐输出。

【例 7-6】控件数组。利用控件数组编写一个模拟 LED 显示器的程序，在文本框中输入数字后，单击“显示”按钮，则在 LED 显示器上显示相应的数字。

分析：LED 显示器是指类似数字式电子表或计算器的显示方式，用于显示数字 0～9。因此可使用 7 个标签控件组成的控件数组表示数码显示的 7 个线条，如图 2-7-6 所示。通过控制这些控件的背景颜色，使得显示不同的数字。例如，显示数字“0”，则将 7 号标签的背景颜色设置为与窗体颜色相同，并将其他标签的背景属性设置为另一种颜色，就可以显示出数字“0”。

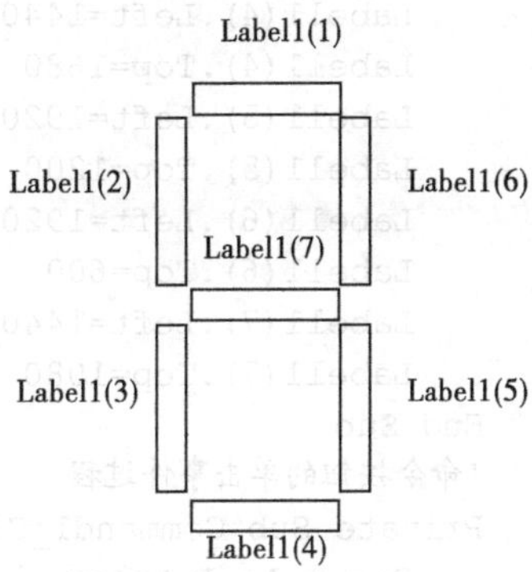

图 2-7-6 数码显示的 7 个线条

【解】具体方法为：

（1）新建工程，在窗体上添加一个标签控件 Label1，将其 Caption 属性设置为空，Index 属性值设置为 0，这样即表示创建了控件数组的第一个数组元素 Label1(0)。

（2）编写窗体的 Load 事件，在该事件过程中使用 Load 方法动态添加控件数组的其他元素 Label1(1)～Label1(7)；并分别设置其可见性、颜色、位置与大小等属性。

（3）在窗体上添加一个文本框用于接收输入；添加命令按钮，将其 Caption 属性设置为“显示”；在该命令按钮的单击事件过程中定义长度为 10 的字符数组 str，并将 str(0)～str(9)分别赋值为对应数字 0～9 的数码显示组合，如“0”是由除 Label1(7)以外的线条组成的，则 str(0)= "123456"。

（4）在程序中根据输入的数据找到对应的数码组合。

程序代码如下：

```
'窗体的 Load 事件过程
```

```
Private Sub Form_Load()
    '生成控件数组并设置控件数组可见及初始颜色
    For i=1 To 7
      Load Label1(i)
      Label1(i).Visible=True
      Label1(i).BackColor=&HE0E0E0
   Next
   '控件数组大小设置
   For i=1 To 7 Step 3
      Label1(i).Width=495
      Label1(i).Height=120
   Next
   For i=2 To 3
      Label1(i).Width=120
      Label1(i).Height=495
   Next
   For i=5 To 6
      Label1(i).Width=120
      Label1(i).Height=495
   Next
   '控件数组位置设置
   Label1(1).Left=1440
   Label1(1).Top=480
   Label1(2).Left=1320
   Label1(2).Top=600
   Label1(3).Left=1320
   Label1(3).Top=1200
   Label1(4).Left=1440
   Label1(4).Top=1680
   Label1(5).Left=1920
   Label1(5).Top=1200
   Label1(6).Left=1920
   Label1(6).Top=600
   Label1(7).Left=1440
   Label1(7).Top=1080
End Sub
'命令按钮的单击事件过程
Private Sub Command1_Click()
   Dim x As Integer
   Dim str(9) As String                   '字符数组对应数字组合设置
   str(0)="123456"
   str(1)="56"
   str(2)="13467"
   str(3)="14567"
   str(4)="2567"
   str(5)="12457"
   str(6)="123457"
   str(7)="156"
   str(8)="1234567"
   str(9)="124567"
```

```
    x=Text1                                           '输入
    '将控件数组的背景颜色设置成灰色（与窗体颜色相同）
    For j=1 To 7
        Label1(j).BackColor=&H8000000F
    Next
    '从字符数组中依次取出构成数码显示的标签号
    Dim a As String
    For j=1 To 7
        a=Mid(str(x),j,1)
        If a="" Then
            Exit For
        End If
        Label1(a).BackColor=&HFF0000           '为构成数码显示的标签设置颜色
    Next
End Sub
```

程序运行时，在文本框中输入 6，程序运行结果如图 2-7-7 所示。

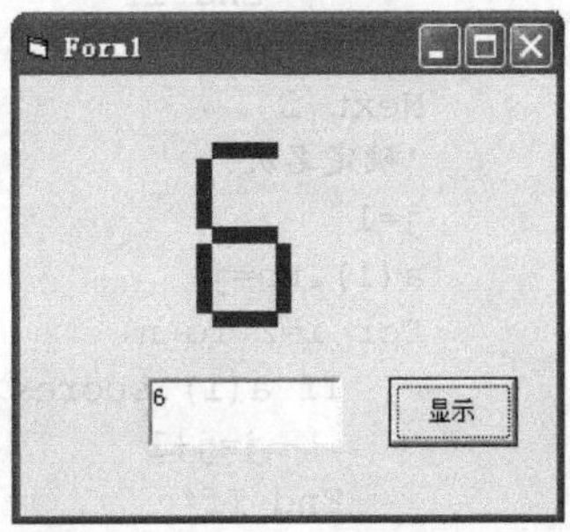

图 2-7-7 例 7-6 的程序运行结果

思考：如何显示 4 位数字？

【例 7-7】自定义一个学生类型，其中包含学生的名次、姓名、学号和成绩。声明一个学生类型的动态数组，输入 *n* 个学生的数据，要求按照成绩输出学生的名次表，成绩相同者名次相同。

分析：为输出名次表，首先应按成绩进行降序排列。由于名次问题并非排序问题，即排序后的数组元素的下标并非为其对应的名次，因为成绩可能相同，所以还必须考虑如何处理同一名次者。具体思路为：设置变量 j 表示学生的名次，j 初值为 1，并赋给第一个学生的名次成员（第一个学生为第一名）；然后对相邻的成绩进行比较，若成绩相同则为同一名次，j 的值不变；若成绩不同则令 j 的值增 1，然后将 j 赋给相应数组元素的名次成员即可。

【解】新建工程，在窗体上添加一个命令按钮，并编写该命令按钮的单击事件过程，程序代码如下：

```
'在窗体的通用声明区声明自定义数据类型 STUDENT
Private Type STUDENT
    no As Integer
    name As String
    id As String * 6
    score As Single
End Type
'命令按钮的单击事件过程
Private Sub Command1_Click()
    Dim n As Integer
    Dim i As Integer,j As Integer             'j 为名次计数器
    Dim a() As STUDENT                        '声明 a 为 STUDENT 类型的动态数组
    Dim t As STUDENT
    n=InputBox("请输入学生人数")               'n 为学生人数
    ReDim a(1 To n)                           '重新指定 a 的长度为 n
    '输入学生信息(姓名、学号与成绩)
    For i=1 To n
```

```
      With a(i)
         .name=InputBox("姓名")
         .id=InputBox("学号(6位)")
         .score=InputBox("成绩")
      End With
   Next i
   '使用比较互换法按成绩进行降序排序
   For i=1 To n-1
      For j=i+1 To n
         If a(i).score<a(j).score Then
            t=a(i)
            a(i)=a(j)
            a(j)=t
         End If
      Next j
   Next i
   '确定名次
   j=1
   a(1).no=j                                          '第一个同学的名次为1
   For i=2 To n                                       '对相邻同学的成绩进行比较
      If a(i).score<>a(i-1).score Then
         j=j+1
      End If
      a(i).no=j                                       'j为第i个同学的名次
   Next i
   '输出学生的名次表
   Print "名次表为:"
   Print Tab(2); "名次"; Tab(12); "姓名"; Tab(22); "学号"; Tab(35); "成绩"
   For i=1 To n
      With a(i)
         Print Tab(2); .no; Tab(12); .name;
         Tab(22); .id; Tab(35); .score
      End With
   Next
End Sub
```

程序运行时，若输入人数为 8，并输入各个学生的信息，则运行结果如图 2-7-8 所示。输入学生信息时应注意，由于学生的名次在输入阶段还未确定，因此只能输入学生的姓名、学号和成绩等信息，程序根据输入的成绩进行排序并确定名次。

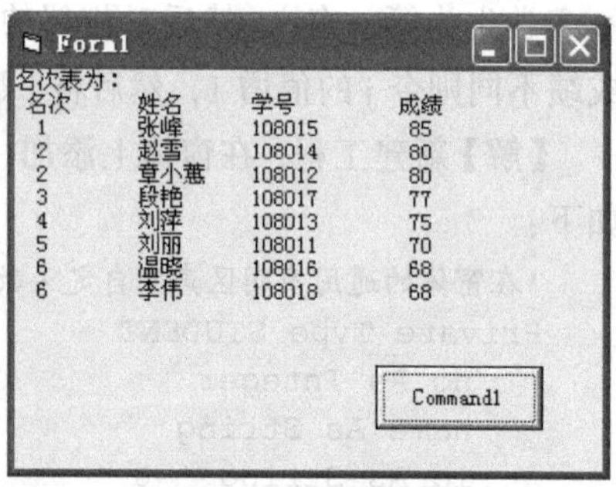

图 2-7-8　例 7-7 的程序运行结果

四、练习题

1. 单项选择题

（1）下面正确声明动态数组的选项是（　　）。

A. Dim a() As Integer
   ReDim a(2,3)

B. Dim a() As Integer

```
   ReDim a(20) As String
```

C. Dim a()

```
   ReDim a(10) As Integer
```

D. Dim a(10) As Integer

```
   ReDim a(20)
```

（2）下列程序的运行结果为（　　）。

```
Option Base 1
Private Sub Command1_Click()
   Dim a
   s=0
   a=Array(1,2,3,4)
   j=1
   For i=4 To 1 Step -1
      s=s+a(i)*j
      j=j*10
   Next i
   Print s
End Sub
```

A. 4321　　B. 1234　　C. 34　　D. 12

（3）使用ReDim Preserve语句可以改变数组的（　　）。

A. 第一维的大小　　B. 最后一维的大小

C. 所有维的大小　　D. 改变维数和所有维的大小

（4）若建立了名为Command1的命令按钮控件数组，则以下说法中错误的是（　　）。

A. 数组中每个命令按钮的名称（Name属性）均为Command1

B. 数组中每个命令按钮的标题（Caption属性）都相同

C. 数组中所有命令按钮可以使用同一个事件过程

D. 使用“Command1(下标)”可以访问数组中的每个命令按钮

（5）有以下的自定义类型及其数组：

```
Private Type S
   id As Integer
   na As String
End Type
Dim a(5) As S
```

则以下输出语句中正确的是（　　）。

A. Print a.id(2), a.na(2)　　B. Print a.id, a.na

C. Print a(2).id, a(2).na　　D. Print id(2), na(2)

（6）若窗体上有一个名为Command1的命令按钮数组，程序运行时，当单击某个命令按钮时，会调用下面的事件过程：

```
Private Sub Command1_Click(Index As Integer)
…
End Sub
```

下面关于此过程的参数 Index 的叙述正确的是（　　）。

A．Index 的值可正可负

B．Index 的值用来区分哪个命令按钮被单击

C．Index 表示数组中命令按钮的数量

D．Index 为 1 可以为 1 或为 0

2．填空题

（1）以下程序的运行结果为________。

```
Private Sub Command1_Click()
    Dim a,i As Integer,s As Integer
    a=Array(1,2,3,4,5)
    s=0
    For i=LBound(a) To UBound(a)
       s=s+a(i)
    Next i
    Print s
End Sub
```

（2）以下程序的功能是将输入的一个数插入到递减排列的有序数列中，插入后使该序列仍然有序。阅读程序并填空。

```
Private Sub Command1_Click()
    Dim a,i As Integer,n As Integer,m As Integer
    a=Array(19,17,15,13,11,9,7,5,3,1)
    n=UBound(a)
    ReDim ______①______
    m=InputBox("输入要插入的数")
    For i=UBound(a)-1 To 0 Step -1
       If m>=a(i) Then
          ______②______
       Else
          ______③______
       End If
    Next i
    ______④______
    For i= ______⑤______
       Print a(i);
    Next i
End Sub
```

（3）以下程序在运行时，若在 Text1 中输入"a,b,c,d"，则在 Text2 中输出________。

```
Private Sub Command1_Click()
    Dim a
    Dim s As Integer,e As Integer
    Dim t As String
    a=Split(Text1.Text,",")
    s=LBound(a)
    e=UBound(a)
    Do While s<e
       t=a(s)
```

```
        a(s)=a(e)
        a(e)=t
        s=s+1
        e=e-1
    Loop
    Text2.Text=a(LBound(a))
    For s=LBound(a)+1 To UBound(a)
        Text2.Text=Text2.Text & "," & a(s)
    Next s
End Sub
```

3. 编程题

（1）输入学生人数 *n*，输入 *n* 个学生的成绩，输出最大成绩。

（2）输入整数 *n*，计算 Fibonacci 数列的前 *n* 项的累加和。

（3）输入整数 *n*，并输入 $n \times n$ 矩阵的各个元素值，输出最大值及其行、列号。

（4）输入 *n* 和 *m*，并输入 *n* 个学生 *m* 门课程的成绩，计算平均成绩，并按平均成绩升序排序。

（5）创建包含 8 个命令按钮的控件数组，当单击不同的命令按钮时，窗体的背景色就变成按钮指定的颜色（如红色、黑色、绿色、蓝色、白色、黄色等）。

（6）自定义学生类型，包括学生姓名、学号和成绩，输入学生人数 *n*，并输入学生的信息，按成绩进行降序排序后输出。

4. 讨论题

（1）VB 中数组的类型有几种？如何使用？

（2）如何使用动态数组？动态数组与静态数组的使用有何不同？

（3）在程序中使用控件数组有何好处？

实验 8 过　　程

一、实验目的

（1）掌握子过程的定义和调用方法。

（2）分清子过程和函数过程的异同。

（3）掌握递归概念和使用方法。

（4）掌握变量、函数和过程的作用域。

二、相关知识

（1）子过程是在响应事件时执行的代码块。将模块中的代码分成子过程后，在应用程序中查找和修改代码会变得更容易。子过程的语法是：

```
[Private|Public][Static] Sub 子过程名(形式参数)
    语句
End Sub
```

每次调用过程都会执行 Sub 和 End Sub 之间的语句。可以将子过程放入标准模块、类模块和窗体模块中。按照默认规定，所有模块中的子过程为 Public（公用的），这意味着在应用程序中可随处调用它们。在 VB 中，子过程分为通用过程和事件过程两类。

① 通用过程：如果几个不同的事件过程要执行同样的动作，应将这组公共语句放入通用过程中，该通用过程告诉应用程序如何完成一项指定的任务。一旦确定了通用过程，就必须由事件过程来调用它。

② 事件过程：当 VB 中的对象对一个事件的发生做出认定时，便自动用相应的事件名称调用该事件的过程。因为名称在对象和代码之间建立了联系，所以说事件过程是附加在窗体和控件上的。

（2）子过程的定义，可以在代码窗口中输入过程头并按【Enter】键，系统自动添加 End Sub 语句；也可以通过“添加过程”对话框完成。

（3）过程的调用与过程的类型、位置以及在应用程序中的使用方式有关。调用 Sub 过程有两种方法：用 Call 语句调用或直接调用。当使用 Call 语句时，参数必须括在括号内。若直接调用，则必须省略参数两边的括号。函数过程的调用与 VB 内部函数的调用方法相同，可以在表达式中直接使用，也可以像调用 Sub 过程一样，但此时 VB 将放弃函数返回值。

（4）向过程传递参数有按数值传递和按地址传递两种方法。按地址传递参数时，过程用变量的内存地址访问实际变量的内容，这是 VB 默认的参数传递方式。按值（ByVal）传递参数比按地址（ByRef）快，如果过程中不需要改变参数的值，应尽量采用按值（ByVal）来传递。一般来说，过程调用中的参数个数应等于过程说明的参数个数，但也可以是不确定的。VB 允许过程接受可选参数和不定量参数。

三、实验举例

【例 8-1】静态变量与一般变量对比。

【解】程序代码如下：

```
Private Sub Command1_Click()
     Dim i As Integer
     Print "a","b"
     For i=1 To 10
         Call f()
     Next i
End Sub
Sub f()
    Static a As Integer
    Dim b As Integer
    a=a+1
    b=b+1
    Print a,b
End Sub
```

程序运行结果如图 2-8-1 所示。由于在 Sub 子过程中定义 a 为静态变量，而 b 是一般变量，所以当命令按钮的单击事件多次调用 Sub 过程时，a 的值都保留下来。

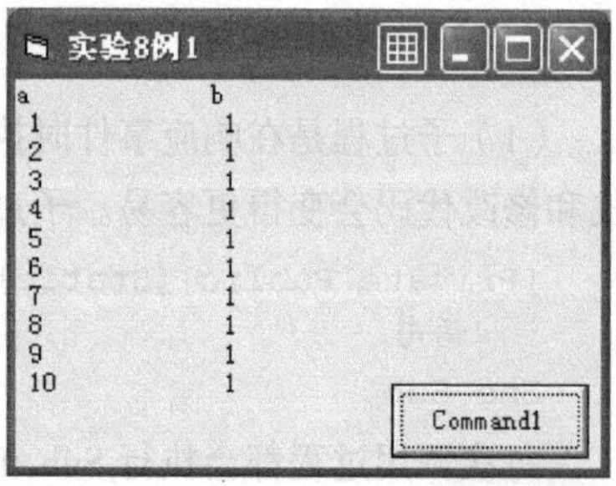

图 2-8-1　例 8-1 程序运行结果

【例 8-2】在窗体上添加一个标签控件，将其字体设置为隶书、小四号、红色，文字居中对齐。

【解】在命令按钮的单击事件中编写如下代码：

```
Private Sub Command1_Click()
    Dim Index As Integer
    Index=Index+1
    Select Case Index
        Case 1
            Label1.Caption="单项测试题"
        Case 2
            Label1.Caption="Windows 操作题"
        Case 3
            Label1.Caption="Word 操作题"
        Case 4
            Label1.Caption="Excel 操作题"
        Case 5
            Label1.Caption="网络操作题"
        Case Else
            Index=0
    End Select
End Sub
Private Sub Command2_Click()
    End
End Sub
```

运行上述程序，是否实现了每单击命令按钮一次，标签内容就改变一次？

本例的原意是希望通过 Index 变量的累加，记录单击按钮的次数，由此控制标签内容的改变。但是，由于本例中将 Index 变量声明为过程变量，每次过程结束后，Index 变量被释放，因此未能实现累加。这里需要用 Static 来声明 Index 变量，当将 Index 变量声明为静态变量后，程序即可实现预计的目的。请读者修改程序并验证运行结果。

【例 8-3】编程完成矩阵加法运算，使得矩阵 c=矩阵 a+矩阵 b。

【解】矩阵相加就是将两个二维数组对应元素求和。这里编制 3 个过程，形参均为数组，分别实现二维数组的输入、输出及相加。

```
Dim a() As Integer                                  '声明一个动态数组
Dim b() As Integer                                  '声明一个动态数组
Dim c() As Integer                                  '声明一个动态数组
'数组元素的输入
Sub readm(a() As Integer,title As String)
    Dim i As Integer,j As Integer
    For i=LBound(a,1) To UBound(a,1)                '第一维的上下界
        For j=LBound(a,2) To UBound(a,2)            '第二维的上下界
            a(i,j)=InputBox("输入矩阵(" & i & "," & j & ")的值",title)
            'a(i,j)=Rnd*50                           '也可通过随机数输入数组元素
        Next j
    Next i
End Sub
'数组元素的输出
Sub out(a() As Integer)
    Dim i As Integer,j As Integer
    For i=LBound(a,1) To UBound(a,1)
        For j=LBound(a,2) To UBound(a,2)
            Print a(i,j);
```

```
        Next j
        Print
    Next i
End Sub
'两个矩阵相加
Public Sub add(a() As Integer,b() As Integer,c() As Integer,n As Integer)
    For i=1 To n
        For j=1 To n
            c(i,j)=a(i,j)+b(i,j)
        Next j
    Next i
End Sub
Private Sub Command1_Click()
    Dim n As Integer
    Dim i As Integer,j As Integer
    n=InputBox("输入方阵的行数")
    '声明 a 是 n×n 的方阵
    ReDim a(1 To n,1 To n)
    ReDim b(1 To n,1 To n)
    ReDim c(1 To n,1 To n)
    Call readm(a,"输入矩阵 a")         '读入矩阵 a
    Call readm(b,"输入矩阵 b")         '读入矩阵 b
    Print "矩阵 a"                      '在窗体上输出矩阵 a
    Call out(a)
    Print
    Print "矩阵 b"                      '在窗体上输出矩阵 b
    Call out(b)
    Print
    Call add(a(),b(),c(),n)
    Print "矩阵 c"                      '在窗体上输出矩阵 c
    Call out(c)
End Sub
```

程序运行结果如图 2-8-2 所示。

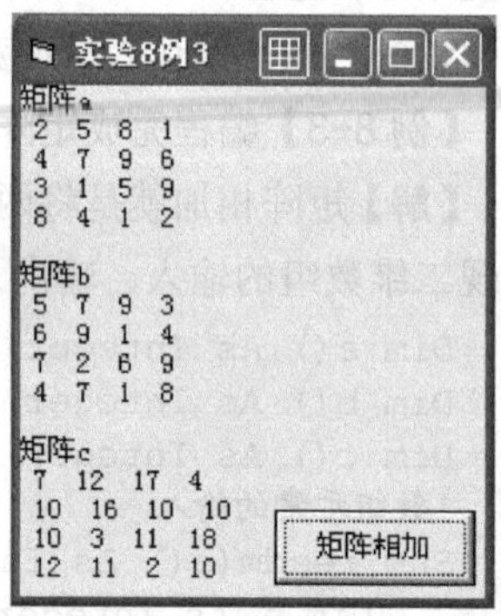

图 2-8-2　例 8-3 程序运行结果

【例 8-4】汉诺塔问题：若有 A、B、C 三个同样的塔，其中 A 塔上放有 *n* 个大小不一样的盘子，最小的盘子在最上面，向下依次增大。现在若想把 A 塔上的全部盘子移动到 B 塔上，可以借助 C 塔移动，但是要求每次只能移动一个盘子，且在小盘子上不能放大盘子。问如何移动。

分析：若想将在 A 塔上的全部 *n* 个盘子移动到 B 塔上，解决方法是：先将 A 塔上的前 *n*-1 个盘子移动到 C 塔上，借助于 B 塔；再将第 *n* 个盘子从 A 塔上移动到 B 塔上；最后将在 C 塔上的 *n*-1 个盘子从 C 塔移动到 B 塔上，借助于 A 塔。由此来完成汉诺塔的移动过程。

【解】程序代码如下：

```
Private Sub Command1_Click()
'将 n 个盘子从 a 塔摇动到 b 塔，借助于 c 塔
Call mov(4,"a","b","c")
End Sub
Sub mov(n As Integer,a As String,b As String,c As String)
    If n=1 Then
```

```
        '只有1个盘子的时候，直接从a上移动到b上
        Print "move ";n;"from ";a;" to ";b
    Else
        '先将前n-1个盘子从a塔移动到c塔上，
        '借助于b塔
        Call mov(n-1,a,c,b)
        '再将第n个盘子从a塔上移动到b塔上
        Print "move ";n;"from ";a;" to ";b
        '最后将n-1个盘子从c塔移动到b塔上，
        '借助于a塔
        Call mov(n-1,c,b,a)
    End If
End Sub
```

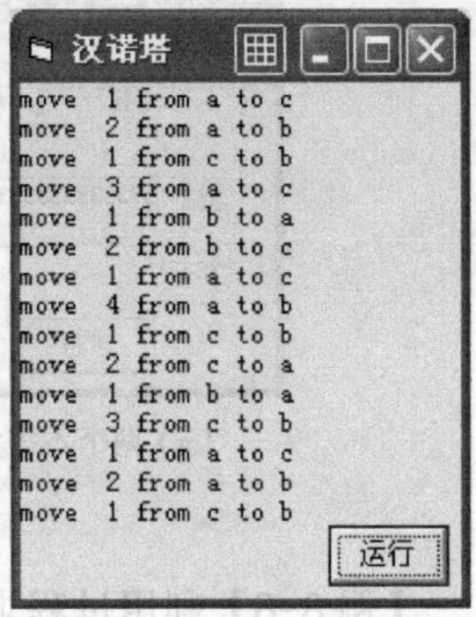

图 2-8-3 汉诺塔运行结果

运行结果如图 2-8-3 所示。

【例 8-5】利用过程求解一元二次方程的根。

【解】程序代码如下：

```
Private Sub Command1_Click()
    Dim a As Double,b As Double,c As Double
    Dim x1 As Double,x2 As Double
    Dim state As Integer
    a=Text1.Text
    b=Text2.Text
    c=Text3.Text
    Call gen(a,b,c,x1,x2,state)
    If state=1 Then
        Text4.Text=x1
        Text5.Text=x2
    ElseIf state=0 Then
        Text4.Text=x1
        Text5.Text=x1
    Else
        Text4.Text=Format(x1,"0.00") & "+" & Format(x2,"0.00") & "i"
        Text5.Text=Format(x1,"0.00") & "-" & Format(x2,"0.00") & "i"
    End If
End Sub
Sub gen(a As Double,b As Double,c As Double, _
        x1 As Double,x2 As Double,s As Integer)
    Dim dt As Double
    dt=b*b-4*a*c
    If(dt>0) Then                           'dt>0，有两个实根，状态 s=1
        s=1
        x1=(-b+Sqr(dt))/2/a
        x2=(-b-Sqr(dt))/2/a
    ElseIf(dt=0) Then                       'dt=0，有两个相等的实根，状态 s=0
        s=0
        x1=-b/2/a
    Else                                    'dt<0，有两个虚根，状态 s=-1
        s=-1
        x1=-b/2/a
        x2=Sqr(-dt)/2/a
    End If
End Sub
```

程序运行时分别输入 3、4、1，1、2、1 和 1、40、10000，其结果如图 2-8-4 所示。

（a）两个不等实根　　（b）两个相等实根　　（c）两个虚根

图 2-8-4　一元二次方程求根

【例 8-6】利用过程求圆周率的值，程序界面如图 2-8-5 所示。

$$\pi = 2\times\frac{2^2}{1\times3}\times\frac{4^2}{3\times5}\times\frac{6^2}{5\times7}\times\cdots\times\frac{(2\times n)^2}{(2n-1)\times(2n+1)}$$

图 2-8-5　例 8-6 程序运行界面

【解】方法一：

```
Private Sub Command1_Click()
  n=Val(Text1.Text)
  Call pivalue1(n, pi)
  Text2=pi
End Sub
Sub pivalue1(n,pi)                          '求 Pi 值
   pi=2
   For i=1 To n
      Item=(2*i)^2/((2*i-1)*(2*i+1))
      pi=pi*Item
   Next i
End Sub
```

方法二：

```
Private Sub Command2_Click()
  n=Val(Text1.Text)
  Call pivalue2(n,pi)
  Text3=pi
End Sub
Sub pivalue2(n,pi)
    pi=2
    For i=2 To 2*n Step 2
        Item=i*i/((i-1)*(i+1))
        pi=pi*Item
    Next i
End Sub
```

【例 8-7】延时练习。

【解】程序代码如下：

```
Private Sub Command1_Click()
    Dim k As Long
    Dim j As Integer
    k=1
    Print "不带延时功能";
    For j=1 To 10
```

```
        If j Mod 5=1 Then Print                     '每5个值占一行
        k=k*j
        Print k,
    Next j
End Sub
Private Sub Command2_Click()
    Dim k As Long
    Dim j As Integer
    k=1
    Print : Print
    Print "带延时功能";
    For j=1 To 10
        If j Mod 5=1 Then Print                     '每5个值占一行
        k=k*j
        Print k,
        Call delate
        DoEvents                                    '响应其他事件
    Next j
End Sub
Sub delate()
    Dim j As Integer,k As Integer
    For j=1 To 4000
        For k=1 To 4000
        Next k
    Next j
End Sub
```

运行界面如图 2-8-6 所示。运行时，单击“不带延时”按钮，结果立即显示在窗口中；单击“带延时”按钮，显示结果会有一定延时，数据依次显示在窗口中。

程序中使用了 DoEvents()函数，该函数的功能是转让控制权，以便让操作系统处理其他事件，也正是利用了 DoEvents()函数这一功能实现了延时效果。

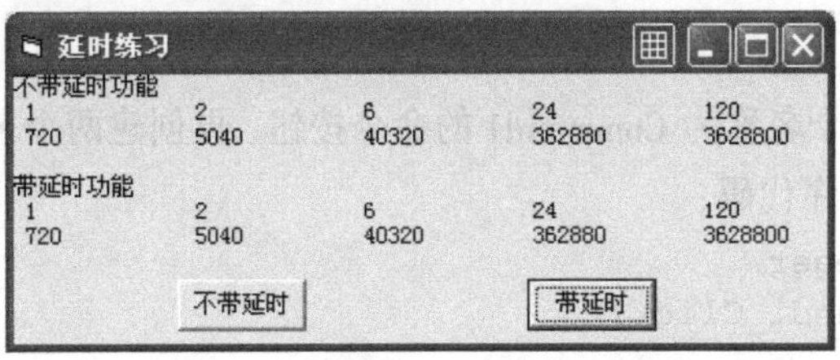

图 2-8-6 延时练习

该子过程的优点在于实现方便简单，缺点则是在不同档次、不同运算速度的计算机上，延时的时间长短不一致。以后会学习 Timer 控件，该控件也可以实现延时。读者可以对比这两种实现延时方法的优缺点。

四、练习题

1. 单项选择题

(1) 要想从子过程调用后返回两个结果，则子过程语句的说明方法是（　　）。

A. Sub f1(ByVal n%, ByVal m%)

B. Sub f1(n%, ByVal m%)

C. Sub f1(n%, m%)

D. Sub f1(ByVal n%, m%)

（2）下列程序运行后显示的结果是（　　）。

```
Private Sub Command1_Click()
   Dim x%,y%
   x=12 : y=34
   Call f1(x,y)
   Print x,y
End Sub
Public Sub f1(n%,ByVal m%)
   n=n Mod 10
   m=m\10
End Sub
```

A. 2　34　　B. 12　34　　C. 2　3　　D. 12　3

（3）下列程序运行后显示的结果是（　　）。

```
Sub S(xAs Single,y As Single)
    t=x
    x=t/y
    y=t Mod y
End Sub
Private Sub Command1_Click()
    Dim a As Single
    Dim b As Single
    a=5
    b=4
    S a,b
    Print a,b
End Sub
```

A. 5　4　　B. 1 1　　C. 1.25　4　　D. 1.25　1

（4）在窗体上创建一个名称为 Command1 的命令按钮，再创建两个名称分别为 Label1、Label2 的标签，然后编写如下程序代码：

```
Private X As Integer
Private Sub Command1_Click()
    X=5 : Y=3
    Call proc(X,Y)
    Label1.Caption=X
    Label2.Caption=Y
End Sub
Private Sub proc(ByRef a As Integer,ByVal b As Integer)
    X=a*a
    Y=b+b
End Sub
```

程序运行后，单击命令按钮，则两个标签中显示的内容分别是（　　）。

A. 5 和 3　　B. 25 和 3　　C. 25 和 6　　D. 5 和 6

（5）下列程序运行后显示的结果是（　　）。

```
Sub s(x As Single,y As Single)
    t=x
    x=t/y
    y=t Mod y
End Sub
Private Sub Command1_Click()
    Dim a As Single,b As Single
    a=5
    b=4
    Call s(a,b)
    Print a,b
End Sub
```

A. 5　4　　B. 1　1　　C. 1.25　4　　D. 1.25　1

（6）下列程序运行后显示的结果是（　　）。

```
Private Sub Command1_Click()
    Dim x As Integer,y As Integer,z As Integer
    x=5
    y=7
    z=0
    Call p1(x,y,z)
    Print x,y,z
End Sub
Sub p1(ByVal a As Integer,b As Integer,c As Integer)
    a=a+1
    b=b+2
    c=a+b
End Sub
```

A. 5　7　12　　B. 5　7　15　　C. 5　9　15　　D. 6　9　15

（7）下列程序运行后显示的结果是（　　）。

```
Sub proc(a(),ByVal x As Integer)
    For i=1 To 5
        x=x+a(i)
    Next
End Sub
Private Sub Command1_Click()
    Dim arr(1 To 5) As Variant
    For i=1 To 5
        arr(i)=i
    Next
    n=10
    Call proc(arr,n)
    Print n
End Sub
```

A. 10　　B. 15　　C. 25　　D. 24

（8）下列程序运行后显示的结果是（　　）。

```
Private Sub Command1_Click()
```

```
    Dim x%,y%
    x=12
    y=34
    Call f1(x,y)
    Print x,y
End Sub
Sub f1(n%,ByRef m%)
    n=n Mod 10
    m=m\10
End Sub
```

A. 2 34　　B. 12 34　　C. 2 3　　D. 12 3

（9）下列程序运行后显示的结果是（　　）。

```
Private Sub Command1_Click()
    Dim m%,i%,x(10) As Integer
    For i=0 To 4
        x(i)=i+1
    Next i
    Call proc(x)
    Call proc(x)
    For i=0 To 4
        Print x(i);
    Next i
End Sub
Sub proc(a() As Integer)
    Static i As Integer
    Do
        a(i)=a(i)+a(i+1)
        i=i+1
    Loop While i<2
End Sub
```

A. 3 4 7 5 6　　B. 3 5 7 4 5

C. 2 3 4 4 5　　D. 4 5 6 7 8

2. 填空题

（1）阅读下列程序，当输入数据为 2、4 时，窗体的输出结果是________。

```
Private Sub Command1_Click()
    Dim a As Integer,b As Integer
    a=Val(InputBox("请输入一个整数"))
    b=Val(InputBox("请输入一个整数"))
    Call proc(a,b)
    Print "a=";a,"b=";b
End Sub
Sub proc(x As Integer,ByVal y As Integer)
    Dim a As Integer
    a=2*x+y
    x=a+1
    y=x+10
End Sub
```

（2）阅读下列程序，窗体的输出结果是________。

```
Private Sub Command1_Click()
    Const n=6
    Dim xx(n) As Integer
    For i=1 To n
      xx(i)=i*i
    Next i
    Call fchange(xx,n)
    For i=1 To n
       Print xx(i)
    Next i
End Sub
Sub fchange(a() As Integer,m As Integer)
    For i=1 To m/2
       t=a(i)
       a(i)=a(m-i+1)
       a(m-i+1)=t
    Next i
End Sub
```

（3）下列程序的功能是，通过调用过程 swap，调换数组中数值的存放位置，即 a(1)与 a(10)的值互换，a(2)与 a(9)的值互换，……，a(5)与 a(6)的值互换。请填空。

```
Private Sub Command1_Click()
    Dim a(10) As Integer
    For i=1 To 10
       a(i)=i
       Print a(i);
    Next
    Print
    Call swap( ___①___ )
    For i=1 To 10
       Print a(i);
    Next
End Sub
Sub swap(b() As Integer)
    n= ___②___
    For i=1 To n/2
       t=b(i)
       b(i)=b(n)
       b(n)=t
    ___③___
    Next
End Sub
```

3．编程题

（1）编写求解一元二次方程 $ax^2+bx+c=0$ 的过程，过程的参数为 a、b、c 及 x1 和 x2，在过程中计算根，通过参数 x1 和 x2 返回求根的结果。

（2）编写子过程 Sub ArraySA(a() As Integer, sum As Single, aver As Single)，该过程的功能是求

数组 a 的元素和与平均值，并通过参数 sum 和 aver 返回结果。

（3）编写子过程 Insertfun(a() As Integer, y As Integer)，该过程的功能是：把 y 值插入到有序（升序）数组 a 中，插入后数组中的数仍然有序。

（4）编写子过程 Sub MoveArray(a() As Integer, lr As Boolean, n As Integer)，该过程的功能是使数组元素左移或者右移若干位。其中参数 a()是数组，lr 参数指示位移的方向（True 向左移，False 向右移），n 参数确定移动的位数。

（5）编写子过程 Sub DeleArray(a() As Integer, n As Integer)，该过程的功能是删除指定位置的数组元素。其中参数 a()是数组，n 参数确定要删除的数组元素的位置。

（6）编写子过程，对于已知正整数，判断该数是否为回文数。所谓回文数是指顺读与倒读数字相同，即最高位与最低位相同，次高位与次低位相同，依此类推。当只有一个数时，也认为是回文。程序要求输入一系列数，每输入一个，就判断一个，并输出所输入的回文数。

4. 讨论题

（1）调用过程有哪几种方法？它们之间的差别是什么？

（2）使用过程可以给编程带来哪些好处？

（3）向过程传递参数有哪几种方法？

（4）VB 变量的作用域分为哪几个层次？

（5）在标准模块中声明的全局变量与窗体中声明的全局变量有何不同？

（6）静态变量有什么特点？如果希望利用静态变量从某一个特定值开始计数，需要如何编程实现？

（7）全局过程如何定义？在标准模块中定义的全局过程与窗体中定义的全局过程有何不同？

（8）什么是 Sub Main 过程？它有什么特点？

（9）什么是递归调用？递归调用需要什么条件限制？

实验 9　函　　数

一、实验目的

（1）掌握自定义函数的定义和调用方法。

（2）掌握形参和实参的对应关系，分清值传递和地址传递的区别。

（3）掌握 VB 窗体模块、标准模块的创建和使用。

二、相关知识

VB 包含内置的或内部的函数，如 Sqr()、Cos()或 Chr()。此外，还可用 Function 语句编写自己的 Function 过程。

函数过程的语法格式是：

```
Private|Public][Static]Function 函数名(形式参数) [As 函数类型]
    语句
End Function
```

Function 过程是一个独立的过程，可读取参数、执行一系列语句并改变其参数的值。Function

过程可返回一个值到调用的过程。Function 过程的特点是：

（1）一般来说，语句或表达式的右边包含函数过程名和参数（returnvalue=function），这就调用了函数。

（2）与变量完全一样，函数过程有数据类型，其决定了返回值的类型。如果没有 As 子句，默认的数据类型为 Variant。

（3）给函数名自身赋一个值，就可返回这个值。Function 过程返回一个值时，该值可成为表达式的一部分。

例如，下面是已知直角三角形两条直角边的值，计算第三边（斜边）的函数：

```
Function Hypotenuse (A As Integer,B As Integer) As Double
   Hypotenuse=Sqr(A^2+B^2)
End Function
```

在 VB 中调用 Function 过程的方法与调用任何内部函数的方法相同，例如：

```
Label1.Caption=Hypotenuse(CInt(Text1.Text),CInt(Text2.Text))
strX=Hypotenuse(Width,Height)
```

三、实验举例

【例 9-1】从键盘输入 10 个整数，输出其中的最大数和平均值，并将这 10 个数从小到大排序。要求：

（1）分别编写子过程 Maxnum、Avenum、Ordernum 来求最大数、平均值和排序。

（2）将最大值和最小值输出在文本框中，排序前和排序后的数组输出在标签上。

（3）在命令按钮的单击事件中编写主调程序。

【解】参照图 2-9-1 在窗体上添加控件，编写如下代码：

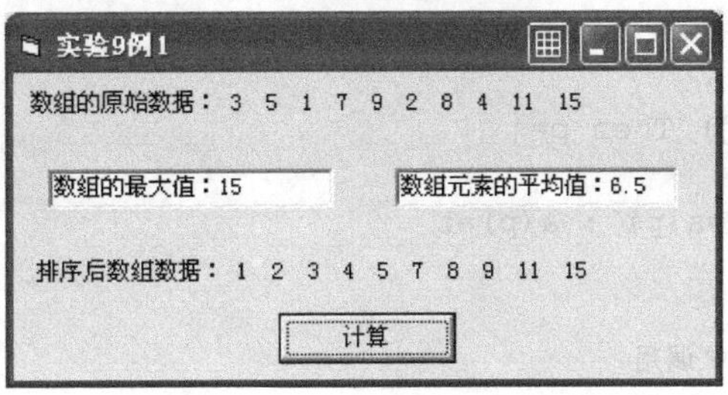

图 2-9-1 例 9-1 程序运行界面

```
'给数组输入数据
Private Sub inputdate(a() As Integer)
   Dim i As Integer,n As Integer,m As Integer
   n=LBound(a)
   m=UBound(a)
   For i=n To m
      a(i)=Val(InputBox("Enter " & "A(" & i & ")=?"))
      'a(i)=Rnd*50
      Label1.Caption=Label1.Caption & a(i) & "  "
   Next i
   Print
End Sub
```

```
'求数组平均值函数过程
Private Function Avenum(a() As Integer) As Single
    Dim s As Single,i As Integer,n As Integer,m As Integer
    n=LBound(a)
    m=UBound(a)
    For i=n To m
      s=s+a(i)
    Next i
    Avenum=s/10
End Function
'求数组最大值函数过程
Private Function maxnum(a() As Integer) As Single
    Dim max As Single,i As Integer
    Dim n As Integer,m As Integer
    n=LBound(a)
    m=UBound(a)
    max=a(n)
    For i=n+1 To m
      If a(i)>max Then max=a(i)
    Next i
    maxnum=max
End Function
'数组排序过程
Private Sub ordernum(a() As Integer)
    Dim i As Integer,j As Integer,p As Integer
    Dim t As Single,n As Integer,m As Integer
    n=LBound(a)
    m=UBound(a)
    For i=n To m-1
     p=i
     For j=i+1 To m
       If a(p)>a(j) Then p=j
     Next j
     t=a(i) : a(i)=a(p) : a(p)=t
    Next i
End Sub
'在命令按钮的单击事件中调用
Private Sub Command1_Click()
    Dim a(1 To 10) As Integer
    Dim max As Single,ave As Single
    Call inputdate(a)
    Text1="数组的最大值: " & maxnum(a)
    Text2="数组元素的平均值: " & Avenum(a)
    Call ordernum(a)
    For i=1 To 10
      Label2.Caption=Label2.Caption & a(i) & "  "
    Next i
End Sub
```

【例 9-2】编写一个函数过程，对于已知正整数 *n*，判断该数是否回文数，函数的返回值类型为逻辑型。主调程序每输入一个数，就调用该函数过程，然后在图形框中显示输入的数，并标识出是否为回文数，如图 2-9-2 所示。

【解】程序代码如下：

```
Private Sub Command1_Click()
    If Not IsNumeric(Text1) Then                '判断输入的是否为数字
        MsgBox "输入非数字串，重新输入"
    Else
        If IsH(Text1) Then                      '标志为真，则是回文
            Picture1.Print Text1; " 是回文 "
        Else
            Picture1.Print Text1; "不是回文"
         End If
        Text1=""
    End If
End Sub
Function IsH(ss As String) As Boolean
    Dim i%,Ls%
    IsH=True
    ss=Trim(ss)   '滤除字符串前后的空格
    Ls=Len(ss)    '求字符串长度
    For i=1 To Ls\2
       '字符串中前后相对应的字符比较
        If Mid(ss,i,1)<>Mid(ss,Ls+1-i,1) Then
        '字符不相等，标志为假，并中断函数过程的执行
            IsH=False
            Exit Function
       End If
    Next i
End Function
Private Sub Command2_Click()
    End
End Sub
```

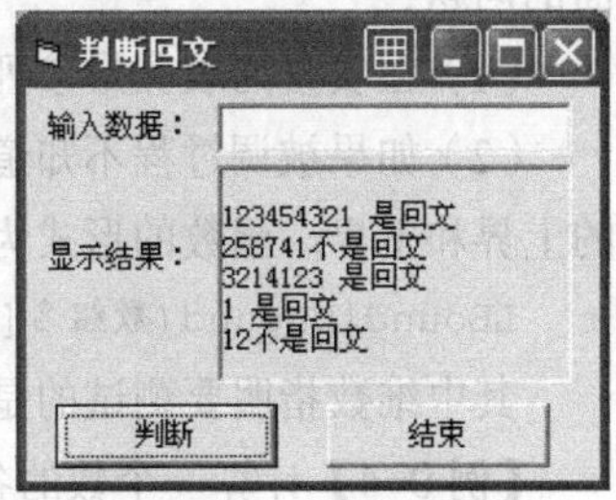

图 2-9-2 判断回文

【例 9-3】编写函数，求任意一维数组中各元素之积。调用该函数，计算下式的值：

$$t_1=\prod_{i=1}^{5}a_i\text{，}\quad t_2=\prod_{i=3}^{8}b_i$$

【解】程序代码如下：

```
    Private Sub Command1_Click()
    Dim a(1 To 5) As Integer,b(3 To 8) As Integer,i As Integer
    Dim t1 As Double,t2 As Double
    For i=1 To 5                                          'A 数组的赋值
      a(i)=i*2-3
    Next i
    For j=3 To 8                                          'B 数组的赋值
       b(j)=j+6
    Next j
    t1=tim(a())                                           '调用函数 tim
    t2=tim(b())                                           '调用函数 tim
    Print "t1="; t1, "t2="; t2                            '输出结果
End Sub
```

```
Private Function tim(a() As Integer)
    Dim t As Double,i As Integer
    t=1
    For i=LBound(a) To UBound(a)                  '求数组的上界和下界
        t=t*a(i)
    Next i
    tim=t
End Function
```

该程序中参数的传递使用了数组，数组一般通过传址方式进行传递。在传递数组时要注意下面的问题：

（1）在实参列表和形参列表中使用数组，忽略维数的定义，但圆括号要保留。

（2）如果被调过程不知道实参数组的上下界，可以用 LBound()和 UBound()函数确定实参数组的上界和下界。函数的形式为：

```
LBound|UBound(数组名[,维数])
```

其中维数指明要测试的是第几维的下标值，省略时为一维数组。

【例 9-4】计算一个数的各位数之和。

【解】程序代码如下：

```
Option Explicit
Private Sub Command1_Click()
    Dim a As String
    Dim b As Integer
    a=Text1.Text
    b=calsum(a)
    Text2.Text=b
End Sub
Private Sub Command2_Click()
    Unload Me                                    '或者为 End
End Sub
Function calsum(a As String) As Integer
    Dim slen As Integer
    Dim i As Integer
    Dim b As Integer
    slen=Len(a)
    calsum=0
    For i=1 To slen
        b=Mid(a,i,1)
        calsum=calsum+b
    Next i
End Function
```

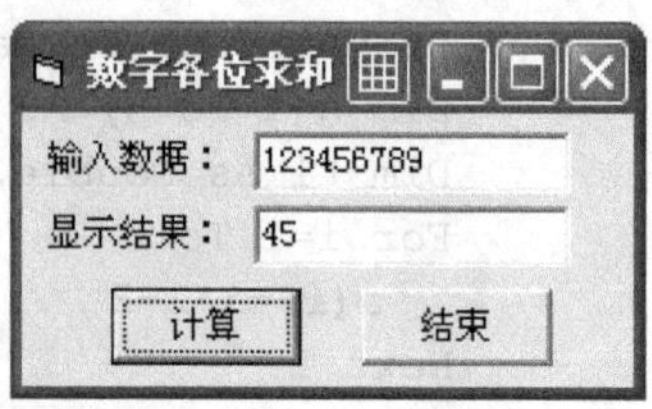

图 2-9-3　例 9-4 程序运行界面

程序运行界面如图 2-9-3 所示。

【例 9-5】求 $1!+2!+\cdots+n!$，在文本框 1 内输入 n，在文本框 2 内输出阶乘和。

【解】程序代码如下：

```
Private Sub Command1_Click()
    Dim n As Integer
    Dim i As Integer
    Dim sum As Long
```

```
    n=Text1.Text
    For i=1 To n
       sum=sum+jiecheng(i)                    '将阶乘的结果做累加
    Next i
    Text2.Text=sum
 End Sub
 Function jiecheng(n As Integer) As Long      '计算阶乘函数
    Dim i As Integer
    jiecheng=1
    For i=1 To n
       jiecheng=jiecheng*i
    Next i
 End Function
```

程序运行界面如图 2-9-4 所示。

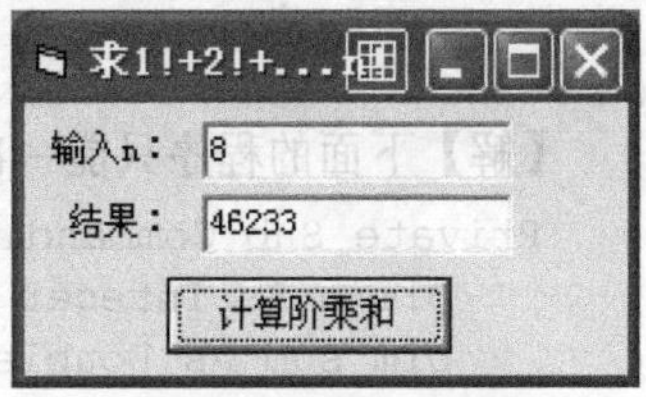

图 2-9-4 求阶乘和

【例 9-6】编写一个函数过程，生成随机的 8 位口令，随机口令的字符串取自 A～Z、a～z 和 0～9 这 62 个字符。程序界面如图 2-9-5 所示。单击“生成口令”按钮，将生成的口令显示在文本框中。

【解】程序代码如下：

```
Public Function GenPass() As String
   '定义局部变量
   Dim I As Integer
   Dim UseChar As String
   Dim PassWd As String
   i=0
   '口令由下列字符组成
   UseChar="ABCDEFGHIJKLMNOPQRSTUVWXYZ" & _
           "abcdefghijklmnopqrstuvwxyz0123456789"
   PassWd=""
   '初始化随机数生成器
   Randomize
   For i=1 To 8
      PassWd=PassWd+Mid(UseChar,Len(UseChar)*Rnd+1,1)
   Next i
   GenPass=PassWd
End Function
'生成按钮单击事件
Private Sub Command1_Click()
   Label1.Caption="口令: " & GenPass
End Sub
```

单击命令按钮，程序的运行结果如图 2-9-6 所示。每单击一次命令按钮，都会产生一个不同的 8 位随机口令。

图 2-9-5 例 9-6 程序用户界面

图 2-9-6 例 9-6 程序运行结果

在 GenPass()函数过程中，随机口令的字符串取自 A～Z、a～z、和 0～9 这 62 个字符。如果扩大取值范围，可以把键盘上所有可输入的字符都添加到 UseChar 变量中。本示例用 Randomize 语句初始化随机数生成器。由于忽略了数值参数，所以 Randomize 用 Timer()函数的返回值作为新的随机数种子值。这样不会得到重复的随机数序列。Rnd()函数返回一个包含随机数值的 Single 类型数据。

【例 9-7】求序列前 n 项的和。

$$S=\frac{2}{1}+\frac{3}{2}+\frac{5}{3}+\frac{8}{5}+\frac{13}{8}+\cdots$$

【解】下面的程序只能一次计算，不能多次计算。

```
Private Sub Command1_Click()
   Dim n As Integer
   Dim sum As Double
   Dim i As Integer
   n=Text1.Text
   For i=1 To n
      sum=sum+f
   Next i
   Text2.Text=sum
   Command1.Enabled=False          '不能二次计算
End Sub
Function f() As Double
   Static flag As Boolean
   Static n1 As Integer
   Static n2 As Integer
   Dim t As Integer
   If flag=False Then
      n2=2
      n1=1
      flag=True
   Else
      t=n2+n1
      n1=n2
      n2=t
   End If
   f=n2/n1
End Function
Private Sub Command2_Click()
   End
End Sub
```

若改为能够多次计算的程序，需要将 flag 设置为模块级变量。如何更改这个程序，请读者自己思考。

四、练习题

1. 单项选择题

（1）对于在过程中定义的变量，若希望在离开该过程后，还能保存过程中局部变量的值，则在过程中定义局部变量时使用的关键字是（　　）。

A. Dim　　B. Private　　C. Public　　D. Static

（2）下列子过程说明合法的是（　　）。

A. Sub f1(ByVal n%())　　B. Sub f1(n%()) as Integer

C. Function f1%(f1%)　　D. Function f1(ByVal n%)

（3）以下关于函数过程的叙述中，正确的是（　　）。

A. 函数过程形参的类型与函数返回值的类型没有关系

B. 在函数过程中，过程的返回值可以有多个

C. 当数组作为函数过程的参数时，既能以传值方式传递，也能以传址方式传递

D. 如果不指明函数过程参数的类型，则该参数没有数据类型

（4）以下关于变量作用域的叙述中，正确的是（　　）。

A. 窗体中凡被声明为 Private 的变量只能在某个指定的过程中使用

B. 全局变量必须在标准模块中声明

C. 模块级变量只能用 Private 关键字声明

D. Static 类型变量的作用域是它所在的窗体或模块文件

（5）阅读以下程序：

```
Function F(a As Integer)
   b=0
   Static c
   b=b+1
   c=c+1
   f=a+b+c
End Function
Private Sub Command1_Click()
   Dim a As Integer
   a=2
   For i=1 To 3
      Print F(a)
   Next I
End Sub
```

运行上面的程序，单击命令按钮，输出结果为（　　）。

A.	B.	C.	D.
4	4	4	4
4	5	6	7
4	6	8	9

（6）下列程序运行后显示的结果是（　　）。

```
Public Function f(x As Integer)
   Dim y As Integer
   x=20
   y=2
   f=x*y
End Function
Private Sub Command1_Click()
   Static x As Integer
   x=10
   y=5
   y=f(x)
```

```
    Print x;y
End Sub
```

A. 10 5　　B. 20 5　　C. 20 40　　D. 10 40

（7）设有如下通用过程：

```
Public Sub Fun(a(),ByVal x As Integer)
    For i=1 To 5
    x=x+a(i)
    Next
End Sub
```

在窗体上绘制一个名称为 Text1 的文本框和一个名称为 Command1 的命令按钮，然后编写如下事件过程：

```
Private Sub Command1_Click()
    Dim arr(5) As Variant
    For i=1 To 5
        arr(i)=i
    Next
    n=10
    Call Fun(arr(),n)
    Text1.Text=n
End Sub
```

程序运行后，单击命令按钮，则文本框中显示的内容是（　　）。

A. 10　　B. 15　　C. 25　　D. 24

（8）在窗体上绘制一个命令按钮 Command1。程序运行后，如果单击命令按钮，则显示一个输入对话框，在该对话框中输入一个整数，并用这个整数作为实参调用函数 f1()。在 f1()中判断所输入的整数是否为奇数，如果是奇数，函数 f1()返回 1，否则返回 0。能够正确实现上述功能的代码为（　　）。

A.

```
Private Sub Command1_Click()
    x=InputBox("请输入整数")
    a=f1(Val(x))
    Print a
End Sub
Function f1(ByVal b As Integer)
    If b Mod 2=0 Then
        Return 0
    Else
        Return 1
    End If
End Function
```

B.

```
Private Sub Command1_Click()
    x=InputBox("请输入整数")
    a=f1(Val(x))
    Print a
End Sub
Function f1(ByVal b As Integer)
    If b Mod 2=0 Then
        f1=0
    Else
        f1 = 1
    End If
End Function
```

C.

```
Private Sub Command1_Click()
    x=InputBox("请输入整数")
    a=f1(Val(x))
    Print a
End Sub
Function f1(ByVal b As Integer)
```

D.

```
Private Sub Command1_Click()
    x=InputBox("请输入整数")
    a=f1(Val(x))
    Print a
End Sub
Function f1(ByVal b As Integer)
```

```
    If b Mod 2=0 Then
        f1=1
    Else
        f1=0
    End If
End Function
```

```
    If b Mod 2=0 Then
        Return 1
    Else
        Return 0
    End If
End Function
```

（9）下列程序运行后显示的结果是（　　）。

```
Function f(x As Integer)
    Dim y As Integer
    x=20
    y=2
    f=x*y
End Function
Private Sub Command1_Click()
    Static x As Integer
    x=10
    y=5
    y=f(x)
    Print x,y
End Sub
```

A. 10　5　　B. 20　5　　C. 20　40　　D. 10　40

（10）在窗体上绘制一个命令按钮 Command1，然后编写如下事件过程和通用过程：

```
Private Sub Command1_Click()
    n=Val(InputBox("请输入"))
    If n\2=n/2 Then
        f=f1(n)
    Else
        f=f2(n)
    End If
    Print f,n
End Sub
Function f1(ByRef x)
    x=x*x
    f1=x+x
End Function
Function f2(ByVal x)
    x=x*x
    f2=x+x+x
End Function
```

程序运行后，输入 6，则窗体上显示的内容是（　　）。

A. 72　36　　B. 108　36　　C. 72　6　　D. 108　6

（11）下列程序运行后显示的结果是（　　）。

```
Private Sub Command1_Click()
    Print p1(3,7)
End Sub
Function p1(x!,n%)
    If n=0 Then
        p1=1
```

```
    Else
        If n Mod 2=1 Then
            p1=x*p1(x,n\2)
        Else
            p1=p1(x,n\2)\x
        End If
    End If
End Function
```

A. 18　　B. 7　　C. 14　　D. 27

2. 填空题

（1）下列函数过程的功能是计算阶乘，利用 e^x 的下述近似公式计算 e 的值，直到最后一项小于 10^{-6} 为止。阅读程序并填空。

e^x 的近似公式为：

$$e^x=1+\frac{x}{1!}+\frac{x^2}{2!}+\frac{x^3}{3!}+\cdots+\frac{x^n}{n!}$$

```
Public Function Fac(x As Integer)
    Dim p As Long
    p=1
    For n=1 To x
        ____①____
    Next n
    Fac=p
End Function
Private Sub Command1_Click()
    Dim n As Integer,t As Double,s As Double
    s=1
    n=1
    Do
        t=1/(____②____)
        s=s+t
        n=n+1
    Loop While t>=(____③____)
    Print s
End Sub
```

（2）在窗体上设计图 2-9-7 所示的程序运行界面，程序的功能是将用户输入的 4 个数中的最大数在标签 2 中显示出来。阅读程序，请填空。

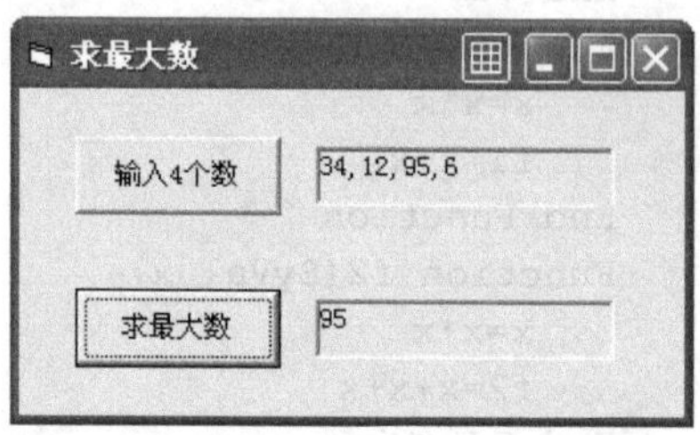

图 2-9-7　求一组数中的最大数

首先编写自定义函数过程，返回两个数中的较大数：

```
Public Function Max(x As Single,y As Single)
    If x>y Then
        ____①____
    Else
        ____②____
    End If
End Function
```

然后在窗体的通用过程段声明数组：

```
Dim a(3) As Single
```

编写命令按钮 1 的 Click 事件代码：

```
Private Sub Command1_Click()
    '命令按钮 1 的单击事件，输入 4 个数
    Dim p As String
    For n=0 To 3
        a(n)=Val(InputBox("输入第" & n & "个数: "))
    Next n
    p=a(0) & "," & a(1) & "," & a(2) & "," & a(3)
    Label1.Caption= ___③___
End Sub
```

编写命令按钮 2 的 Click 事件代码：

```
Private Sub Command2_Click()
    Dim x As Single
    x=a(0)
    For n=1 To 3
        x=___④___
    Next n
    Label2.Caption="最大的数是: " & x
End Sub
```

（3）下面 total()过程的功能是计算 s=7+77+777+…+（*n* 个 7 组成的数）。阅读程序，请填空。

```
Public Sub total()
    Const n=20
    Dim s As Single, i As Integer
    For i=1 To n
        s=s+___①___
    Next i
    Print "s="; s
End Sub
Public Function number( ___②___ ) As Single
    Dim i As Integer
    number=0
    For i=1 To n
        ③
    Next i
End Function
```

3．编程题

（1）编写程序，利用 Function()函数计算下式的值。

$$y=\frac{(1+2+3+\cdots+m)+(1+2+3+\cdots+n)}{(1+2+3+\cdots+p)}$$

（2）编写函数，在已知的字符串 S 中，找出最长的单词。设字符串 S 中只含有字母和空格，空格用来分隔不同的单词。

（3）编写一个函数过程 DeleSte(s1,s2)，将字符串 s1 中出现的 s2 字符串删除，结果存放在 s1 中。例如，字符串 s1="12345678AAABBDFG12345"，字符串 s2="234"，结果为 s1="15678AAABBDFG15"。

提示：

① 在 s1 字符串中查找 s2 字符串可利用 InStr()函数，考虑到 s1 中可能存在多个或不存在 s2 字符串，用 Do While Instr(s1,s2)>0 循环结构来实现。

② 如果在 s1 中找不到 s2 字符串，首先要确定 s1 字符串的长度，因 s1 字符串在进行多次删除时，长度在变换；然后通过 Left()、Right()函数的调用删除 s1 中存在的 s2 字符串。

4. 讨论题

（1）如何调用函数过程？

（2）使用函数过程可以给编程带来哪些好处？

（3）向函数过程传递参数有哪几种方法？

实验 10　VB 的窗体

一、实验目的

（1）掌握 VB 6.0 窗体的常用属性、常用事件和重要方法。

（2）掌握在 VB 6.0 窗体上生成控件的方法。

（3）掌握设置启动窗体的方法。

（4）了解窗体的生命周期。

二、相关知识

1. 窗体的概念

窗体是 VB 中的对象，具有自己的属性、事件和方法。

1）属性

窗体的属性决定了窗体的外观和操作。窗体属性既可以在程序设计时在属性窗口中手工设置，也可以在程序运行时由代码来实现。

2）常用事件

窗体常用的事件有 Load、Click、DblClick、Activate 和 Deactivate 等。其中 Load 事件是当窗体被装入工作区时触发的事件，常用来在启动应用程序时对属性和变量进行初始化。Activate 是当一个窗体成为活动窗口时所触发的事件。Deactivate 是当另一个窗体或应用程序被激活时，当前窗体所触发的事件。

3）常用方法

窗体的方法有很多，其中许多方法都调用文本和图形，用于直接在窗体表面上输出、写或画，如 Print、Circle 等；还有一些方法对窗体的行为产生影响，如 Show 方法使一个窗体可见，Hide 方法用于隐藏一个窗体。

2. 在窗体上添加控件

窗体是设计 VB 应用程序的一个基本平台，几乎所有的控件都是添加在窗体上的。对于生成的控件，可以调整控件大小，移动控件位置，使用网格精确定位控件；对于多个控件，还可以对它们进行排列、调整大小等操作。另外，在 VB 中还允许可视地创建和编辑控件数组，这对于编组使用复选框、命令按钮等控件提供了很大方便。

3. 设置启动窗体

在默认情况下，应用程序中的第一个窗体被指定为启动窗体。应用程序开始运行时，此窗体就被显示出来。如果想在应用程序启动时显示其他窗体，可以将其他窗体设置为启动窗体。

4. 窗体的生命周期

VB 窗体在整个存活期中有 4 种状态，即创建状态、加载状态、可见状态和卸载状态。一些程序运行所必需的初始化操作和退出前的善后工作（例如退出应用程序前提示存盘），往往要在窗体创建以及退出时被激活的事件过程中进行。

三、实验举例

【例 10-1】 窗体的属性设置。

建立一个新的工程，并按表 2-10-1 所示内容设置窗体属性。

表 2-10-1 窗体的属性

属 性	名称	Caption	Picture	MaxButton	MinButton	ControlBox
取 值	FrmExp1	窗体属性设置	图片文件	False	False	True

设置 Icon 属性：选中此属性，单击 Icon 属性框右边的“...”按钮，打开“加载图标”对话框。在该对话框中选择 VB 安装目录下的 vb6\Common\Graphics\Icons 文件夹，从中选择某一个图标文件，并单击“确定”按钮装入。

设置 Picture 属性：选中此属性，单击 Picture 属性框右边的“...”按钮，打开“加载图片”对话框。在该对话框中选择某文件夹下的一个图片文件，并单击“确定”按钮装入。

单击工具栏中的“启动”按钮▸运行程序。此时窗体界面如图 2-10-1（a）所示，标题栏左侧的控制菜单图标为刚刚选定的图标，在窗体最小化时也以该图标显示。

在此基础上，将窗体的 ControlBox 属性设为 False，再运行程序，则结果如图 2-10-1（b）所示。

Moveable 属性：选中此属性，在右边列中选择 False 选项，然后单击工具栏中的“启动”按钮▸运行程序。此时窗体为不可移动状态，不能用鼠标拖动窗口。

Borderstyle 属性：选中此属性，在右边列中选择“1 – Fixed Single”选项，然后单击“启动”按钮▸运行程序。界面与图 2-10-1（b）相同，只是此时窗体为边框不可调状态，用鼠标不能拖动窗体边框调整窗体大小，也没有最大化按钮、最小化按钮。

ShowInTaskbar 属性：在窗体的 ControlBox 属性为 True 的情况下，选中此属性时，右边列中默认值为 True。单击工具栏中的“启动”按钮▸运行程序，发现该程序图标出现在 Windows 任务栏中，如图 2-10-2 所示。单击工具栏中的“结束”按钮■，或单击窗口的关闭按钮，结束程序运行。重新设置 ShowInTaskbar 属性值为 False，然后再一次运行程序，发现该程序没出现在 Windows 任务栏中。

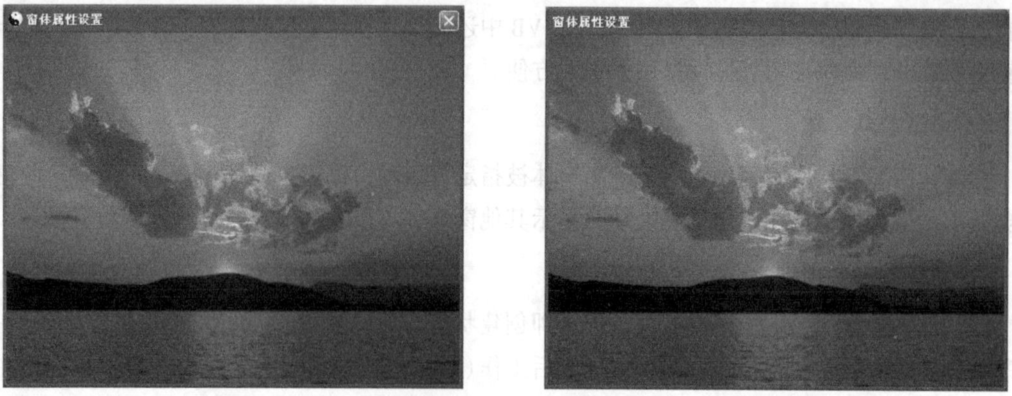

（a） （b）

图 2-10-1 例 10-1 窗体界面

图 2-10-2 ShowInTaskbar 属性

【例 10-2】窗体的常用事件。

建立一个新的工程，将窗体的名称属性设为 FrmExp2，在窗体上建立一个 PictureBox 控件，其名称属性默认为 Picture1。

1）Load 事件

Load 事件通常用来在启动应用程序时对属性或变量进行初始化。

在 Load 事件过程中编写代码如下：

```
Private Sub Form_Load()
    FrmExp2.Caption="窗体 Load 事件"
    Picture1.Picture=LoadPicture(App.Path+"\Sunset11.jpg")
End Sub
```

运行程序。此时窗口标题栏为“窗体 Load 事件”，窗体中显示出一幅图片，如图 2-10-3 所示，说明在启动应用程序时通过程序代码对窗体的 Caption 属性和 PictureBox 的 Picture 属性进行了初始化。

2）Click 事件

为窗体的 Click 事件过程编写代码如下：

```
Private Sub Form_Click()
    FrmExp2.Caption="窗体 click 事件"
```

```
    Picture1.Picture=LoadPicture("")
End Sub
```

图 2-10-3　Load 事件练习

运行程序。此时窗体标题栏仍为“窗体 Load 事件”，这说明在启动应用程序时先触发的是 Load 事件。用鼠标单击窗体，此时窗体标题栏变为“窗体 click 事件”，窗体中 PictureBox 中的图片被清除，如图 2-10-4 所示，说明单击窗体时，触发了 Click 事件。

图 2-10-4　Click 事件练习

【例 10-3】窗体的常用方法。

（1）界面设计：启动 VB 6.0，将窗体的名称属性设为 FrmExp31，Caption 属性设为“显示和隐藏操作”。在窗体上建立两个命令按钮，分别将其名称属性设为 CmdShow、CmdHide，Caption 属性设为“显示窗体”和“隐藏窗体”，如图 2-10-5 所示。

（2）在当前工程中添加一个新的窗体，将新添加窗体的名称属性设为 FrmExp32；Caption 属性设为“画圆和矩形”。在窗体上建立 3 个命令按钮，分别将其名称属性设为 CmdCircle、CmdRectangle 和 CmdClear，将其 Caption 属性设为“圆”、“矩形”和“清除”，如图 2-10-6 所示。

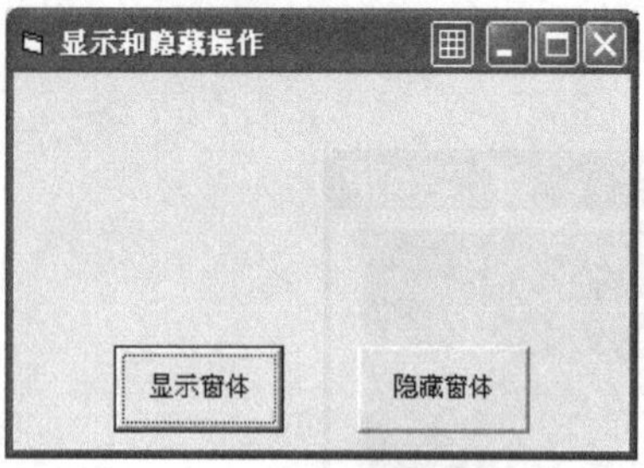

图 2-10-5 “显示和隐藏”操作窗体

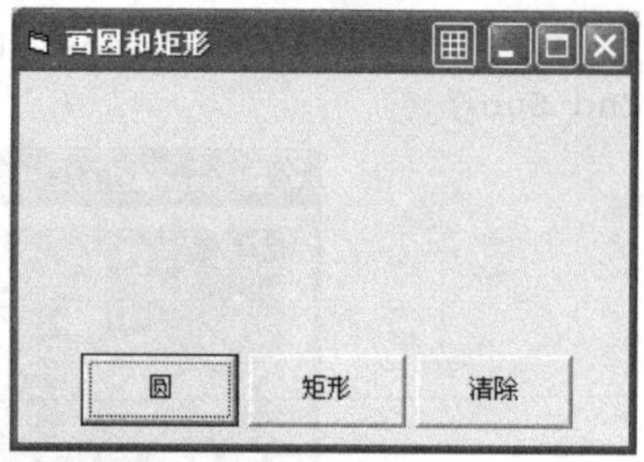

图 2-10-6 “画圆和矩形”窗体

（3）窗体的显示和隐藏方法。在 FrmExp31 窗体中进行下面的操作：

① 对 cmdShow 命令按钮的 Click 事件过程编写代码如下：

```
Private Sub CmdShow_Click()
   FrmExp32.Show                        '使 FrmExp32 窗体可见
End Sub
```

② 对 cmdHide 命令按钮的 Click 事件过程编写代码如下：

```
Private Sub CmdHide_Click()
   FrmExp32.Hide                        '将 FrmExp32 窗体隐藏
End Sub
```

（4）用于在窗体上绘制圆和矩形的方法。在 FrmExp32 窗体中进行下面的操作：

① 对 cmdCircle 命令按钮的 Click 事件过程编写代码如下：

```
Private Sub CmdCircle_Click()
   FrmExp32.Circle(2200,1000),800      '以(2200,1000)为圆心，以 800 为半径画圆
End Sub
```

② 对 cmdRectangle 命令按钮的 Click 事件过程编写代码如下：

```
Private Sub CmdRectangle_Click()
'以(1400,200)为左上角坐标，以(3000,1800)为右下角坐标画正方形
FrmExp32.Line (1000,200)-(3400,1800),,B
End Sub
```

③ 对 cmdClear 命令按钮的 Click 事件过程编写代码如下：

```
Private Sub CmdClear_Click()
   FrmExp32.Cls                        '清除窗体上的图形
End Sub
```

（5）运行程序，此时弹出“显示和隐藏操作”窗口，如图 2-10-5 所示。单击“显示窗体”按钮，弹出“画圆和矩形”窗口（见图 2-10-6）；单击“隐藏窗体”按钮，又将该窗口隐藏。

在图 2-10-6 所示窗口中单击“圆”按钮，窗口如图 2-10-7（a）所示；单击“清除”按钮后再单击“矩形”按钮，窗口如图 2-10-7（b）所示；单击“清除”按钮后，窗口恢复为图 2-10-6 所示的状态。

【例 10-4】在窗体上添加和调整控件。

（1）建立一个新的工程，在属性窗口中将窗体的名称属性设为 FrmExp4，Caption 属性默认为 Form1。

（2）在窗体上添加 3 个标签控件，分别为 Label1、Label2 和 Label3。在窗体的中部添加一个默认大小的文本框控件，名称为 Text1，如图 2-10-8 所示。

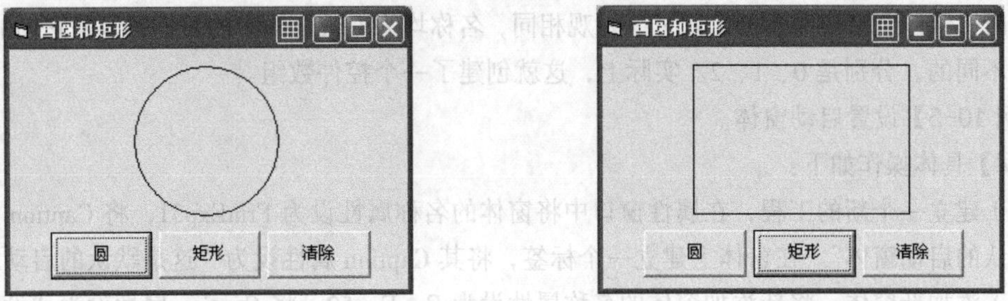

（a）画图　　（b）画矩形

图 2-10-7　例 10-3 运行结果

（3）调整控件：

① 移动控件：依次选中文本框、标签控件，用鼠标拖动调整它们的位置。

② 调整大小：依次选中文本框、标签控件，拖动鼠标调整控件大小。

③ 对齐控件：同时选中 3 个标签，然后选择“格式”→“对齐”→“左端对齐”命令；选中 Label3 控件和 Text1 控件，然后选择“格式”→“对齐”→“底端对齐”命令。

④ 统一尺寸及调整间距：同时选中 3 个标签，然后选择“格式”→“统一尺寸”→“两者都相同”命令；选择“格式”→“垂直间距”→“相同间距”命令。

经过上述调整后，窗体如图 2-10-9 所示。

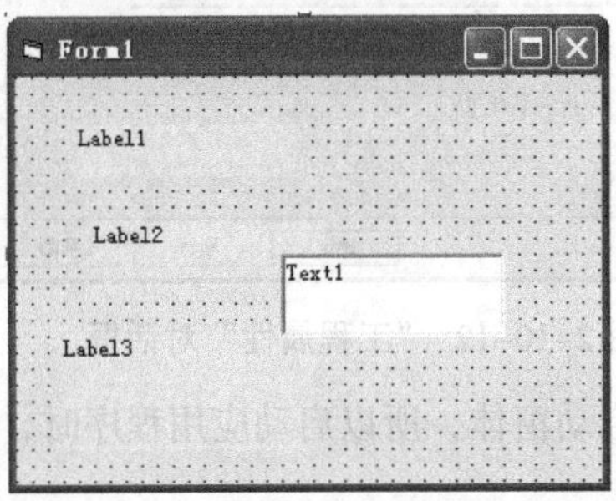

图 2-10-8　窗体上控件的初始状态

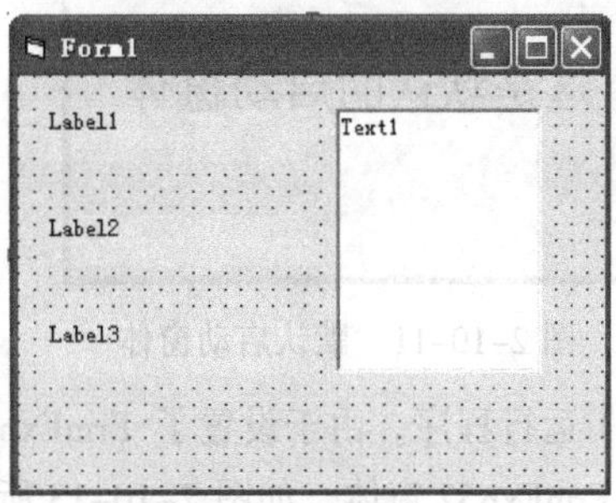

图 2-10-9　调整后的控件

（4）创建控件数组：

① 在窗体中创建一个命令按钮，其名称为默认值 Command1。

② 用鼠标单击 Command1 命令按钮将其选中，然后选择“编辑”→“复制”命令，或单击工具栏中的“复制“按钮。

③ 用鼠标单击窗体将其选中，然后选择“编辑”→“粘贴”命令，或单击工具栏中的“粘贴“按钮。此时系统弹出一个信息框，提示已经有一个控件为 Command1，是否要创建一个控件数组，单击“是”按钮。

④ 此时窗体左上角又出现一个 Command1 控件，用鼠标将其拖动到合适位置。选中窗体，再次单击工具栏中的“粘贴”按钮，窗体左上角又出现一个 Command1 控件。同样将该控件拖动到合适位置，如图 2-10-10 所示。

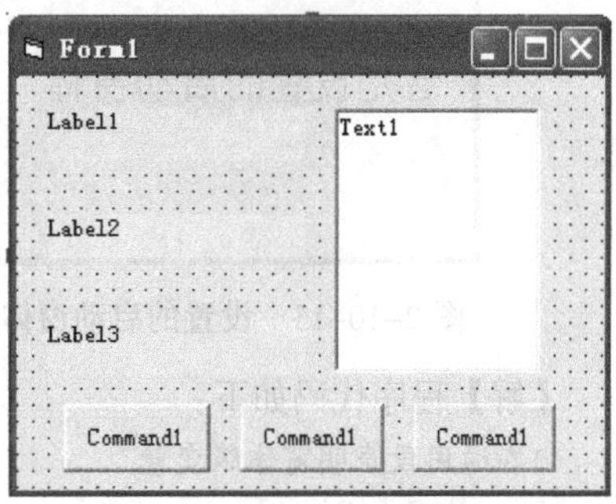

图 2-10-10　控件数组

这时，窗体上已建立了 3 个尺寸、外观相同，名称均为 Command1 的控件，但是它们的 Index 属性是不同的，分别是 0、1、2。实际上，这就创建了一个控件数组。

【例 10-5】 设置启动窗体。

【解】 具体操作如下：

（1）建立一个新的工程，在属性窗口中将窗体的名称属性设为 FrmExp51，将 Caption 属性设为“默认的启动窗体”。在窗体上建立一个标签，将其 Caption 属性设为“这是默认的启动窗体”。

（2）添加新窗体，将新添加窗体的名称属性设为 FrmExp52，将 Caption 属性设为“设置的启动窗体”。在窗体上建立一个标签，将其 Caption 属性设为“这是设置的启动窗体”。

（3）运行程序。因为在默认情况下，应用程序中的第一个窗体即 FrmExp51 被指定为启动窗体，所以启动应用程序时，屏幕上出现了 FrmExp51 窗体，如图 2-10-11 所示。

（4）在“工程属性”对话框“通用”选项卡的“启动对象”下拉列表框中选取 FrmExp52 窗体为新的启动窗体，如图 2-10-12 所示。

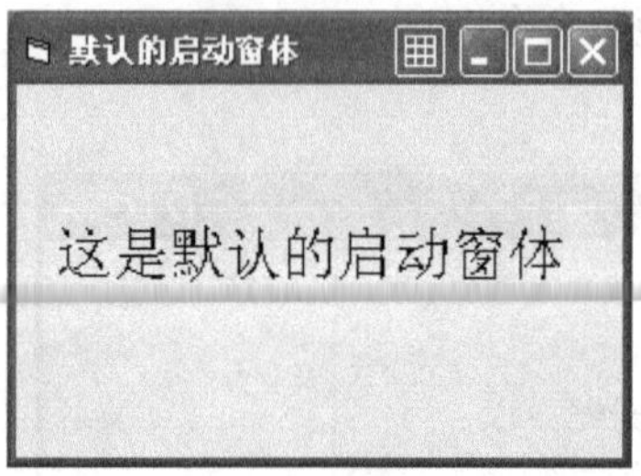

图 2-10-11　默认启动窗体

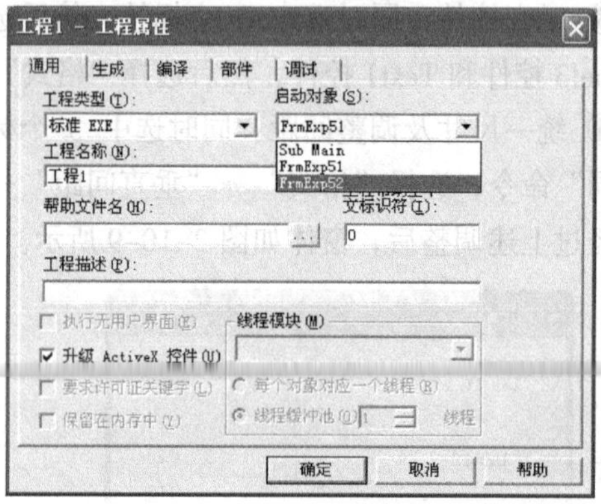

图 2-10-12　“工程属性”对话框

（5）运行程序。由于设置了 FrmExp52 窗体为新的启动窗体，所以启动应用程序时，屏幕上出现了 FrmExp52 窗体，如图 2-10-13 所示。

【例 10-6】 窗体中控件的位置及大小的自动调整。

本例的主要目的是利用窗体的 Resize 事件实现当窗体的大小发生变化时，控件的大小及其与窗体的相对位置与窗体调整同步。界面如图 2-10-14 所示。

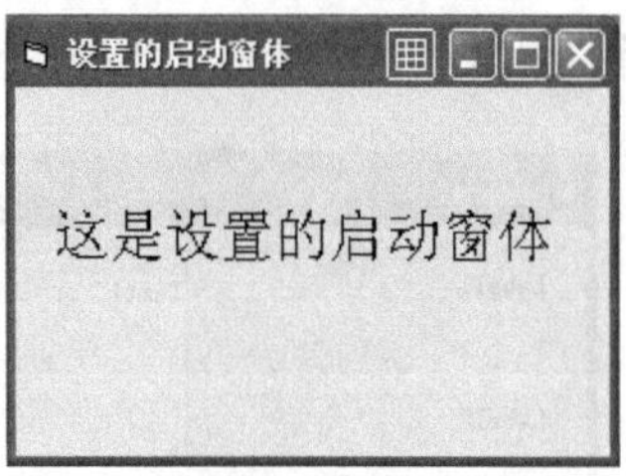

图 2-10-13　设置的启动窗体

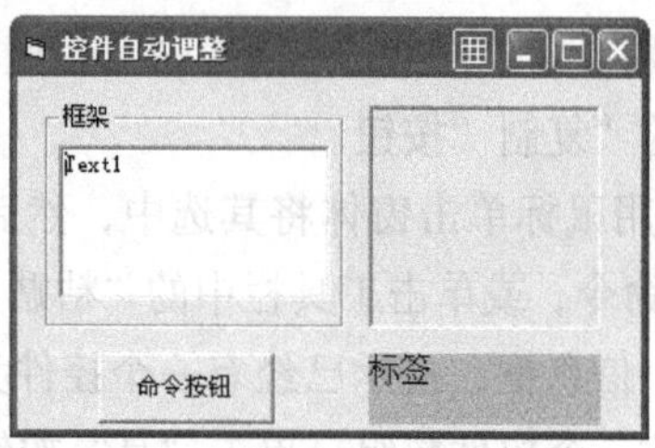

图 2-10-14　控件的自动调整

【解】 程序代码如下：

```
'在通用段声明窗体级变量
Dim w As Single
Dim h As Single                    '记录原窗体的宽度和高度的变量
```

```
Dim ww() As Single
Dim hh() As Single
Dim mleft() As Single
Dim mtop() As Single                    '记录原窗体中各控件的宽度、高度、起始坐标点的数组
'初始化
Private Sub Form_Load()
    w=Me.Width                          '获取原窗体的宽度、高度
    h=Me.Height
    ReDim ww(0 To Count)
    ReDim hh(0 To Count)
    ReDim mleft(0 To Count)
    ReDim mtop(0 To Count)
    For i=0 To Count-1                  '记录原窗体中各控件的宽度、高度、起始坐标点
        ww(i)=Me.Controls(i).Width
        hh(i)=Me.Controls(i).Height
        mleft(i)=Me.Controls(i).Left
        mtop(i)=Me.Controls(i).Top
    Next i
End Sub
'对改变窗体大小触发的事件Resize编程
Private Sub Form_Resize()
    Dim j As Single
    Dim k As Single
    j=Me.Width/w
    k=Me.Height/h                       '记录调整比例
    For i=0 To Me.Count-1
        Me.Controls(i).Width=ww(i)*j
        Me.Controls(i).Height=hh(i)*k
        Me.Controls(i).Left=mleft(i)*j
        Me.Controls(i).Top=mtop(i)*k
    Next i
End Sub
```

本程序中使用了窗体的 Count 属性，该属性记录了当前窗体中所有控件的个数。此外，窗体的 Controls 属性是一个控件集合，也可以看做一个数组，用 Me.Controls(Index)表示当前窗体中的一个具体的控件。其中，Me 指的是当前窗体，Index 下标是当前窗体上控件的 Index 属性值。

由于在本程序中是通过控件集合 Controls(Index)来表示当前窗体中的每个具体控件，并不涉及具体的控件名称，因此可以随便放置其他控件在窗体上，并利用该程序实现控件的大小及位置与窗体的同步调整。

【例 10-7】多窗体的使用。

【解】新建一个工程，第一个窗体的 Name 属性为默认值 Form1，Caption 属性设置为“第一个窗体”。在窗体中添加两个 Command 控件，其 Name 属性为默认值 Command1 和 Command2，Caption 属性设置为“显示第二个窗体”和“显示第三个窗体”，如图 2-10-15（a）所示。

再添加两个窗体，其 Name 属性取默认值 Form2 和 Form3，Caption 属性设置为“第二个窗体”和“第三个窗体”，如图 2-10-15（b）和图 2-10-15（c）所示。

（a）　　　　（b）　　　　（c）

图 2-10-15　多窗体使用

在第一个窗体 Form1 中，对两个 Command 控件的 Click 事件过程分别添加如下代码：

```
Private Sub Command1_Click()
   Form2.Show
End Sub
Private Sub Command2_Click()
   Form3.Show
End Sub
```

运行程序，出现图 2-10-15（a）所示的窗体；当单击“显示第二个窗体”按钮时，弹出图 2-10-15（b）所示的窗体；单击“显示第三个窗体”按钮时，又弹出图 2-10-15（c）所示的窗体。3 个窗体在未单击相应的关闭按钮的情况下，会同时显示出来。

【例 10-8】 窗体的加载与卸载。

【解】 新建一个工程，窗体的名称属性取默认值 Form1，Caption 属性设为“欢迎进入 VB 窗口”。加入 Form1 的两个事件过程 Click 和 Unload，并添加如下代码：

```
'加载窗体
Private Sub Form_Load()
   MsgBox "你好，欢迎你打开 VB 窗口！",vbOKOnly+vbInformation,"进入"
End Sub
'卸载窗体
Private Sub Form_Unload(Cancel As Integer)
   Dim a As Integer
   a=MsgBox("你真的要离开么？",vbQuestion+vbYesNo+vbDefaultButton2,"离开")
   If a=vbYes Then              '若选择“是”，则程序结束
      End
   Else
      Cancel=True               '若选择“否”，则程序不结束
   End If
End Sub
```

程序运行时，首先弹出图 2-10-16（a）所示消息框，单击“确定”按钮，显示图 2-10-16（b）所示窗口；当用户单击图 2-10-16（b）所示窗口右上角的关闭按钮时，发生 Form_Unload 事件，弹出图 2-10-16（c）所示的消息框，询问“你真的要离开么？”，此时，如果选择“是”，则关闭窗口；如果选择“否”，则返回图 2-10-16（b）所示界面。

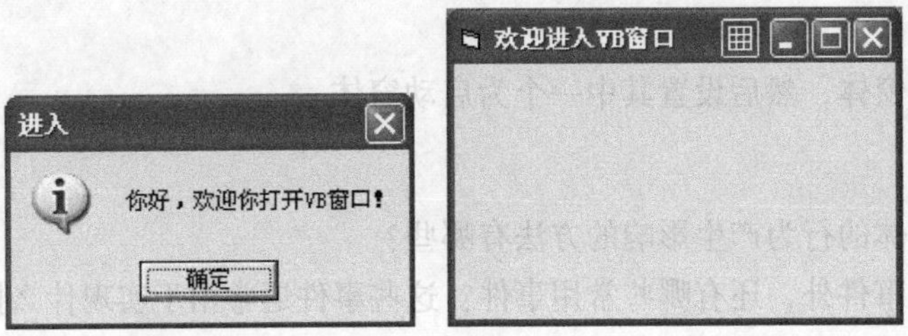

（a） （b） （c）

图 2-10-16 实验 13 例 10-8 程序运行结果

四、练习题

1. 单项选择题

（1）对于窗体，下面（ ）属性在程序运行时其属性设置起作用。

A. MaxButton　　B. BorderStyle

C. Name　　D. Left

（2）要使 Print 方法在 Form1_Load 事件中起作用，要对窗体的（ ）属性进行设置。

A. BackColor　　B. ForeColor

C. AutoRedraw　　D. Caption

（3）要使窗体在运行时不可改变窗体的大小及没有最大化和最小化按钮，只要对下列（ ）属性进行设置。

A. MaxButton　　B. BorderStyle

C. Width　　D. MinButton

（4）当运行程序时，系统自动执行启动窗体的（ ）事件过程。

A. Load　　B. Click

C. UnLoad　　D. MinButton

（5）改变控件在窗体中的水平位置应修改该控件的（ ）属性。

A. Top　　B. Left

C. Width　　D. Right

（6）对于窗体，下面（ ）属性使得窗体标题栏没有任何控制按钮。

A. MaxButton　　B. MinButton

C. ControlBox　　D. Name

2. 基本操作题

（1）新建一个工程，然后分别对窗体的 Caption、MaxButton、MinButton、ControlBox、Moveable、Borderstyle、Icon、ShowInTaskbar 的属性进行设置，记录设置后窗体的状态和效果。

（2）在窗体上放置几个标签，然后对窗体的 Load 事件和 Click 事件编制代码，设置标签的 Caption 属性。

（3）利用窗体的常用方法，在窗体上绘制圆和正方形。

（4）利用窗体的 Show 方法和 Hide 方法，显示或隐藏窗体。

（5）在窗体上生成多个控件，练习在窗体上调整控件的位置、大小，并利用“格式”菜单中的命令，对齐、分布控件。

（6）在一个工程中建立多个窗体，然后设置其中一个为启动窗体。

3. 讨论题

（1）在窗体的方法中，对窗体的行为产生影响的方法有哪些？

（2）窗体除了 Click 与 Load 事件外，还有哪些常用事件？这些事件通常用于实现什么操作？

（3）窗体上出现了外观相同并且名称也相同的控件，这是怎么回事？此时 VB 是如何区分这些同名控件的？

（4）VB 程序是否一定要有启动窗体？若在启动程序时不希望加载任何窗体，应如何做？

实验 11　VB 的常用控件（一）

一、实验目的

（1）掌握标签、命令按钮、文本框和时钟控件的常用属性、重要事件和基本方法。

（2）熟练掌握在窗体上创建上述控件的操作方法。

（3）掌握事件过程的代码编写。

二、相关知识

1. VB 6.0 的控件

VB 窗体上可以放置各种不同的部件，即控件对象，简称控件。控件按广义可分为内部控件、ActiveX 控件和可插入的对象 3 种。

2. 控件的属性

每一个控件都有自己的属性，不同的控件虽然有许多不同于其他控件的独有属性，但也有许多属性是许多控件都具有的，它们在各控件中的含义也相同。

3. 焦点的概念

焦点是接收用户鼠标或键盘输入的能力。大部分控件可以接收焦点，但 Frame、Label、Menu、Line、Shape、Image 和 Timer 等控件不能接收焦点。

4. Tab 顺序

所谓 Tab 顺序，就是按【Tab】键时焦点在各个控件上移动的顺序。当窗体上有多个控件时，系统会对这些控件分配一个 Tab 顺序，并将该顺序存放在 TabIndex 属性中。通过设置控件的 TabIndex 属性也可以人为设置 Tab 顺序。

5. 控件默认属性

VB 把某个控件最重要的属性称为该控件的值或默认属性。对于默认属性，在程序运行时，可以直接使用控件名改变属性的值，而不必指定是该控件的哪个属性。

6. 命令按钮控件

命令按钮是 Windows 应用程序中最常用的控件，它一般用于完成某种功能，主要接收 Click

事件，当用户单击它时将引发相应的事件过程。

7. 标签控件

标签控件主要用来在窗体上相对固定的位置上显示文本信息。标签控件不能作为输入信息的界面，所以它通常用于注释功能，或输出显示结果。

8. 文本框控件

TextBox 控件也称编辑框控件，常用来接收用户的输入信息，也可以在运行时通过代码赋予控件内容作为输出信息。在 TextBox 控件中还可以显示多行文本。

9. 时钟控件

时钟（Timer）控件是一种定时触发事件的控件，它能有规律地以一定的时间间隔激发时钟事件，从而执行相应的程序代码。时钟控件最重要的属性是 Interval，该属性用于设置时钟控件触发事件的时间间隔。时钟控件只支持 Timer 事件，每当达到 Interval 属性规定的时间间隔时，就会触发时钟控件的 Timer 事件。一般是在设计阶段设置时钟控件的 Interval 属性，然后当某一事件发生时设置时钟控件的 Enabled 属性为 True，这时，时钟控件开始计时，当到达 Interval 属性的值时，就会触发 Timer 事件中的处理程序。

三、实验举例

【例 11-1】认识控件的常用属性。

在窗体上创建两个命令按钮、一个标签控件和一个文本框，按表 2-11-1 所示设置它们的属性。

表 2-11-1　属性值

控件名称	（名称）属性	Caption 属性	Height/Width 属性	Visible 属性	Enabled 属性
Form1	FrmExp1	控件的常用属性			
Command1	CmdDisp1	命令按钮 1	500,1300		False
Command 2	CmdDisp2	命令按钮 2	500,1300		
Text1	TxtInput		1100,2500		False
Label1	LblDisp1	请输入文字：	240,2500 3 000	False	

单击工具栏中的“启动”按钮▸运行程序。由于标签的 Visible 属性为 False，所以窗口上没有显示“请输入文字:”；命令按钮 1 的 Enabled 属性为 False，所以呈现为灰色；文本框的 Enabled 属性为 False，所以在窗口中无法对文本框进行输入。程序运行界面如图 2-11-1 所示。

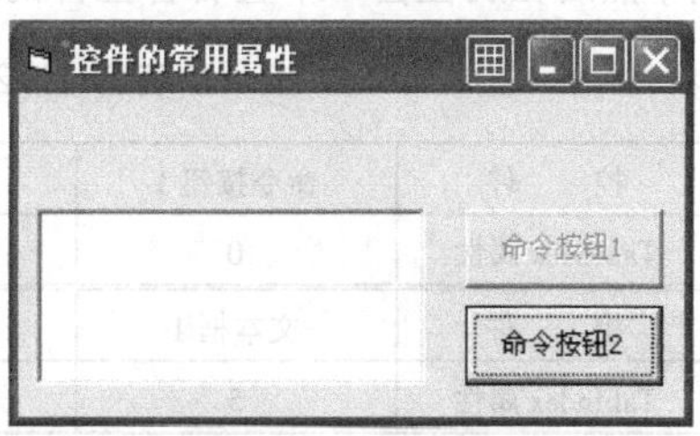

图 2-11-1　控件的行为

【例 11-2】了解改变文本外观的属性。

按图 2-11-2（a）所示设置标签、窗体、命令按钮的 Caption 属性和文本框的 Text 属性；标签的名称是 LblDisp，文本框的名称是 TxtInput，命令按钮 1 的名称是 CmdDisp1，命令按钮 2 的名称是 CmdDisp2。

在 CmdDisp2 的单击事件过程中编写代码如下：

```
Private Sub CmdDisp2_Click()
    LblDisp.Visible=True
    LblDisp.FontName="楷体_GB2312"
    LblDisp.FontSize=10
    LblDisp.FontBold=True              '粗体
    LblDisp.FontItalic=True            '倾斜
    LblDisp.FontUnderline=False        '不带下画线
    CmdDisp1.Enabled=True
    CmdDisp1.FontName="仿宋_GB2312"
    CmdDisp1.FontSize=12
    CmdDisp1.FontBold=True             '粗体
    CmdDisp1.FontItalic=False          '不倾斜
    CmdDisp1.FontUnderline=True        '带下画线
    CmdDisp2.FontName="隶书"
    CmdDisp2.FontSize=10
    CmdDisp2.FontBold=False            '不加粗
    CmdDisp2.FontItalic=True           '倾斜
    TxtInput.Enabled=True
    TxtInput.FontName="黑体"
    TxtInput.FontUnderline=True        '带下画线
    TxtInput.FontSize=14
  End Sub
```

运行程序，结果如图 2-11-2（b）所示。

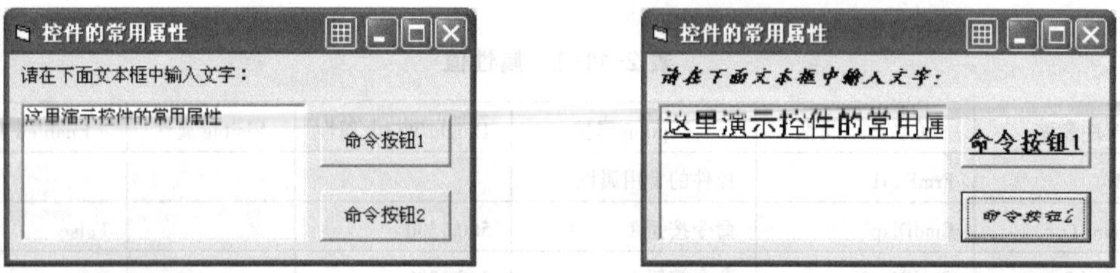

（a）　　（b）

图 2-11-2　改变文本的外观

【例 11-3】设置 Tab 顺序。

（1）在窗体上依次建立 3 个命令按钮、两个标签、3 个文本框。

（2）运行程序，依次按【Tab】健，验证控件的 Tab 顺序。停止程序的运行，依次选中上述控件，然后在属性窗口中查看各控件的 TabIndex 属性。这些控件的 TabIndex 属性如表 2-11-2 所示。

表 2-11-2　系统分配给控件的 TabIndex 属性

控　　件	命令按钮 1	命令按钮 2	命令按钮 3	标签 1	标签 2
TabIndex 属性	0	1	2	3	4
控　　件	文本框 1	文本框 2	文本框 3		
TabIndex 属性	5	6	7		

可以看出，在窗体上生成控件后，系统会对这些控件分配一个 Tab 顺序，其顺序与控件建立

的顺序相同。虽然两个标签控件不能获得焦点，但它们仍具有 TabIndex 属性，即这两个标签控件也包含在 Tab 顺序中，但在按 Tab 键时，这两个标签控件被跳过。

（3）重新设置命令按钮的 Tab 顺序，设置值如表 2-11-3 所示。

表 2-11-3　设置命令按钮控件的 TabIndex 属性

控　件	命令按钮 1	命令按钮 2	命令按钮 3
TabIndex 属性	5	6	7

然后在属性窗口中查看标签和文本框的 TabIndex 属性,发现 TabIndex 属性如表 2-11-4 所示。

表 2-11-4　其余控件的 TabIndex 属性

控　件	标签 1	标签 2	文本框 1	文本框 2	文本框 3
TabIndex 属性	0	1	2	3	4

可以看出，虽然没有设置文本框和标签控件的 TabIndex 属性，当改变命令按钮控件的 Tab 顺序后，VB 自动为其他控件的 Tab 顺序重新编号。

（4）将控件从 Tab 顺序中去掉。将命令按钮 2、文本框 2 控件的 TabStop 属性设为 False。运行程序，发现焦点将跳过这两个控件。在属性窗口中查看它们的 TabIndex 属性，发现 TabIndex 属性并未改变。

可以看出，虽然命令按钮 2 和文本框 2 控件是能获得焦点且有效的控件，但将它们的 TabStop 属性设为 False，就可以将此控件从 Tab 顺序中去除。需要说明的是，TabStop 属性已置为 False 的控件，仍然保持它在实际 Tab 顺序中的位置，只不过在按【Tab】键时这个控件被跳过。

【例 11-4】设计一个程序，在窗体上建立由 6 个命令按钮组成的控件数组，单击每一个命令按钮，窗体的背景颜色都要改变。

【解】程序代码如下：

```
Private Sub Command1_Click(Index As Integer)
   Form1.BackColor=Command1(Index).Tag
End Sub
Private Sub Form_Load()
   Command1(0).Tag=vbWhite
   Command1(1).Tag=vbBlack
   Command1(2).Tag=vbBlue
   Command1(3).Tag=vbGreen
   Command1(4).Tag=vbYellow
   Command1(5).Tag=vbRed
   Command1(0).Caption="白"
   Command1(1).Caption="黑"
   Command1(2).Caption="蓝"
   Command1(3).Caption="绿"
   Command1(4).Caption="黄"
   Command1(5).Caption="红"
End Sub
```

该示例没有在属性窗口中直接设置属性，而是在程序中使用代码来设置。在程序运行时，首先执行 Load 事件，通过“Command1.Tag=颜色常数”语句将不同的颜色常数赋给命令按钮的 Tag

属性。该属性返回或设置一个表达式用来存储程序中需要的额外数据，同时还将命令按钮的 Caption 属性设置为所表示的颜色：白、黑、蓝、绿、黄、红。然后在命令按钮的单击事件中，将命令按钮的 Tag 属性值赋给窗体的背景颜色。这样，当单击某一个命令按钮时，窗体的背景颜色就会发生变化。其运行界面如图 2-11-3 所示。

图 2-11-3　改变窗体的背景颜色

【例 11-5】对输入的口令进行判断，如果 3 次输入错误则禁止输入，程序界面如图 2-11-4 所示。

【解】在窗体上添加 2 个标签，Caption 属性分别为“口令”和“允许次数”；添加 2 个命令按钮，名称分别为“CmdC1”和“CmdC2”，Caption 属性分别为“确定”和“关闭”；添加 2 个文本框，其中 Text1 用来输入口令，输入时显示“*”号，为此需要设置 Text1 的 PasswordChar 属性为“*”；Text2 的初始内容为 3。编写如下代码：

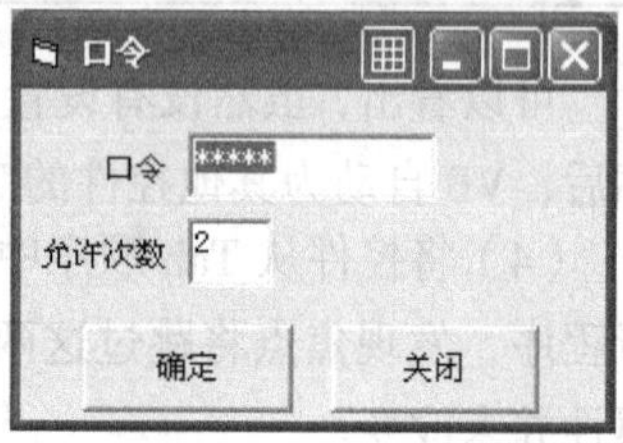

图 2-11-4　例 11-5 程序运行界面

```
Private Sub CmdC1_Click()
    If Text1.Text="123456" Then
        Text1.Text="口令正确"
        Text1.PasswordChar=""
    Else
        Text2.Text=Val(Text2.Text)-1
        If Text2.Text>0 Then
            MsgBox "第" & 3-Val(Text2.Text) & "次口令错误，请重新输入"
            Text1.SetFocus
            Text1.SelStart=0
            Text1.SelLength=Len(Text1.Text)
        Else
            MsgBox "3 次输入错误，请退出"
            Text1.Enabled=False
        End If
    End If
End Sub
Private Sub CmdC2_Click()
    End
End Sub
```

程序运行时，在 Text1 中输入口令后，单击“确定”按钮，如果输入的是“123456”，则在 Text1 中显示“口令正确”按钮；如果输入其他内容，单击“确定”按钮后，弹出错误提示消息框，并且 Text2 中的数字减 1。最多可以输入 3 次口令，若 3 次输入都错误，则禁止再次输入。

【例 11-6】某高校要求对每门课程都进行成绩分析，要求如下：给出这个班的平均分；统计 40 分以下、40～59 分以下、60～69 分、70～79 分、80～89 分、90 分以上的人数。试编写一个程序完成上面的任务。程序的运行界面如图 2-11-5 所示。

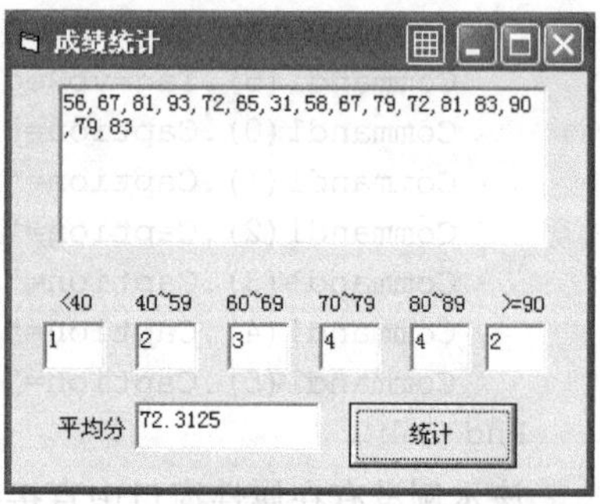

图 2-11-5　例 11-6 程序运行界面

【解】在图 2-11-5 所示界面中，Text1 用于输入一组成绩，成绩之间用“,”分隔；Text2 为控件数组，其中 Text2(0)～Text2(5)分别显示各分数段的人数；Text3 用于显示平均分。具体代码如下：

```
Private Sub Command1_Click()
    Dim grade
    Dim ave As Double
    Dim p As Integer
    Dim deng(6) As Integer                    'deng(0)~deng(5)分别累计各个分数段人数
    grade=Split(Text1.Text, ",")              '通过“,”分隔将分数赋值给 grade
    For p=LBound(grade) To UBound(grade)
        Select Case Val(grade(p))             '分类统计各个分数段人数
            Case Is<40
                deng(0)=deng(0)+1
            Case Is<60
                deng(1)=deng(1)+1
            Case Is<70
                deng(2)=deng(2)+1
            Case Is<80
                deng(3)=deng(3)+1
            Case Is<90
                deng(4)=deng(4)+1
            Case Is<=100
                deng(5)=deng(5)+1
            Case Else
                deng(6)=deng(6)+1             'deng(6)累计非正常成绩个数
        End Select
    Next p
    If deng(6)>0 Then                         '如果存在非正常成绩个数，则不计算
        MsgBox "error"
    Else
        For p=0 To 5                          '将累计的各分数段人数赋值给对应控件数组显示
            Text2(p).Text=deng(p)
        Next p
        ave=average(grade)                    '调用函数计算平均分
        Text3.Text=ave
    End If
End Sub
'计算数组元素平均值的函数
Function average(a) As Double
    Dim p As Integer
    average=0
    For p=LBound(a) To UBound(a)
        average=average+a(p)
    Next p
    average=average/(UBound(a)-LBound(a)+1)
End Function
```

【例 11-7】文本框、命令按钮和标签的综合练习。

在窗体上添加 1 个文本框、2 个标签和 5 个命令按钮，并修改它们的属性，使程序运行界面如图 2-11-6 所示。

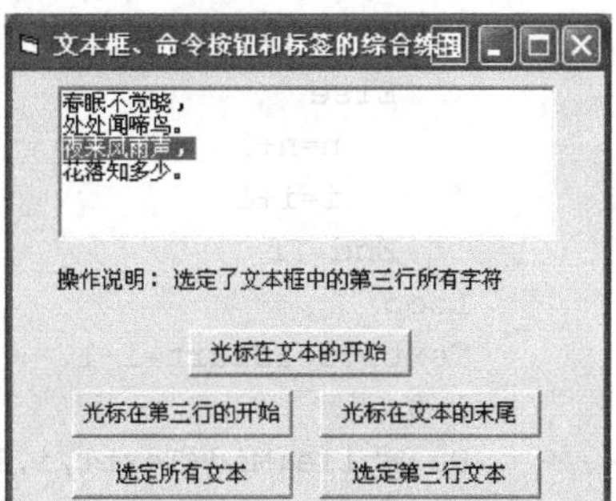

图 2-11-6　例 11-7 程序运行界面

【解】在命令按钮的单击事件中编写下列程序代码：

```
Private Sub Command1_Click()
    Text1.SelStart=0
    Text1.SetFocus
    Label2.Caption="光标被移动到文本的起始位置。"
End Sub
Private Sub Command2_Click()
    i=1
    n=1
    Do While n<>3
        If(Mid(Text1,i,1))<>vbLf Then
            i=i+1
        Else
            n=n+1
            i=i+1
        End If
    Loop
    Text1.SelStart=i-1
    Text1.SetFocus
    Label2.Caption="光标移动到文本第三行的起始位置"
End Sub
Private Sub Command3_Click()
Text1.SelStart=Len(Text1.Text)
    Text1.SetFocus
    Label2.Caption="光标被移动到文本的结尾处"
End Sub
Private Sub Command4_Click()
 Text1.SelStart=0
    Text1.SelLength=Len(Text1.Text)
    Text1.SetFocus
    Label2.Caption="选定了文本框中的所有字符"
End Sub
Private Sub Command5_Click()
 i=1
    n=1
    Do While n<>3                              '在 Text1 中依次查找 vbLf
        If(Mid(Text1,i,1))<>vbLf Then
            i=i+1                              '通过 i 累计，确定第 3 行文本的起始位置
        Else
            n=n+1
            i=i+1                              '通过 i 累计，确定第 3 行文本的起始位置
        End If
    Loop
    Text1.SelStart=i-1
    l=0
    Do While(Mid(Text1,i,1))<>vbCr             '继续查找下一个回车符 vbCr
        i=i+1
        l=l+1                                  '通过 l 累计，确定第 3 行文本的长度
    Loop
```

```
    Text1.SelLength=1
    Text1.SetFocus
    Label2.Caption="选定了文本框中的第三行所有字符"
End Sub

Private Sub Form_Load()
    Text1.Text="春眠不觉晓，" & vbCrLf & "处处闻啼鸟。" _
    & vbCrLf & "夜来风雨声，" & vbCrLf & "花落知多少。"
End Sub
```

程序运行时，单击5个命令按钮，文本框中显示操作结果，并将操作说明显示在标签中。

【例 11-8】字符串的操作。程序界面如图 2-11-7（a）所示。

【解】在窗体上添加3个文本框，分别用来输入或显示原字符串、用“*”号替代空格后的字符串以及删除空格后的目的字符串。再添加3个标签，将它们的标题分别设置成相应的文字。最后添加3个命令按钮，分别用于删除左空格、右空格和两边空格。

编写代码如下：

```
'函数 addstar 的功能为: 将空格替换为*号
Function addstar(tempword As String) As String
    Dim charindex%
    Dim pasteword$                                          '加星号后的字符串
    For charindex=1 To Len(tempword)
        If Mid(tempword,charindex,1)=" " Then              '如果字符为空格
            pasteword=pasteword+"*"                         '用*代替
        Else
            pasteword=pasteword+Mid(tempword,charindex,1)
        End If
    Next
    addstar=pasteword                                       '返回函数值
End Function
Private Sub Command1_Click()
    Text2.Text=addstar(Text1.Text)            '调用函数，将 Text1 字符串中空格替换为*号
    Text3.Text=addstar(LTrim(Text1.Text))     '显示删除左空格后的字符串
End Sub
Private Sub Command2_Click()
    Text2.Text=addstar(Text1.Text)
    Text3.Text=addstar(RTrim(Text1.Text))                   '显示删除右空格后的字符串
End Sub
Private Sub Command3_Click()
    Text2.Text=addstar(Text1.Text)
    Text3.Text=addstar(Trim(Text1.Text))                    '显示删除两侧空格后的字符串
End Sub
```

程序运行时，在原字符串文本框中输入两端带有空格的字符串，分别单击3个命令按钮，会显示图 2-11-7 所示结果。程序中利用了字符串函数 Ltrim()、Rtrim()和 Trim()分别去除字符串左侧、右侧和两侧的空格。其中在 Command1 中，先通过 Ltrim()函数删除了字符串左侧的空格，然后调用 addstar()函数，用“*”替代空格，此时目的字符串只留下了右侧的“*”号，如图 2-11-7（b）所示；而在 Command2 中，先通过 Rtrim()函数删除了字符串右侧的空格，然后调用 addstar()函数，用“*”替代空格，此时目的字符串只留下了左侧的“*”号，如图 2-11-7（c）所示；对于 Command3，

由于使用了 Trim()函数，将字符串两侧的空格都删除了，所以即使调用了 addstar()函数，也没有显示出“*”。

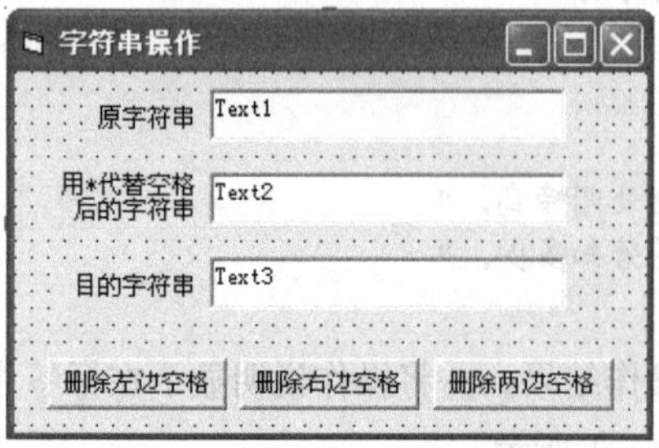

（a）例 11-8 程序设计界面

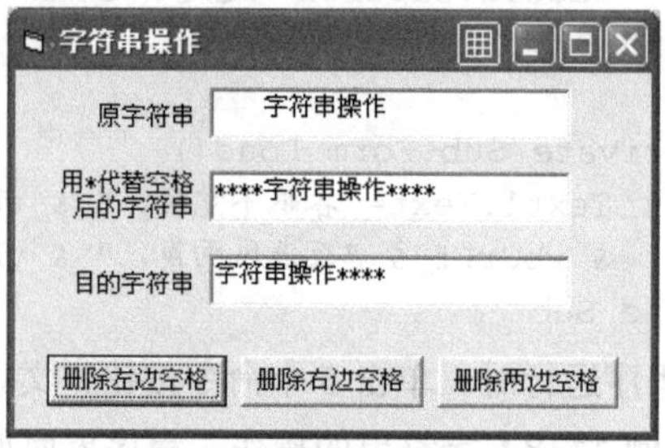

（b）删除左边空格

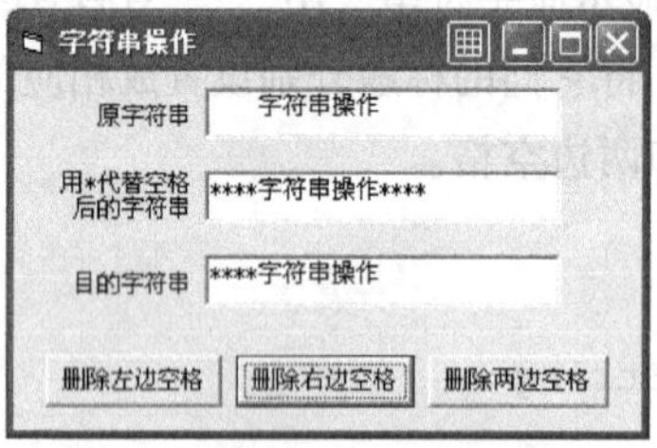

（c）删除右边空格

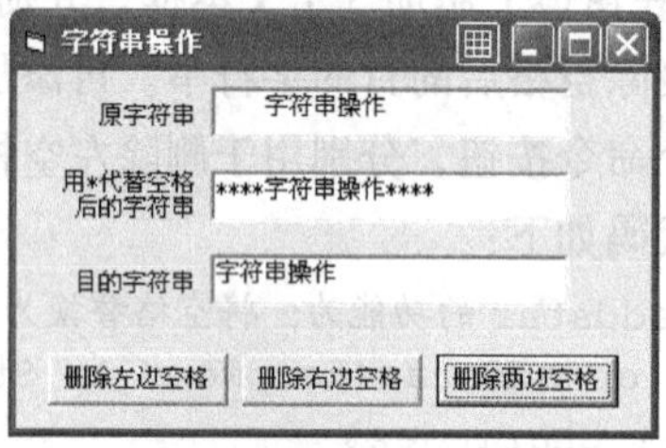

（d）删除两边空格

图 2-11-7　例 11-8 的程序界面及运行结果

【例 11-9】 倒计时显示。程序设计界面如图 2-11-8 所示。

【解】 在窗体上添加一个标签控件，其 Caption 属性设置为 50，ForeColor 属性设置为红色，宋体、72 号字；再添加一个时钟控件，Interval 属性设置为 100；最后添加一个命令按钮，在命令按钮的单击事件中编写如下代码：

```
Private Sub Command1_Click()
    '设置时钟有效，开始计时，当到达 Interval 属性值时，触发 Timer 事件
    Timer1.Enabled=True
End Sub
Private Sub Timer1_Timer()
    If Val(Label1.Caption)>0 Then
       Label1.Caption=Label1.Caption-1
    Else
       Timer1.Enabled=False
    End If
End Sub
```

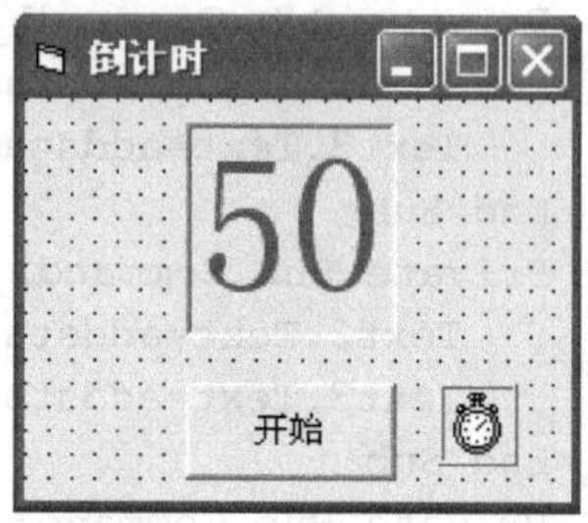

图 2-11-8　例 11-9 程序设计界面

四、练习题

1. 单项选择题

（1）若要使标签控件显示时不覆盖其背景内容，要对（　　）属性进行设置。

A. BackColor　　B. BorderStyle　　C. ForeColor　　D. BackStyle

（2）若要使命令按钮不可操作，要对（　　）属性进行设置。

A. Enabled　　B. Visible　　C. BackColor　　D. Caption

（3）文本框没有（　　）属性。

A．Enabled　　B．Visible　　C．BackColor　　D．Caption

（4）不论什么对象，都具有（　　）属性。

A．Text　　B．Name　　C．ForeColor　　D．Caption

（5）要使某控件在运行时不可显示，应对（　　）属性进行设置。

A．Enabled　　B．Visible　　C．BackColor　　D．Caption

（6）对于命令按钮，（　　）属性可以设置一个命令按钮为默认按钮（按【Enter】键相当于单击该命令按钮）。

A．Cancel　　B．Default　　C．Caption　　D．Style

（7）下面关于控件数组的说法中，正确的是（　　）。

A．控件数组的每一个成员的 Caption 属性都不相同

B．控件数组的每一个成员都执行相同的事件过程

C．控件数组的每一个成员的 Index 属性都相同

D．已经建立的多个相同类型的控件不能组成控件数组

（8）假定时钟控件 Timer1 的 Interval 属性为 1 000，Enabled 属性为 True，并且有下面的事件过程，计算机将发出（　　）次 Beep 声。

```
Private Sub Timer1_Timer()
    Dim i As Integer
    For i=1 To 10
        Beep
    Next i
End Sub
```

A．1 000 次　　B．10 000 次　　C．10 次　　D．以上都不对

（9）在下列说法中，正确的是（　　）。

A．通过适当的设置，在程序运行期间，可以让时钟控件显示在窗体上

B．在列表框中不能进行多项选择

C．在列表框中能够将项目按字母顺序从大到小排列

D．框架也有 Click 和 DblClick 事件

2．基本操作题

（1）新建一个工程，在窗体上添加若干控件，然后分别对控件的常用属性 Name、Caption、Height、Width、Top、Left、Enabled、Visible、FontName、FontSize、BackColor 等进行设置，记录设置后控件的状态和效果。

（2）在窗体上依次生成若干个控件，检查 Tab 顺序，然后改变控件的 TabIndex 值，观察变化。

3．编程题

（1）利用命令按钮控制改变文字的显示区域。程序界面如图 2-11-9 所示，单击“更改区域”按钮，将使“标签练习”几个字依次在上下两个显示区域（两个标签）显示。

（2）利用命令按钮改变文字的显示颜色。

在上题基础上，添加一个按钮并将其 Caption 设为“更改颜色”，单击按钮，使标签的字体颜

色依次按红、绿、蓝变化。

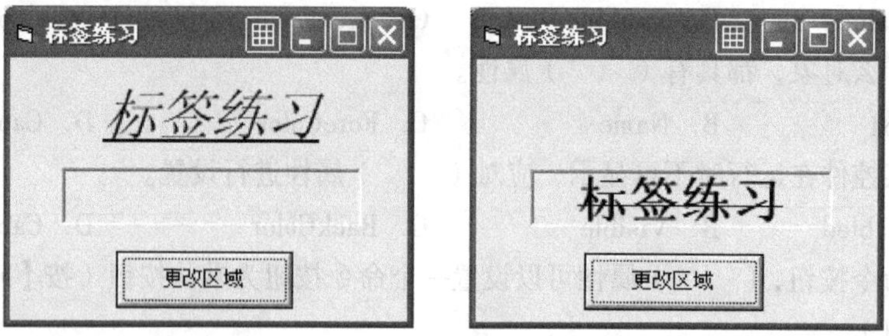

图 2-11-9 改变文字显示区域

提示：设置标签的字体颜色可以用 RGB()函数。例如：

```
Label1.ForeColor=RGB(255,0,0)          '设置红色
Label1.ForeColor=RGB(0,255,0)          '设置绿色
Label1.ForeColor=RGB(0,0,255)          '设置蓝色
```

（3）设计图 2-11-10 所示的窗体。编写一段程序，当单击命令按钮时，窗体的背景颜色改变为命令按钮所提示的颜色。

（4）创建一个程序，窗口界面如图 2-11-11 所示。程序要求如下：

图 2-11-10 命令按钮的使用

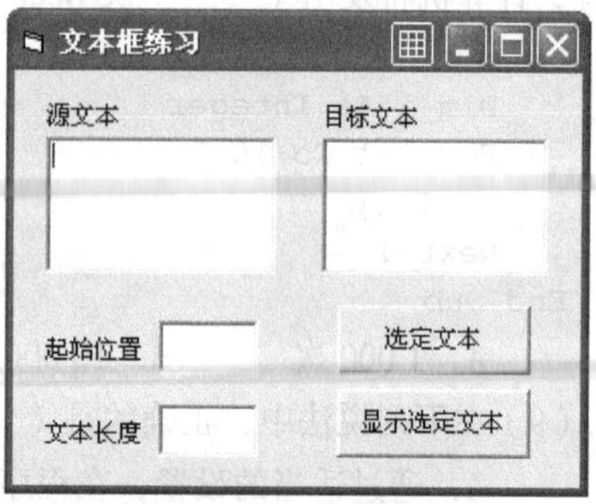

图 2-11-11 文本传送窗口

① 输入起始位置和文本长度，然后单击“选定文本”按钮，将“源文本”文本框中的指定文本选中并传送至“目标文本”文本框中。

② 选中“源文本”文本框中的部分文本，单击“显示选定文本”按钮，将“源文本”文本框中选中文本的起始位置和文本长度显示出来，并将选中文本传送至“目标文本”文本框中。

要求：“起始位置”和“文本长度”文本框中只能输入数字，且起始位置的数字要小于或等于文本长度，否则通过 MsgBox 给出错误信息，然后使焦点返回出错处并使错误内容被全部选定。

（5）利用时钟控件建立一个定时器。

4. 讨论题

（1）VB 6.0 的控件是如何分类的？

（2）VB 6.0 的内部控件有多少？它们总是出现在什么地方？

（3）不能获得焦点的控件，以及无效的和不可见的控件，是否仍具有 TabIndex 属性？这些控件还包含在 Tab 顺序中吗？

（4）一个控件的默认属性或控件的值是不是指该控件的Value属性？

（5）LostFocus事件与Validate事件有什么异同？

实验12 VB的常用控件（二）

一、实验目的

（1）掌握列表框、组合框、单选按钮、复选框、框架和滚动条控件的属性、事件和方法。

（2）学会在上述控件的事件过程中编写程序。

（3）了解VB中的键盘事件、鼠标事件和拖曳事件等过程的编写。

二、相关知识

1．列表框控件

列表框控件显示一个项目列表，让用户从中选择一项或多项。列表框最主要的特点是只能从中选择，而不能直接写入或修改其中的内容，因此，它是从现有选项中快速选择的好工具。

列表框的AddItem方法用于添加列表框中的项目，RemoveItem方法用于删除列表框中的项目。通过查看ListIndex属性可以取得用户选中的列表框项目的索引；而对List、ListCount和ListIndex属性进行设置，则可以对列表框中的项目进行操作。

2．组合框控件

组合框是由文本框和列表框组合而成的控件，它有3种不同的类型，可通过组合框的Style属性设置。组合框是输入控件中使用相当广泛的一种，它比文本框规范，比列表框灵活且节省空间，所以使用组合框进行规范化内容的输入是一个好的选择。

3．滚动条控件

滚动条是常用来取代用户输入的一种控件，可用鼠标调整滚动条中滑块的位置来改变值，分为水平滚动条和垂直滚动条两种。在设计阶段，主要设置滚动条的LargeChange、SmallChange、Max和Min属性；在运行阶段，通过在其Scroll和Change事件过程中取得其Value属性值而监视用户对滚动条的操作。

4．单选按钮、复选框和框架控件

单选按钮、复选框是Windows应用程序中常用的选择输入工具。单选按钮和复选框主要用于在少量的选项间进行单个和多个选择。检查单选按钮和复选框是否被选中的常用方法是设置其Value属性。

框架是一种容器型的控件，可以利用它将具有相同功能的控件组织在一起形成控件组。

三、实验举例

【例12-1】组合框使用举例。在窗体上放置3种不同类型的组合框，选中其中内容后，将内容在对应文本框中显示，如图2-12-1所示。

【解】设置组合框 Combo1 的 Style 属性为 0，表示下拉式组合框；设置组合框 Combo2 的 Style 属性为 1，表示简单组合框；设置组合框 Combo3 的 Style 属性为 2，表示下拉式列表框。编写程序代码如下：

```
'在 Load 事件中对组合框进行初始化，设定列表项（姓名）
Private Sub Form_Load()
    '组合框 Combo1 初始化
    Combo1.AddItem "马明"
    Combo1.AddItem "张小军"
    Combo1.AddItem "李海峰"
    Combo1.AddItem "黄小娟"
    Combo1.AddItem "吴海燕"
    Combo1.AddItem "车名"
    Combo1.AddItem "伍进丰"
    Combo1.AddItem "齐晓璇"
    Combo1.AddItem "革新"
    Combo1.AddItem "王玲"
    Text1.Text=Combo1.List(0)
    '组合框 Combo2 初始化与 Combo1 初始化基本相同，程序略
    '组合框 Combo3 初始化与 Combo1 初始化基本相同，程序略
End Sub
'命令按钮 Click 事件，显示当前选中学生
Private Sub Command1_Click()
    Text1=Combo1.Text                '显示当前选中项目
    Text2=Combo2.Text
    Text3=Combo3.Text
End Sub
```

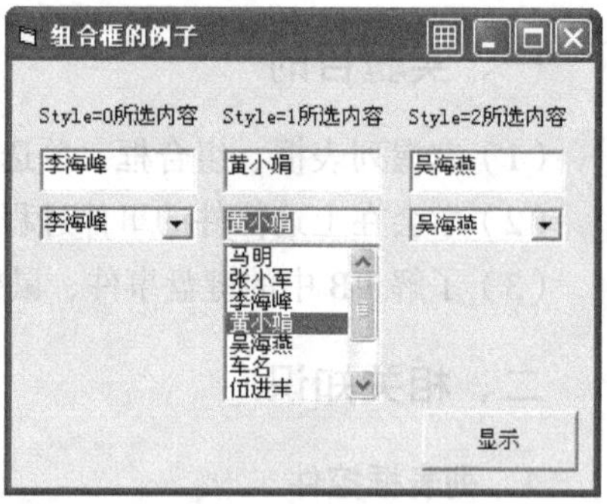

图 2-12-1　组合框示例

对于简单组合框，还可以对其双击事件编程，代码如下：

```
Private Sub Combo2_DblClick()
    Text2=Combo2.Text
End Sub
```

【例 12-2】应用滚动条控制颜色。通过 3 个滚动条分别控制 3 个文本框红、绿、蓝的背景颜色，并进而控制由这 3 种颜色组成的混合色，如图 2-12-2 所示。

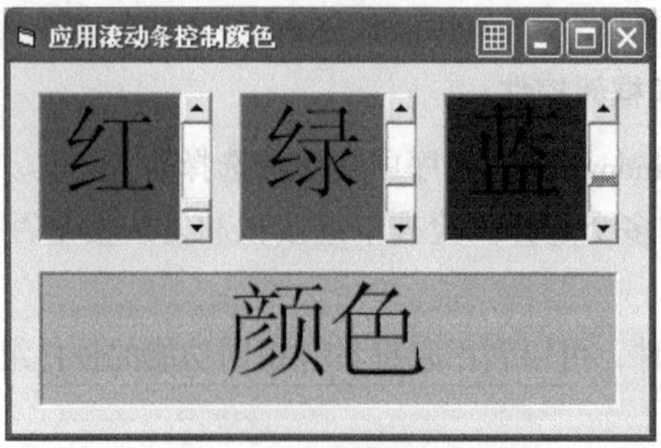

图 2-12-2　滚动条控制颜色程序窗口

【解】表示颜色的文本框分别为 TxtRed、TxtGreen、TxtBlue 和 TxtColor；3 个滚动条为 VsbRed、VsbGreen 和 VsbBlue，滚动条的 Max 属性设为 255，Min 属性设为 0，LargeChange 属性设为 50，

SmallChange 属性设为 15。为了控制颜色，还需要利用 RGB()函数。具体程序代码如下：

```
Private Sub VsbRed_Change()
    TxtRed.BackColor=RGB(VsbRed.Value,0,0)
    TxtColor.BackColor=RGB(VsbRed.Value,VsbGreen.Value,VsbBlue.Value)
End Sub
Private Sub VsbGreen_Change()
    TxtGreen.BackColor=RGB(0,VsbGreen.Value,0)
    TxtColor.BackColor=RGB(VsbRed.Value,VsbGreen.Value,VsbBlue.Value)
End Sub
Private Sub VsbBlue_Change()
    TxtBlue.BackColor=RGB(0,0,VsbBlue.Value)
    TxtColor.BackColor=RGB(VsbRed.Value,VsbGreen.Value,VsbBlue.Value)
End Sub
```

说明：这里用到了 RGB()函数，该函数用于输出一个由代表红、绿、蓝 3 种颜色的整数值所组成的颜色值，本例中则用 3 个滚动条的值分别代表了红、绿、蓝三色的整数值。

【例 12-3】 列表框控件使用，程序界面如图 2-12-3 所示。单击列表框中的项目，使所选项目在文本框中显示；对文本框中的内容进行修改后，选中“修改”单选按钮，列表框中对应的项目被更新；选中“删除”单选按钮，列表框中的对应项目被删除；在文本框中输入新内容，单击“添加”按钮，新内容被追加到列表框中。

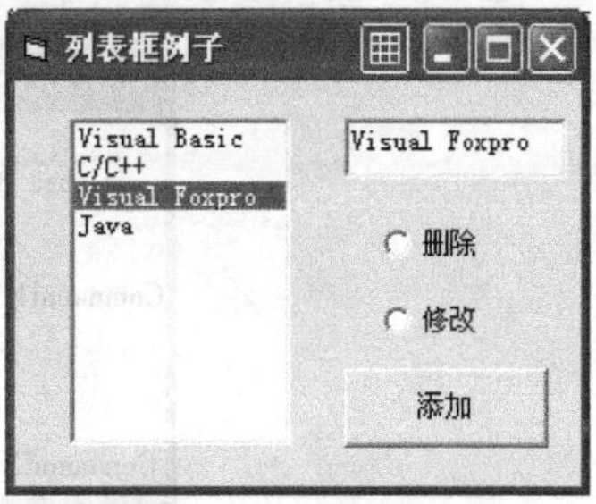

图 2-12-3　列表框的使用

【解】 程序代码如下：

```
'初始化
Private Sub Form_Load()
    Text1.Text=""
    Option1.Visible=False
    Option2.Visible=False
End Sub
Private Sub Form_Activate()
    Text1.SetFocus
End Sub
'单击列表框中的项目，使其显示在文本框中
Private Sub List1_Click()
    Text1.Text=List1.List(List1.ListIndex)
    Option1.Visible=True
    Option2.Visible=True
End Sub
'选中“删除”单选按钮，删除项目
Private Sub Option1_Click()
    List1.RemoveItem(List1.ListIndex)
    Option1.Visible=False
    Option2.Visible=False
    Option1.Value=False
    Text1.Text=""
End Sub
'选中“修改”单选按钮，修改项目
Private Sub Option2_Click()
```

```
    List1.List(List1.ListIndex)=Text1.Text
    Option1.Visible=False
    Option2.Visible=False
    Option2.Value=False
    Text1.Text=""
End Sub
'单击“添加”按钮，添加项目
Private Sub Command1_Click()
    Option1.Visible=False
    Option2.Visible=False
    List1.AddItem Text1.Text
    Text1.Text=""
    Text1.SetFocus
End Sub
```

【例 12-4】组合框举例。程序界面如图 2-12-4 所示。3 个组合框的 Style 属性分别为 0、1、2；单击 Command1 按钮（左边“=>”），将 Combo1 所选内容移入到 Combo2 中；单击 Command2 按钮（左边“<=”），将 Combo2 所选内容移入到 Combo1 中；单击 Command3 按钮（右边“=>”），将 Combo2 所选内容移入到 Combo3 中；单击 Command4 按钮（右边“<=”），将 Combo3 所选内容移入到 Combo2 中。

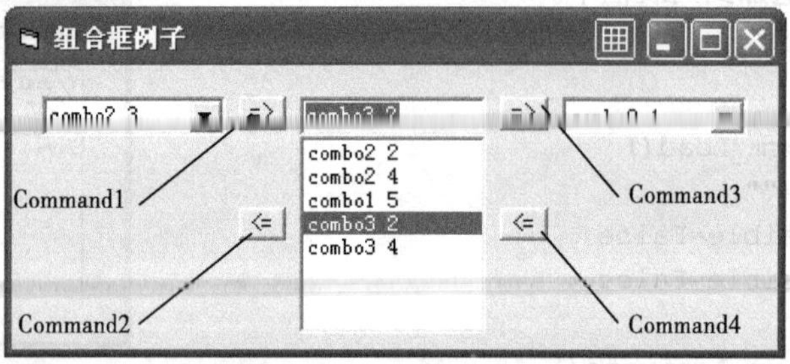

图 2-12-4　组合框的使用

【解】程序代码如下：

```
'初始化
Private Sub Form_Load()
    Dim i As Integer
    For i=1 To 5
        Combo1.AddItem "combo1 " & i
        Combo2.AddItem "combo2 " & i
        Combo3.AddItem "combo3 " & i
    Next i
End Sub
'将Combo1所选内容移入到Combo2中
Private Sub Command1_Click()
    Dim t As String
    t=Combo1.List(Combo1.ListIndex)
    Combo1.RemoveItem(Combo1.ListIndex)
    Combo2.AddItem t
```

```
End Sub
'将 Combo2 所选内容移入到 Combo1 中
Private Sub Command2_Click()
    Dim t As String
    t=Combo2.List(Combo2.ListIndex)
    Combo2.RemoveItem(Combo2.ListIndex)
    Combo1.AddItem t
End Sub
'将 Combo2 所选内容移入到 Combo3 中
Private Sub Command3_Click()
    Dim t As String
    t=Combo2.List(Combo2.ListIndex)
    Combo2.RemoveItem(Combo2.ListIndex)
    Combo3.AddItem t
End Sub
'将 Combo3 所选内容移入到 Combo2 中
Private Sub Command4_Click()
    Dim t As String
    t=Combo3.List(Combo3.ListIndex)
    Combo3.RemoveItem(Combo3.ListIndex)
    Combo2.AddItem t
End Sub
```

【例 12-5】形状改变练习。

【解】程序代码如下：

```
Private Sub Command1_Click()
    Dim m As Integer
    m=Shape1.Shape
    m=m+1
    m=m Mod 6
    Shape1.Shape=m
End Sub
```

程序执行时，反复单击命令按钮，会在窗体上画出不同的图形，这些图形都是 Shape 控件包含的内容。

VB 形状控件的 Shape 属性有 6 个值，为 0～5，分别表示矩形、正方形、椭圆形、圆形、圆角矩形和圆角正方形 6 种形状。默认形状为矩形，值为 0。本例中先将 Shape 的默认值 0 赋值给 m，然后通过每次 m 加 1，并除 6 取余，可以依次得到 Shape 属性的其他取值（1～5），并由此画出相应的图形。

【例 12-6】长途电话地区编码。程序运行界面如图 2-12-5 所示。选择省名称，则长途电话区号处出现省内各地区的电话区号。

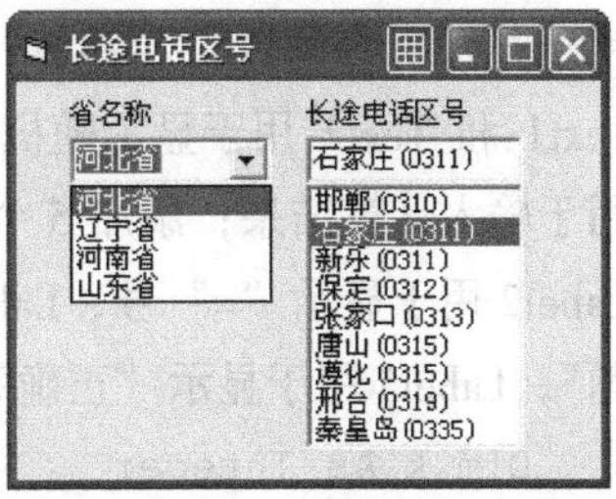

图 2-12-5 长途电话区号

【解】程序代码如下：

```
Dim City()
Dim Cat(25)
'初始化，定义省名称及各地区区号
Private Sub Form_Load()
    City=Array("河北省","辽宁省","河南省","山东省")
    '定义河北省各地区区号
```

```
    Cat(0)=Array("邯郸(0310)","石家庄(0311)","新乐(0311)","保定(0312)", _
                 "张家口(0313)","唐山(0315)","遵化(0315)","邢台(0319)", _
                 "秦皇岛(0335)")
    '定义辽宁省各地区区号
    Cat(1)=Array("沈阳(024)","大连(0411)","鞍山(0412)","抚顺(0413)", _
                 "辽阳(0419)")
    '定义河南省各地区区号
    Cat(2)=Array("郑州市(0371)","安阳(0372)","新乡(0373)","许昌(0374)", _
                 "平顶山(0375)","南阳(0377)","开封(0378)","洛阳(0379)", _
                 "商丘(0370)")
    '定义山东省各地区区号
    Cat(3)=Array("济南(0531)","青岛(0532)","淄博(0533)","德州(0534)", _
                 "潍坊(0536)","泰安(0538)","菏泽(0530)","胶州(0532)")
    For i=0 To 3
    Combo1.AddItem City(i)                      '将省名称添加到 Combo1 中
    Next
    Combo1.ListIndex=0
End Sub
Private Sub Combo1_Click()
    Combo2.Clear
    i=Combo1.ListIndex                          '取得当前所选省的 ListIndex 值
    l=LBound(Cat(i))
    u=UBound(Cat(i))
    For j=l To u
        Combo2.AddItem Cat(i)(j)                '将所选省对应区号添加到 Combo2 中
    Next
    Combo2.ListIndex=0
End Sub
```

【例 12-7】算术加减法测试程序。程序随机出 100 以内的加减运算题，用户进行解答，如 10 s 不做回答，程序继续出下一题。程序记录出题个数和正确回答的个数，并给出正确答案。程序运行界面如图 2-12-6 所示。

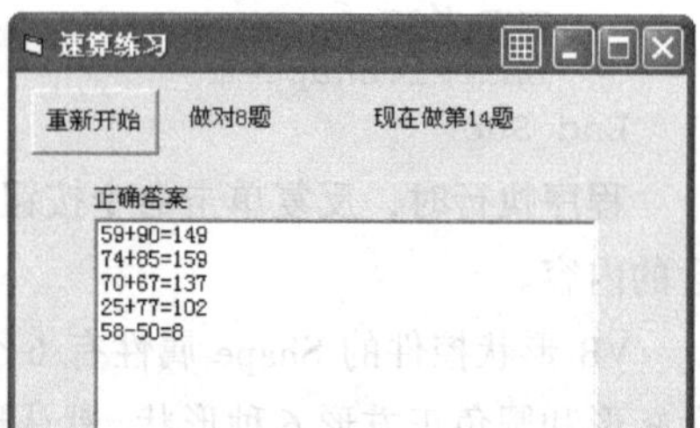

图 2-12-6　例 12-7 运行界面

【解】首先进行窗口设计：参照图 2-12-6，在窗体上添加 2 个命令按钮 Command1 和 Command2，分别对应“计算”和“重新开始”；添加一个列表框控件 List1 用于显示所有的题目和答案；添加 3 个文本框，其中 Text1 和 Text2 用于显示随机生成的两个运算数，Text3 用于输入计算结果；添加 5 个标签，其中 Label1 用于显示随机生成的运算符号（“+”或“-”），Label2 用于显示“=”号，Label3 用于显示“做对了几道题”，Label4 用于显示“现在正在做第几题”，Label5 用于显示“正确答案”。程序代码如下：

```
Dim k As Integer
Dim corcount As Integer
Dim allcount As Integer
Private Sub Command1_Click()
    If Label1.Caption="+" Then                  '根据实际运算符进行不同的处理
```

```
        If Val(Text3.Text)=Val(Text1.Text)+Val(Text2.Text) Then
            Call initn                              '重新初始化
            corcount=corcount+1                     '正确数加 1
        Else
            List1.AddItem(Text1.Text & Label1.Caption & Text2.Text & "=" &
                (Val(Text1.Text)+Val(Text2.Text)))
            Call initn
        End If
    Else
        If Val(Text3.Text)=Val(Text1.Text)-Val(Text2.Text) Then
            Call initn
            corcount=corcount+1
        Else
            List1.AddItem(Text1.Text & Label1.Caption & Text2.Text & "=" & _
                (Val(Text1.Text)-Val(Text2.Text)))
            Call initn
        End If
    End If
End Sub
Private Sub Command2_Click()
    allcount=0
    corcount=0
    Timer1.Enabled=True
    Timer2.Enabled=True
    Command2.Enabled=False
    Command1.Enabled=True
    Text3.Enabled=True
    Call initn
End Sub
Private Sub Form_Activate()
    Timer1.Enabled=True
    Call initn
End Sub
Sub initn()
    k=0
    Dim a As Integer
    Dim b As Integer
    Dim t As Integer
    Dim j As Integer
    Randomize                                       '随机数据初始化
    allcount=allcount+1                             '总题目计数
    Do
        a=Int(Rnd()*100)
        b=Int(Rnd()*100)
        j=Int(Rnd()*101)
        If j Mod 2=1 Then                           '根据 j 的奇偶性来产生+、-
            Label1.Caption="+"
        Else
            Label1.Caption="-"                      '在做减法时应该避免减的结果为负数
            If b>a Then
                t=a
```

```
                a=b
                b=t
              End If
           End If
        Loop While a=0 Or b=0          '避免有一个数据为 0 值
        Text1.Text=a
        Text2.Text=b
        Text3.Text=""
        Text3.SetFocus
        Label4.Caption=" 现在做第" & allcount & "题"
        Label3.Caption="做对" & corcount & "题"
    End Sub
    Private Sub Text3_KeyPress(KeyAscii As Integer)
        If KeyAscii=13 Then
           Call Command1_Click
        End If
    End Sub
    Private Sub Timer1_Timer()
        Static i As Integer
        i=i+1
        If i=120 Then
           i=0
           Timer1.Enabled=False
           Timer2.Enabled=False
           Text3.Enabled=False
           Command1.Enabled=False
           Command2.Enabled=True
        End If
    End Sub
    Private Sub Timer2_Timer()
        Dim tmpstr As String
        k=k+1
        If(k=10) Then
           Text3.Text=-1
           Call Command1_Click
           Call initn
        End If
    End Sub
```

【例 12-8】单选按钮练习。设计一个选择题答题界面，程序运行界面如图 2-12-7 所示，其中标签 Label1 用于显示题目；单选按钮控件 Option1 是一个控件数组，Option1(0)～Option1(3)分别对应 4 个选项 A～D；文本框控件 Text1 用于显示当前的选项，如果在 Option1 中选择了某一选项，对应的字母（A～D）应出现在 Text1 中，反之，如果在 Text1 中输入了选项（A～D），则对应的 Option1 被选中；命令按钮 Command1 对应“检查”按钮，当单击该按钮时，检查当前选项是否正确。对于本例的题目，选择 C 为正确答案。

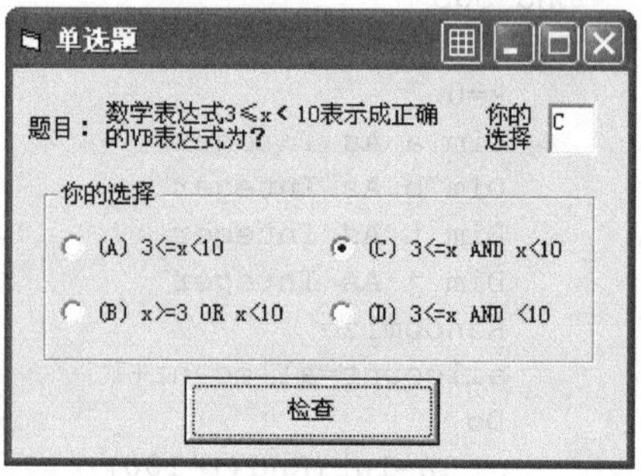

图 2-12-7　单选试题

【解】程序代码如下：

```
    Private Sub Command1_Click()
```

```
    If Option1(2).Value=True Then          'C是正确答案
        MsgBox "OK"
    Else
        MsgBox "你的选择不正确"
    End If
End Sub
'根据所选的Option1，将对应的选择项（A~D）赋给Text1显示
Private Sub Option1_Click(Index As Integer)
    Select Case Index
        Case 0
            Text1.Text="A"
        Case 1
            Text1.Text="B"
        Case 2
            Text1.Text="C"
        Case 3
            Text1.Text=D"
    End Select
End Sub
'数据有效性检查，如果输入的是A~D，选择对应Option1，否则提示错误
Private Sub Text1_Validate(Cancel As Boolean)
    Text1.Text=UCase(Text1.Text)
    Select Case Text1.Text
        Case "A"
            Option1(0).Value=True
        Case "B"
            Option1(1).Value=True
        Case "C"
            Option1(2).Value=True
        Case "D"
            Option1(3).Value=True
        Case Else
            MsgBox "你的输入不正确"
            Cancel=True
    End Select
End Sub
```

本例是一个与计算机自动评分程序非常接近的例子，它是客观题成绩评定的核心。通过这段程序，读者可自行编写一个判断选择题的程序。

【例 12-9】复选框的使用。程序运行界面如图 2-12-8 所示，根据要求，随机生成相应的数字。其中“要求 1”和“要求 2”框架分别使用了两个复选框的控件数组 Check1(0)、Check1(1)和 Check2(0)、Check2(1)。

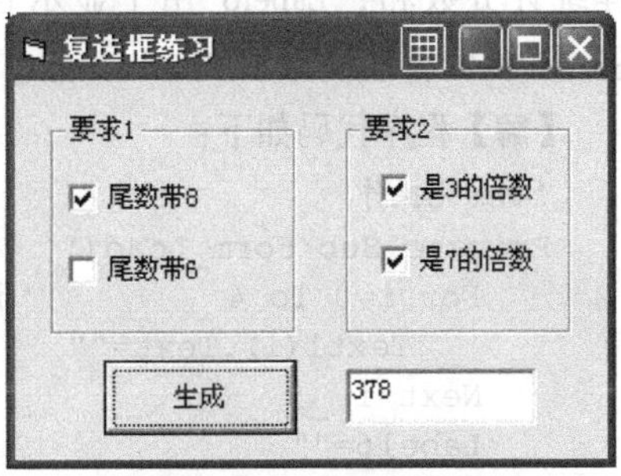

图 2-12-8　复选框的使用

【解】程序代码如下：

```
' “要求 1”框架的复选框只能有一个被选中
Private Sub Check1_Click(Index As Integer)
    If Index=0 Then
        If Check1(0).Value=1 Then
```

```
            Check1(1).Value=0
        End If
    Else
        If Check1(1).Value=1 Then
            Check1(0).Value=0
        End If
    End If
End Sub
Private Sub Command1_Click()
    Dim num As Integer
    Randomize
    Do
        num=Rnd()*1000
    Loop While Not ok(num)                        '当不满足要求就重新产生
    Text1.Text=num
End Sub
'ok 函数的功能：检查数据是否符合要求，符合返回 True，否则返回 False
Function ok(a As Integer) As Boolean
    ok=True
    If Check1(0).Value=1 Then
        ok=((a Mod 10)=8)                         '尾数是 8 则为真
    ElseIf Check1(1).Value=1 Then
        ok=((a Mod 10)=6)                         '尾数是 6 则为真
    End If
    If Check2(0).Value=1 Then
        ok=ok And ((a Mod 3)=0)                   '是 3 的倍数
    End If
    If Check2(1).Value=1 Then
        ok=ok And ((a Mod 7)=0)                   '是 7 的倍数
    End If
End Function
```

【例 12-10】学生成绩统计。程序运行界面如图 2-12-9 所示。根据输入的成绩及复选框的选择情况，计算合计分数。其中文本框为控件数组，Text1(0)～Text1(4)分别对应各门课程的分数；检查框也是控件数组，Check1(0)～Check1(4)分别对应选择的某门课程；“合计”按钮 Command1 根据所选的课程统计分数和；Label6 用于显示合计的分数，该标签的 BorderStyle 属性设为 1-Fixed Single。

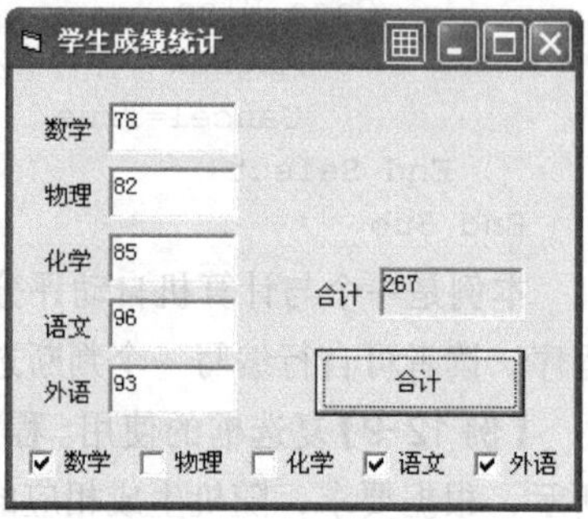

图 2-12-9　成绩统计

【解】程序代码如下：

```
'初始化操作
Private Sub Form_Load()
    For i=0 To 4                 '清空文本框
        Text1(i).Text=""
    Next i
    Label6=""
End Sub
'数据有效性检查
```

```
Private Sub Text1_LostFocus(Index As Integer)
   a=Val(Text1(Index).Text)
   If a<0 Or a>100 Or Not IsNumeric(Text1(Index).Text) Then
       MsgBox "成绩不能在0和100之外或成绩不是数字"
       Text1(Index).Text=""
       Text1(Index).SetFocus
   End If
End Sub
'统计成绩
Private Sub Command1_Click()
   s=0
   For i=0 To 4
       If Check1(i).Value=Checked Then                  '如果复选框被选中
          s=s+Val(Text1(i).Text)                        '对应文本框中成绩求和
       End If
   Next i
   Label6=s
End Sub
```

程序中用到了文本框控件数组和复选框控件数组，且两个数组相关元素彼此对应，使编制的程序更加简洁。

四、练习题

1. 单项选择题

（1）在列表框中，当前被选中的表项的索引是由（　　）属性表示的。

A. List　　B. ListCount　　C. ListIndex　　D. Index

（2）将字符串"VisualBasic"添加到列表框的最后，可使用（　　）语句。

A. List1.AddItem "VisualBasic", List1.ListCount-1

B. List1.AddItem "VisualBasic", List1.ListCount

C. List1.AddItem "VisualBasic", List1.ListIndex

D. List1.AddItem "VisualBasic", 0

（3）列表框控件中的表项内容是通过（　　）属性设置的。

A. Name　　B. Caption　　C. List　　D. Text

（4）引用列表框 List1 最后一个数据项应使用（　　）语句。

A. List1.List(List1.ListCount)　　B. List1.List(List1.ListCount-1)

C. List1.List(ListCount)　　D. List1.List(ListCount-1)

（5）在 VB 窗体中创建单选按钮组，正确的做法是（　　）。

A. 先创建若干个单选按钮组，然后再创建框架，放在单选按钮组上

B. 先分别创建若干个单选按钮组和框架，然后将单选按钮组拖到相应框架中

C. 先创建框架，然后在框架中创建若干个单选按钮组

D. 以上方法均可

（6）在运行状态下将 C 盘下的图片文件 a1.jpg 装入到图片框控件 Pic1 中进行显示，应使用下列（　　）语句。

A. Pic1.Picture=C:\a1.jpg　　B. Pic1.Picture=LoadPicture(a1.jpg)

C. Pic1.Picture=LoadPicture("C:\a1.jpg")　　D. 以上都不正确

（7）当拖动滚动条时，将触发（　　）事件。

A. Move　　B. Change　　C. Scroll　　D. SetFocus

（8）用户在组合框中输入文本或选择表项后，该内容可以从（　　）属性中获得。

A. List　　B. ListIndex　　C. ListCount　　D. Text

（9）将数据项“Beijing”添加到列表框 List1 中成为第一项，应使用（　　）语句。

A. List1.AddItem "Beijing", 0　　B. List1.AddItem "Beijing",1

C. List1.AddItem,0,"Beijing"　　D. List1.AddItem,1,"Beijing"

（10）执行下列程序后，列表框 List1 中的数据项为（　　）。

```
Private Sub Command1_Click()
    Dim i As Integer
    For i=1 To 6
       List1.AddItem i
    Next i
    For i=1 To 3
       List1.RemoveItem i
    Next i
End Sub
```

A. 1，5，6　　B. 2，4，6　　C. 4，5，6　　D. 1，3，5

（11）如果列表框 List1 中没有被选定的项目，则执行 List1.RemoveItem List1.ListIndex 语句的结果是（　　）。

A. 移去第一项　　B. 移去最后一项

C. 移去最后加入列表的一项　　D. 以上都不对

（12）如果列表框 List1 中只有一个项目被用户选定，则执行 Debug.Print List1.Selected(List1.ListIndex)语句的结果是（　　）。

A. 在 Debug 窗口输出被选定项目的索引值

B. 在 Debug 窗口输出 True

C. 在窗体上输出被选定项目的索引值

D. 在窗体上输出 True

（13）当程序运行时，在窗体上单击，以下（　　）事件是窗体不会接收到的。

A. MouseDown　　B. MouseUp　　C. Load　　D. Click

2. 填空题

（1）完成一个字体设置程序的设计，要求分别单击 3 个组合框的列表项时，都能实现对标签控件 Label1 的 Caption 属性“VB 程序设计”的字体设置。程序启动后，组合框 Combo3 的文本框显示为 12，对 Combo3 的相关属性做合理设置。

```
Private Sub Form_Load()    '给组合框 Combo3 中添加字号
    Dim i As Integer
    For i=4 To 72 Step 4
       Combo3.AddItem Str(i)
    Next i
```

```
End Sub
Private Sub Combo1_Click()  '选择并设置字体
  _____①_____
End Sub
Private Sub Combo2_Click()  '选择并设置字形
   Select Case _____②_____
      Case "常规"
         Label1.FontBold=False
         Label1.FontItalic=False
      Case "斜体"
         Label1.FontBold=False
         Label1.FontItalic=True
      Case "粗体"
         Label1.FontBold=True
         Label1.FontItalic=False
      Case "粗体斜体"
         _____③_____
         _____④_____
   End Select
End Sub
Private Sub Combo3_Click()  '选择并设置字号
  _____⑤_____
End Sub
```

（2）下列程序段的功能是交换图 2-12-10 所示的两个列表框中的项目。当双击某个项目时，该项目从本列表框中消失，并出现在另一个列表框中。列表框 1 和列表框 2 的名称分别为 List1 和 List2。

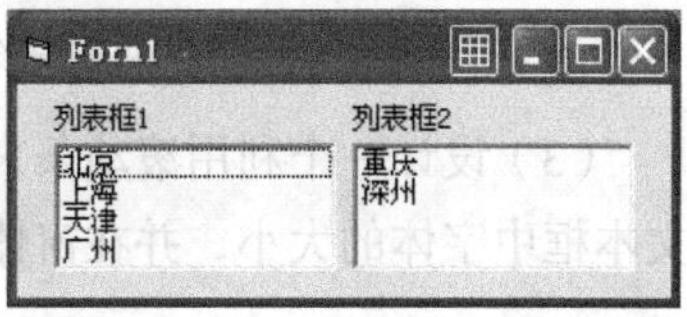

图 2-12-10　列表框内容交换

```
Private Sub Form_Load()
   List1.AddItem="北京"
   List1.AddItem="上海"
   List1.AddItem="天津"
   …
End Sub
Private Sub List1_DblClick()
   List2.AddItem _____①_____
   ________②________
End Sub
Private Sub List2_DblClick()
   ________③________
   _____④_____List2.ListIndex
End Sub
```

3．编程题

（1）通过单选按钮和复选框控制文字的显示。程序窗口如图 2-12-11 所示。其中大、中、小 3 种字号由读者自己选定。

（2）利用列表框显示学生的籍贯，并可以添加列表项。程序界面如图 2-12-12 所示。

选择列表框中的学生姓名，在籍贯处显示该学生的籍贯，如图 2-12-12（a）所示；单击“添加”按钮，出现输入学生姓名文本框，并且按钮上的文字变为“确定”，如图 2-12-12（b）所示。此时输入姓名，并输入籍贯，单击“确定”按钮，可将项目添加到列表框中。

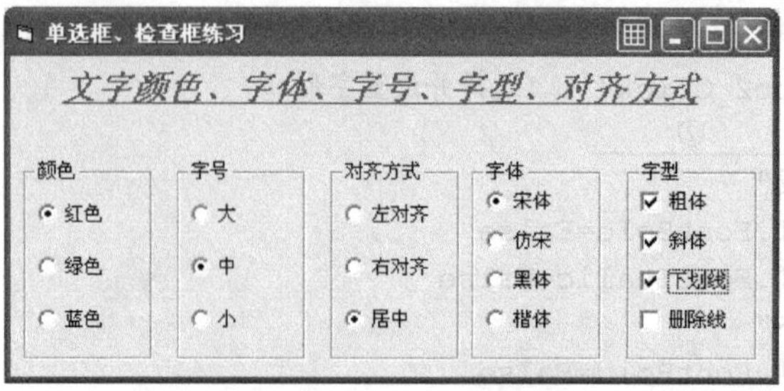

图 2-12-11　控制文字显示的程序窗口

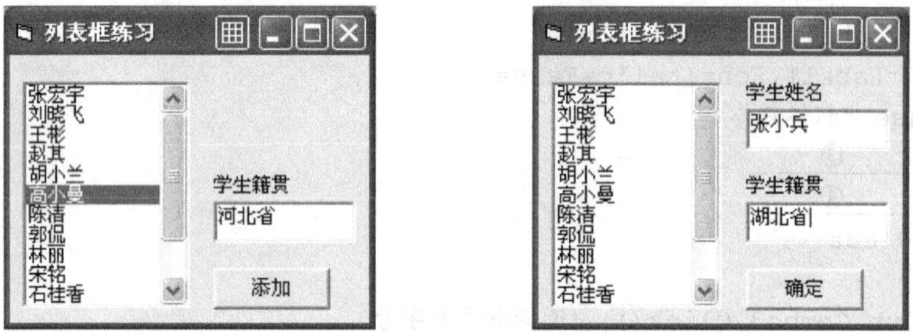

（a）　　（b）

图 2-12-12　利用列表框显示学生籍贯程序窗口

提示：为了使学生与籍贯对应，应声明一个数组，在数组中与列表框对应保存各学生的籍贯。由于可以向列表框中添加项目，数组应是动态数组。在初始状态，用于输入的文本框的 Visible 属性应为 False，当单击添加按钮时才将其设为可见。

（3）设计一个利用滚动条来调节字体大小的程序。从组合框中选择字体，通过滚动条来调节文本框中字体的大小，并在窗体上的文本框中显示出字体的大小，如图 2-12-13 所示。

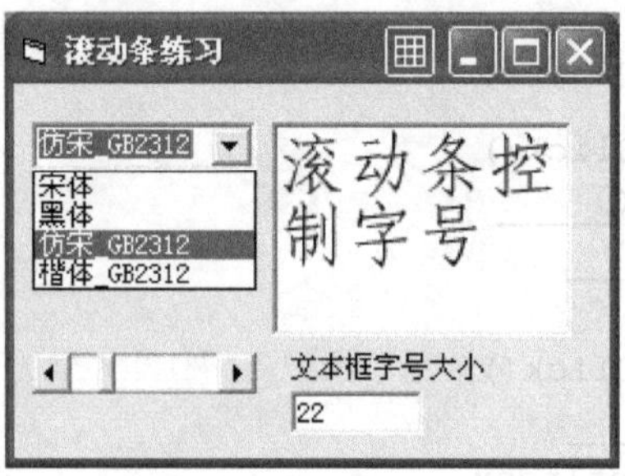

图 2-12-13　滚动条示例

4．讨论题

（1）在对一组单选按钮编程时，如果将一个单选按钮的 Value 属性设为 True，是否一定将同组的其他单选按钮的 Value 属性都设为 False?

（2）如果需要在同一窗体中建立几组相互独立的单选按钮，需要什么样的控件将其分组？其操作方法是怎样的?

（3）在列表框的操作中，如何获得用户当前选择的列表项？

（4）在程序代码中，利用什么方法可以添加或删除列表框中的项目？如何对列表框中的项目进行访问？

实验 13　VB 的 ActiveX 控件

一、实验目的

（1）了解 ActiveX 控件及可插入对象的一般操作方法。

（2）了解常用 ActiveX 控件的编程方法。

二、相关知识

为了编制复杂的应用程序，VB 在 20 个基本控件的基础上提供了大量的 ActiveX 控件和可插入对象，它们可以添加到工具箱中，然后像标准控件一样使用。

通过“部件”对话框可以方便地将已经注册的 ActiveX 控件、设计器和可插入对象添加到工具箱中；对于还未注册的 ActiveX 控件，也可以通过“部件”对话框中的“浏览”按钮，找到 ActiveX 控件文件，然后将其注册并添加到工具箱中。

三、实验举例

【例 13-1】通过进度条了解 ActiveX 控件的一般操作方法。

【解】选择“工程”→“部件”命令，或在工具箱中右击，在弹出的快捷菜单中选择“部件”命令，弹出图 2-13-1 所示的“部件”对话框。在“部件”对话框中选择“控件”选项卡，在其中选中 Microsoft Windows Common Controls 6.0 复选框后单击“确定”按钮，工具箱中即出现一组 ActiveX 控件，如图 2-13-2 所示。

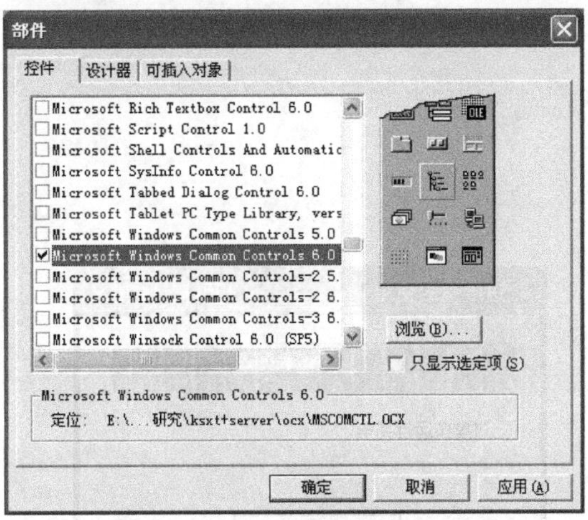

图 2-13-1　“部件”对话框

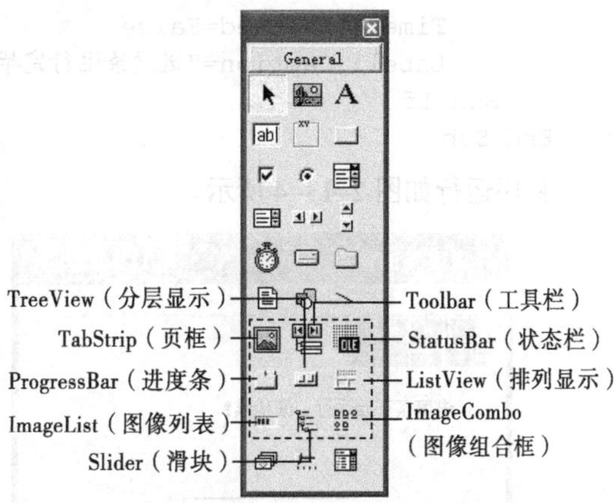

图 2-13-2　添加了 ActiveX 控件的工具箱

在窗体上依次建立一个进度条控件、一个标签控件、一个命令按钮和一个时钟控件，如图 2-13-3 所示。进度条控件的 Max 属性为 100，Min 属性为 0；时钟控件的 Interval 属性为 100。

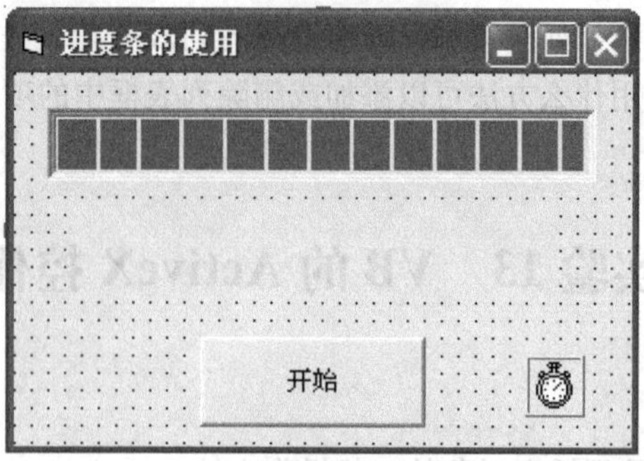

图 2-13-3　进度条示例设计窗口

依次对各控件编写事件过程代码，程序如下：

```
Dim i As Integer
'初始化设置，标签设为不可见；时钟设为不可操作；进度条的初始值设为 0
Private Sub Form_Load()
    Label1.Visible=False
    Timer1.Enabled=False
    ProgressBar1.Value=0
End Sub
'标签设为可见，赋值“进度条开始运行，请稍候！”，时钟设为可操作
Private Sub Command1_Click()
    Label1.Visible=True
    Label1.Caption="进度条开始运行，请稍候！"
    Timer1.Enabled=True
End Sub
'每隔 100 ms，触发 Timer 事件，将变量 i 加 1 并赋值给进度条，直到 i 为 100
Private Sub Timer1_Timer()
    If i<100 Then
        i=i+1
        ProgressBar1.Value=i
    Else
        i=0
        Timer1.Enabled=False
        Label1.Caption="进度条运行完毕"
    End If
End Sub
```

程序运行如图 2-13-4 所示。

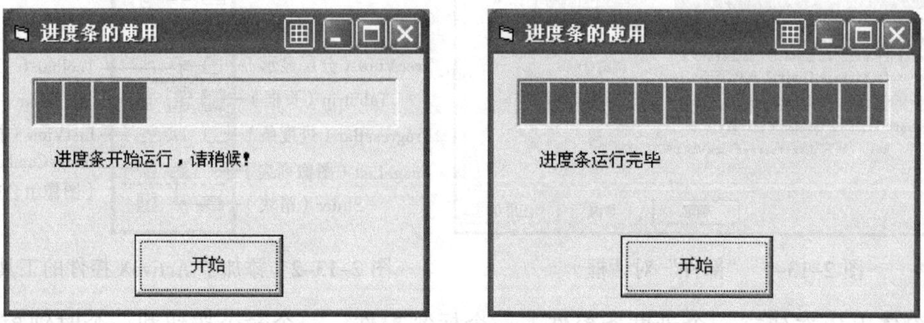

图 2-13-4　进度条示例运行窗口

【例 13-2】工具栏和状态栏。

【解】在窗体上插入 ImageList 控件和 ToolBar 控件，其默认名称为 ImageList1 和 Toolbar1。右击 ImageList1，在弹出的快捷菜单中选择“属性”命令，弹出“属性页”对话框，如图 2-13-5 所示。在“属性页”对话框中选择“图像”选项卡，然后单击“插入图片”按钮，在 VB98\Controls 目录下选择 spade.ico 文件，并在“关键字”文本框中输入 spade；依此类推，将 heart.ico、diamond.ico、club.ico 四个图标插入到 ImageList1 中，并将其各自的关键字设为 heart、diamond、club，插入图片后的效果如图 2-13-5 所示。设置完毕后，单击“确定”按钮，关闭该对话框。

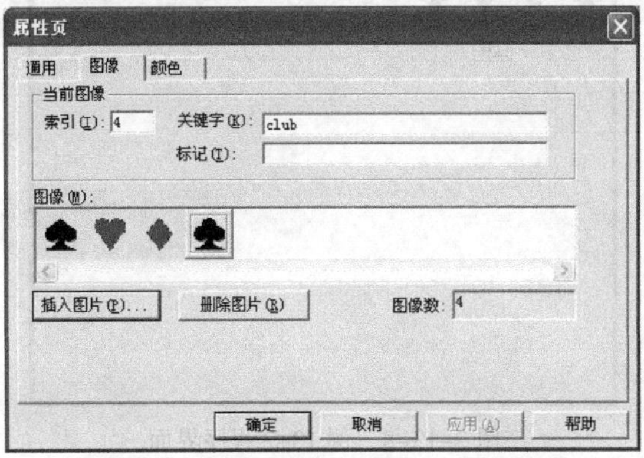

图 2-13-5 ImageList “属性页”对话框

右击 ToolBar1，在弹出的快捷菜单中选择“属性”命令，弹出“属性页”对话框，如图 2-13-6 所示。在“属性页”对话框中选择“通用”选项卡，将“图像列表”选项设为 ImageList1；选择“按钮”选项卡，单击“插入按钮”按钮，在“图像”文本框中输入 club，并在“工具提示文本”文本框中输入“草花”，如图 2-13-7 所示。依次重复上面的操作，直到把 ImageList1 控件上的 4 个图标都显示在 ToolBar 控件上，使得程序的最后执行效果如图 2-13-8 所示。

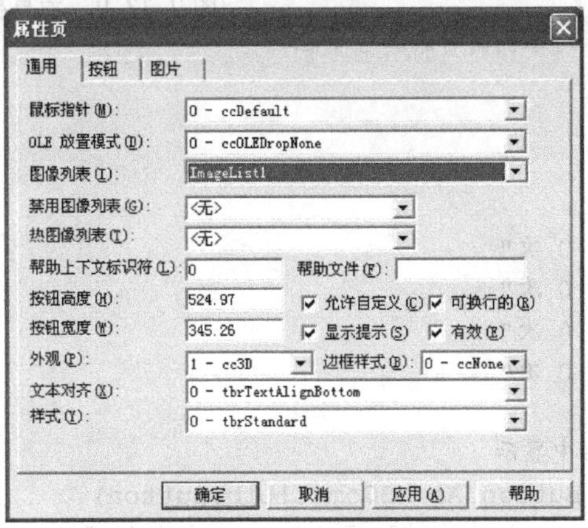

图 2-13-6 “通用”选项卡

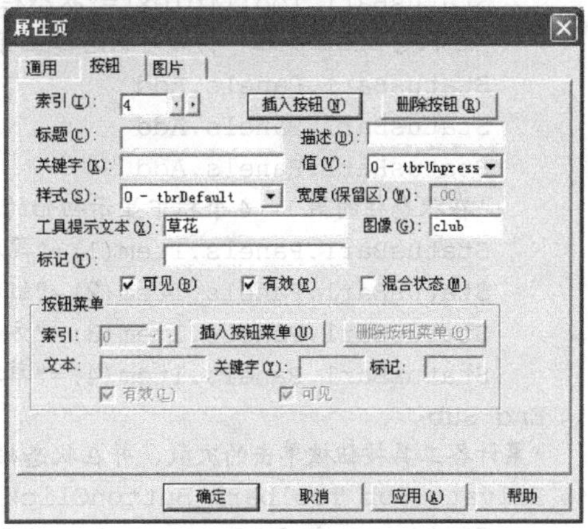

图 2-13-7 “按钮”选项卡

为程序添加如下形式的代码：

```
Private Sub Toolbar1_ButtonClick(ByVal Button As MSComctlLib.Button)
    If Button.Index=1 Then
        MsgBox "你点的是黑桃"
    ElseIf Button.Index=2 Then
```

```
        MsgBox "你点的是红桃"
    ElseIf Button.Index=3 Then
        MsgBox "你点的是方片"
    Else
        MsgBox "你点的是草花"
    End If
End Sub
```

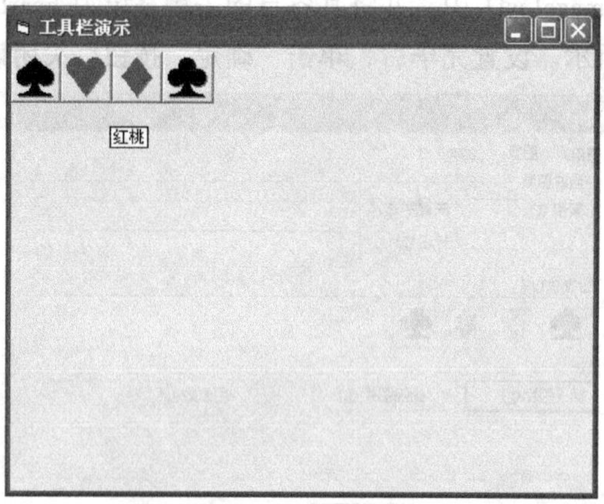

图 2-13-8　例 13-2 程序界面

运行程序，分别单击 4 个工具栏按钮，会弹出信息框，给出相应提示，如图 2-13-9 所示。

为了统计单击工具栏按钮的次数，希望通过状态栏显示各按钮被单击的次数，继续修改上例，在窗体中加上 StatusBar 控件，然后重新编写 ToolBar 的 Click 事件代码，并增加 Form 的 Activate 事件代码，如下所示：

图 2-13-9　消息框

```
Private Sub Form_Activate()
    Toolbar1.ToolTipText="工具栏"
    StatusBar1.ToolTipText="状态栏"
    '在状态栏上添加栏，初始时状态栏上有一个栏，对本例需再添加 3 个栏
    StatusBar1.Panels.Add
    StatusBar1.Panels.Add
    StatusBar1.Panels.Add
    '在状态栏的第 1～4 个栏中显示初始的文字
    StatusBar1.Panels.Item(1)="黑桃被点击 0 次"
    StatusBar1.Panels.Item(2)="红桃被点击 0 次"
    StatusBar1.Panels.Item(3)="方片被点击 0 次"
    StatusBar1.Panels.Item(4)="草花被点击 0 次"
End Sub
'累计各工具按钮被单击的次数，并在状态栏的相应栏中显示
Private Sub Toolbar1_ButtonClick(ByVal Button As MSComctlLib.Button)
    Static spade As Integer, heart As Integer, diamond As Integer, club As Integer
    If Button.Index=1 Then
        spade=spade+1
        StatusBar1.Panels.Item(1)="黑桃被点击 " & spade & " 次"
    ElseIf Button.Index=2 Then
        heart=heart+1
        StatusBar1.Panels.Item(2)="红桃被点击 " & heart & " 次"
```

```
        ElseIf Button.Index=3 Then
            diamond=diamond+1
            StatusBar1.Panels.Item(3)="方片被点击 " & diamond & " 次"
        Else
            club=club+1
            StatusBar1.Panels.Item(4)="草花被点击 " & club & " 次"
        End If
    End Sub
```

程序运行结果如图 2-13-10 所示。

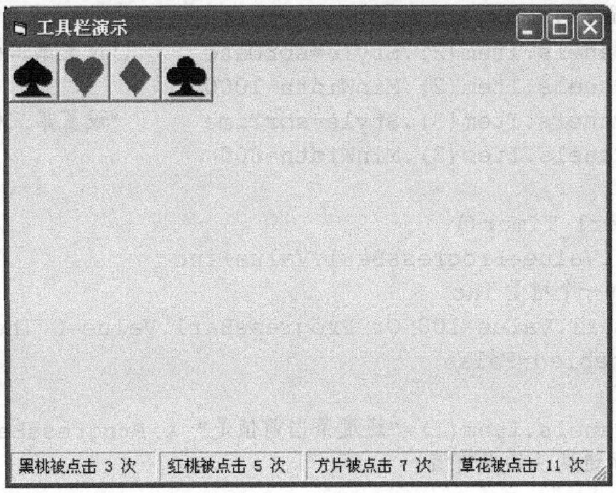

图 2-13-10　例 13-2 程序运行结果

【例 13-3】工具栏、状态栏和进度条的综合应用。

【解】在窗体上插入 ImageList1 控件、ToolBar1 控件和 StatusBar1 控件。在 ImageList1 中设置两个指向图标和一个停止图标，指向图标指出进度条的行进方向，停止图标使进度条中途停止。图标文件分别为：

Common\Graphics\Icons\Arrows\point04.ico

Common\Graphics\Icons\Arrows\point02.ico

Common\Graphics\Icons\Computer\msgbox01.ico

设计结果如图 2-13-11 所示。ImageList 控件和 ToolBar 控件的设置方法参见例 13-2。

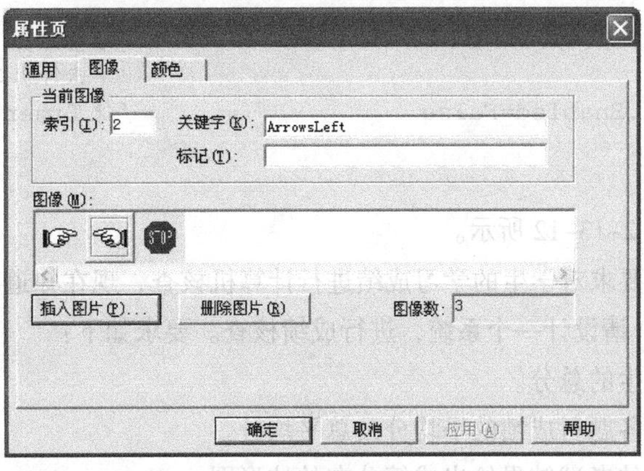

图 2-13-11　例 11-3 属性页界面

在窗体上创建一个进度条控件和 Timer 控件。进度条控件的 Min 为 0，Max 为 100；Timer 的 Interval 为 100，Enabled 为 False。

编制程序如下：

```
Dim inc As Integer                                      '设置 inc 为增量变量
Private Sub Form_Load()
    StatusBar1.Panels.Add                               '在状态栏中添加一个新栏
    StatusBar1.Panels.Add
    StatusBar1.Panels.Item(1).MinWidth=2500            '设置第一栏的宽度
StatusBar1.Panels.Item(1)="进度条当前值是" & ProgressBar1.Value
'设置第一栏中初始显示的内容
    StatusBar1.Panels.Item(2).Style=sbrDate            '设置第二栏为日期
    StatusBar1.Panels.Item(2).MinWidth=1000
    StatusBar1.Panels.Item(3).Style=sbrTime            '设置第三栏为时间
    StatusBar1.Panels.Item(3).MinWidth=800
End Sub
Private Sub Timer1_Timer()
    ProgressBar1.Value=ProgressBar1.Value+inc
    '进度条每次增加一个增量 inc
    If ProgressBar1.Value=100 Or ProgressBar1.Value=0 Then
        Timer1.Enabled=False
    End If
    StatusBar1.Panels.Item(1)="进度条当前值是" & ProgressBar1.Value
    '在第一栏中显示进度条的当前值
End Sub
Private Sub Toolbar1_ButtonClick(ByVal Button As MSComctlLib.Button)
    Select Case Button.Index
        Case 1                                          '单击向右工具按钮
          Timer1.Enabled=True
          If ProgressBar1.Value=100 then                '如果进度条正好走到头
             ProgressBar1.Value=0                       '则进度条重新开始
          End If
          inc=1                                         '增量为正，进度条从当前位置向右走
        Case 2                                          '单击向左工具按钮
          Timer1.Enabled=True
          If ProgressBar1.Value=0 then                  '如果进度条正好反走到头
             ProgressBar1.Value=100                     '则进度条重新从满格开始
          End If
          inc=-1                                        '增量为负，进度条从当前位置向左走
        Case 3                                          '单击停止工具按钮
          Timer1.Enabled=False                          '使 Timer 失效，进度条停下来
    End Select
End Sub
```

程序执行结果如图 2-13-12 所示。

【例 13-4】某高校要求对学生的学习成绩进行计算机核查，现在知道某课程考卷由 5 道大题组成，每题均为 20 分，请设计一个系统，进行成绩核查。要求如下：

（1）能够给出该学生的总分。

（2）能够给出学生各题目成绩的平均分及总平均分。

（3）能够根据学生的考试结果给出成绩分布的柱形图。

（4）能够按照学生的某题目成绩或总成绩进行升序或降序排序。

（5）通过在 ListView 中的选择情况，能够在状态栏中显示当前具体状态。

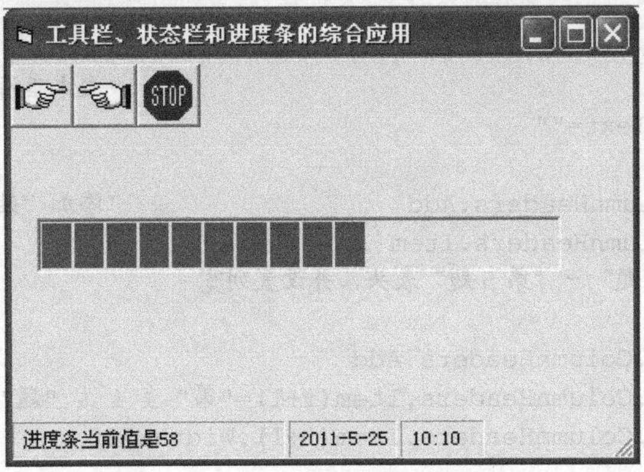

图 2-13-12　例 13-3 程序运行结果

【解】根据上述要求，在工程中建立两个窗体 Form1 和 Form2，其中 Form1 用于输入成绩、列表显示成绩等，如图 2-13-13 所示；Form2 以柱形图方式显示学生分数分布情况。

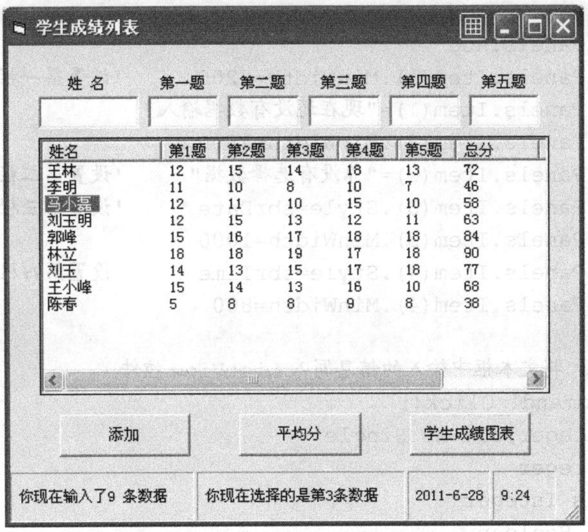

图 2-13-13　单击“添加”按钮结果

在 Form1 窗体上依次建立标签控件数组 Label1(0)～Label1(5)，用于显示姓名及第几题的信息；文本框控件数组 Text1(0)～Text1(5)，用于输入姓名及 5 个题的分数；3 个命令按钮 Command1～Command3，对应“添加”、“平均分”和“学生成绩图表”；一个 ListView 控件，用于列表显示学生的成绩信息；一个 StatusBar 控件，用于显示一些操作状态信息。

在 Form2 窗体上添加两个 Line 控件，用于画出 X、Y 轴；为了表现出柱图的形式，建立一个标签控件数组 Label1，通过在程序中设置 Label1(0)～Label1(5)不同的高度来表示各分数段的人数。

模块代码如下：

```
'定义全局数组变量 deng，利用 deng(0)～deng(5)分别累计各分数段的人数
```

```
Public deng(5) As Integer
```

Form1 中的代码如下：

```
'初始化
Private Sub Form_Load()
    For i=0 To 5                                              '文本框清空
        Text1(i).Text=""
    Next
    ListView1.ColumnHeaders.Add                               '添加“姓名”表头
    ListView1.ColumnHeaders.Item(1) = "姓名"
    '依次添加“第 1 题” ~ “第 5 题”表头，并设置列宽
    For i=1 To 5
        ListView1.ColumnHeaders.Add
        ListView1.ColumnHeaders.Item(i+1)="第" & i & "题"
        ListView1.ColumnHeaders.Item(i+1).Width=700
    Next i
    ListView1.ColumnHeaders.Add                               '添加“总分”表头
    ListView1.ColumnHeaders.Item(7)="总分"
    ListView1.ColumnHeaders.Item(7).Width=1000
    StatusBar1.Panels.Add                                     '在状态栏中添加栏
    StatusBar1.Panels.Add
    StatusBar1.Panels.Add
    StatusBar1.Panels.Item(1).MinWidth=2200                   '设置第一栏的宽度
    StatusBar1.Panels.Item(1)="现在还没有数据输入"
    StatusBar1.Panels.Item(2).MinWidth=2500
    StatusBar1.Panels.Item(2)="你没有选择数据"                  '设置第二栏为选择提示
    StatusBar1.Panels.Item(3).Style=sbrDate                   '设置第三栏为日期
    StatusBar1.Panels.Item(3).MinWidth=1000
    StatusBar1.Panels.Item(4).Style=sbrTime                   '设置第四栏为时间
    StatusBar1.Panels.Item(4).MinWidth=800
End Sub
'单击“添加”按钮，将文本框中输入的信息写入 ListView 控件
Private Sub Command1_Click()
    Dim i As Integer,sum As Single
    Dim j As Integer
    'Static j As Integer
    Dim flag As Boolean
    Dim k As Integer
    flag=True
    For k=0 To 5                                              '进行数据检查
        If Text1(k)="" Then
            flag=False
            Exit For
        End If
    Next k
    If flag Then
        'j=j+1
        ListView1.ListItems.Add=Text1(0).Text
        j=ListView1.ListItems.Count                           '由 Count 属性得到项目数
        sum=0
```

```
        For i=1 To 5       '依次将Text中分数写入ListView，并累加到sum
           ListView1.ListItems.Item(j).SubItems(i)=Text1(i).Text
           sum=sum+Val(Text1(i).Text)
        Next i
        ListView1.ListItems.Item(j).SubItems(6)=sum
        '将1行的分数和写入总分字段
        For i=0 To 5                                 '文本框内容清空
           Text1(i).Text=""
        Next i
        StatusBar1.Panels.Item(1)="你现在输入了" & j & " 条数据"
     '在状态栏的第1栏中写入信息
     Else
        MsgBox "你现在数据没有输入完整,请输入完整后再插入"
        Text1(k).SetFocus
     End If
End Sub
'单击"平均分"按钮，计算各列数据的平均分，写入ListView最后一行(见图2-13-14)
Private Sub Command2_Click()
Dim k As Integer
Dim m As Integer,n As Integer
   Dim sum As Double
   Command1.Enabled=False
   Command2.Enabled=False
   ListView1.Sorted=False
   k=ListView1.ListItems.Count                    '保存行数到k(学生人数)
   ListView1.ListItems.Add(k+1)="平均分" 'ListView最后一行下添加平均分行
   '求各列的平均分
   For m=1 To 6
      sum=0
      For n=1 To k                                '纵向求每列的和(每一题的分数和)
         sum=sum+Val(ListView1.ListItems.Item(n).SubItems(m))
      Next n
      sum=sum/k                                   '每一列(每一题)的平均分
      ListView1.ListItems.Item(k+1).SubItems(m)=Int(sum*100+0.5)/100
        'ListView最后一行下加入平均分数据，并将平均分保留2位小数
   Next m
End Sub
'单击"学生成绩图表"按钮，绘制成绩柱形图(见图2-13-15)
Private Sub Command3_Click()
   Call tongji                                    '调用数据统计过程
   Form2.Show
   Command3.Enabled = False
End Sub
'数据统计过程
Sub tongji()
   Dim p As Integer
   For p=1 To ListView1.ListItems.Count-1
      Select Case Val(ListView1.ListItems.Item(p).SubItems(6))
      '分别统计各个分数段人数，将各分数段人数累计到deng(0)~deng(5)中
         Case Is<40
```

```
                deng(0)=deng(0)+1
            Case Is<60
                deng(1)=deng(1)+1
            Case Is<70
                deng(2)=deng(2)+1
            Case Is<80
                deng(3)=deng(3)+1
            Case Is<90
                deng(4)=deng(4)+1
            Case Is<=100
                deng(5)=deng(5)+1
        End Select
    Next p
End Sub
Private Sub Form_Activate()
    Text1(0).SetFocus
End Sub
'单击列表中的项目，将当前所选项目写入状态栏的第二栏
Private Sub ListView1_ItemClick(ByVal Item As MSComctlLib.ListItem)
    StatusBar1.Panels.Item(2)="你现在选择的是第" & _
                                ListView1.SelectedItem.Index & "条数据"
End Sub
Private Sub ListView1_LostFocus()
    StatusBar1.Panels.Item(2)="你没有选择数据"
End Sub
'输入姓名时数据有效性检验
Private Sub Text1_LostFocus(Index As Integer)
    If Index=0 Then Text1(0).Text=Trim(Text1(0).Text) '姓名处去掉空格
End Sub
'文本框数据有效性检验
Private Sub Text1_Validate(Index As Integer,Cancel As Boolean)
    If Index=0 Then
        If Trim(Text1(0).Text)="" Then
            MsgBox "请输入姓名"
            Cancel=True
        End If
    ElseIf Not IsNumeric(Text1(Index).Text) Or Val(Text1(Index).Text)<0 Or _
                                    Val(Text1(Index).Text)>20 Then
    '如果题目处输入的不是成绩或成绩范围不正确，提示出错
        MsgBox "输入成绩有误，请重新输入"
        Cancel=True
    End If
End Sub
'单击列表表头，进行排序
Private Sub ListView1_ColumnClick(ByVal ColumnHeader As _
                                    MSComctlLib.ColumnHeader)
    ListView1.SortKey=ColumnHeader.SubItemIndex
    If ListView1.SortOrder=lvwAscending Then
        ListView1.SortOrder=lvwDescending
```

```
        Else
            ListView1.SortOrder=lvwAscending
        End If
        ListView1.Sorted=True
        StatusBar1.Panels.Item(2)="你现在选择的是第" & _
                                ListView1.SelectedItem.Index & "条数据"
    End Sub
```

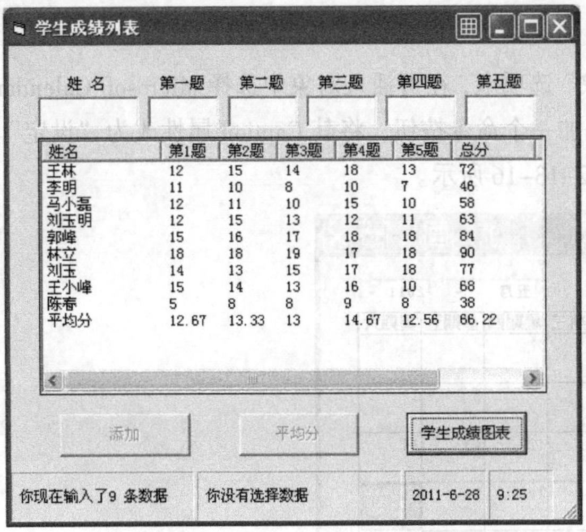

图 2-13-14 单击“平均分”按钮结果

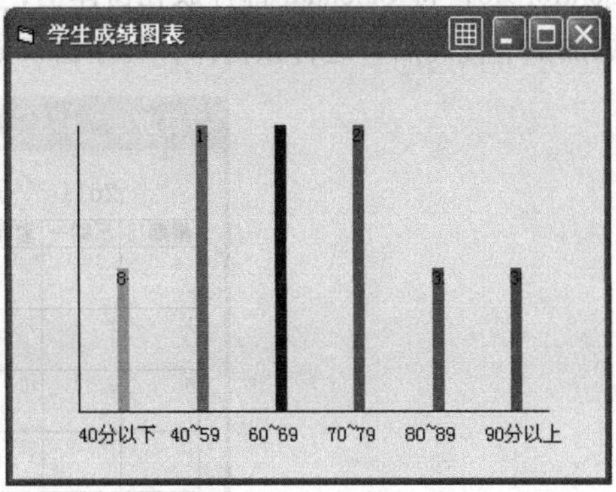

图 2-13-15 学生成绩图表

Form2 代码如下：

```
'初始化
Private Sub Form_Load()
    Dim sum As Integer
    Dim i As Integer
    Dim h As Integer
    Dim t As Integer
    Dim maxv As Integer
    h=Line2.Y2-Line2.Y1
    '利用 Line2（y 轴）的两个端点的纵坐标计算画图区域的最大高度
    t=Line1.Y1
    '利用 Line1（x 轴）的端点的横坐标计算画图区域的最大宽度
    For i=0 To 5                                        '计算标签的水平位置
        Label2(i).Left=840+i*600
    Next i
    maxv=deng(0)                                        '求 deng 数组的最大元素
    For i=0 To 5                                        '计算总数
        sum=sum+deng(i)
        If deng(i)>maxv Then
            maxv=deng(i)
        End If
    Next i
    If maxv=0 Then maxv=1                               '防止除 0 错误
    For i=0 To 5                                        '计算标签的高度
        Label2(i).Height=h*deng(i)/maxv
```

```
    Next i
    For i=0 To 5                              '计算标签的顶端位置
       Label2(i).Top=Line1.Y1-Label2(i).Height
    Next i
End Sub
Private Sub Form_Unload(Cancel As Integer)   '当关闭此窗口时产生此事件
    Form1.Command3.Enabled=True
End Sub
```

【例 13-5】“可插入对象”示例。

【解】在“部件”对话框中选择“可插入对象”选项卡，在可插入对象中选择 Microsoft Calendar Control 9.0，将 Calendar 部件放在窗体上，再添加一个命令按钮，将其 Caption 属性改为“设定”。添加如下代码后，运行该窗体，程序窗口如图 2-13-16 所示。

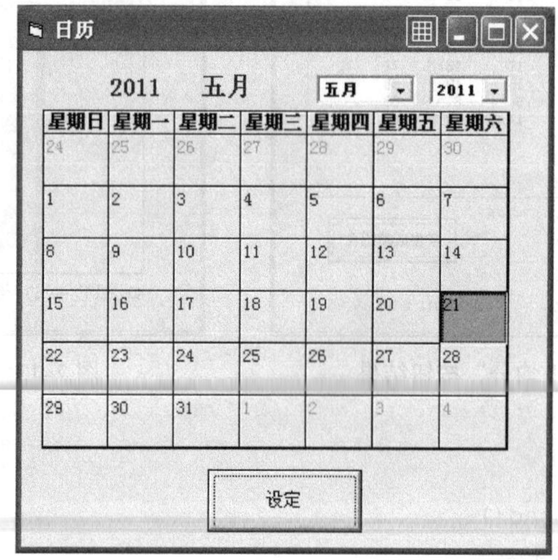

图 2-13-16 日历

```
Private Sub Command1_Click()
    Date()=Calendar1.Value
End Sub
Private Sub Form_Activate()
    Calendar1.Year=Year(Date)
    Calendar1.Month=Month(Date)
    Calendar1.Day=Day(Date)
End Sub
```

选择年份、月份和日期后，单击“设定”按钮，即可将机器的系统日期设置为选定的日期。

四、练习题

1. 程序设计题

（1）在窗体上建立 ImageList 和 ToolBar 控件，自己查找若干图标，加入到工具栏中，单击这些图标后，由信息框弹出特征文字。

（2）设计一个由滚动条控制进度条进程的程序。在窗体上建立一个滚动条和一个进度条，调节滚动条时，进度条随之变化。

2. 讨论题

（1）如果在“部件”对话框的“控件”选项卡中没有发现需要的 ActiveX 控件，如何将其注册并添加到工具箱中？

（2）如何在 ToolBar 控件中添加一个新的图标，当单击该图标时执行特定功能？

实验 14　VB 对话框设计

一、实验目的

（1）熟悉通用对话框的使用。

（2）熟悉对话框的设计。

二、相关知识

1. 通用对话框

在 VB 应用程序中，用户要对文件进行各种操作，如输入、输出、打开等，可以使用预定义对话框、通用对话框，还可以自定义对话框。其中通用对话框是常用的对话框。

通用对话框有 6 种标准对话框，分别是“打开”（Open）、“另存为”（Save As）、“颜色”（Color）、“字体”（Font）、“打印机”（Printer）和“帮助”（Help）对话框。

在应用程序中，如果要使用 CommonDialog 控件，应将其添加到窗体中并设置其属性。在运行过程中，当相应的方法被调用时，将显示一个对话框或是执行帮助引擎。在设计时，通用对话框控件以图标的形式显示在窗体中。调用不同对话框可以用对话框的 Action 属性，也可以用相应的方法，分别为：

（1）ShowOpen：显示“打开”对话框。

（2）ShowSave：显示“另存为”对话框。

（3）ShowColor：显示“颜色”对话框。

（4）ShowFont：显示“字体”对话框。

（5）ShowPrinter：显示“打印机”对话框。

（6）ShowHelp：显示“帮助”对话框。

2. 添加通用对话框到工具箱

通用对话框不是 VB 的标准控件，需要把通用对话框添加到工具箱，操作步骤如下：

（1）选择“工程”→“部件”命令，弹出“部件”对话框。

（2）在“部件”选项卡中选中 Microsoft Common Dialog Control 6.0 复选框。

（3）单击“确定”按钮。

这样就在工具箱中增加了“通用对话框”（Common Dialog）控件。

三、实验举例

【例 14-1】设计应用程序，窗口示意图如图 2-14-1 所示。

【解】具体如下：

1. 功能描述

当单击“打开”按钮时，弹出“打开”对话框，选择图像文件，并将其显示在 PictureBox 控件中；单击“清除”按钮时，PictureBox 中的图像被清除；单击“退出”按钮时，程序结束。

2. 编程步骤

（1）在工具箱中添加“通用对话框”控件。

（2）建立程序基本框架：

① 双击工具箱中的PictureBox控件，将该控件添加到Form1窗体中，并由系统命名为Picture1，该控件用于显示用户在“打开”对话框中选定的文件。

② 在 Form1 窗体中添加 3 个命令按钮 Command1、Command2 和 Command3，分别作为“打开图片”、“清除图片”和“退出”按钮。

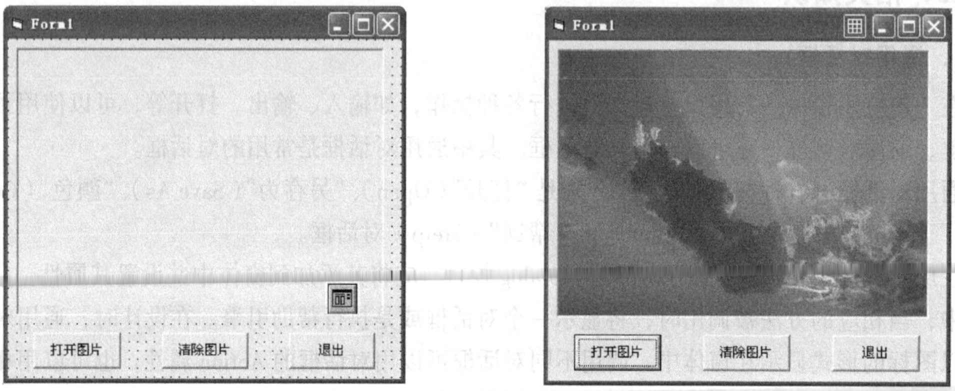

（a）窗体设计界面　　（b）运行效果图

图 2-14-1　例 14-1 窗口界面及运行效果

③ 双击工具箱中的 CommonDialog 控件，并将其添加到 Form1 中。

④ 编写程序代码：

```
'“打开”按钮的事件代码，设置CommonDialog1的属性及方法
Private Sub Command1_Click()
    On Error GoTo err1
    CommonDialog1.CancelError=True                    '避免对话框错误造成意外情况
    CommonDialog1.Filter="All Files(*.*)|*.*|BMP Files(*.BMP)|*.bmp|JPG _
                    Files(*.jpg)|*.jpg"               '设置对话框的文件过滤选项
    CommonDialog1.FilterIndex=1
    CommonDialog1.ShowOpen                            '以“打开”方式显示对话框
    Picture1.Picture=LoadPicture(CommonDialog1.FileName)
    err1:
    Exit sub
End Sub
'“清除”按钮的事件代码
Private Sub Command2_Click()
    Picture1.Picture=LoadPicture()
```

```
End Sub
'“退出”按钮的事件代码
Private Sub Command3_Click()
    End
End Sub
```

【例 14-2】设计应用程序，窗体界面如图 2-14-2 所示。

【解】具体如下：

1. 功能描述

当单击“字体”按钮时，弹出“字体”对话框，可选择需要的字体；当单击“颜色”按钮时，弹出“颜色”对话框，可选择需要的字体颜色。

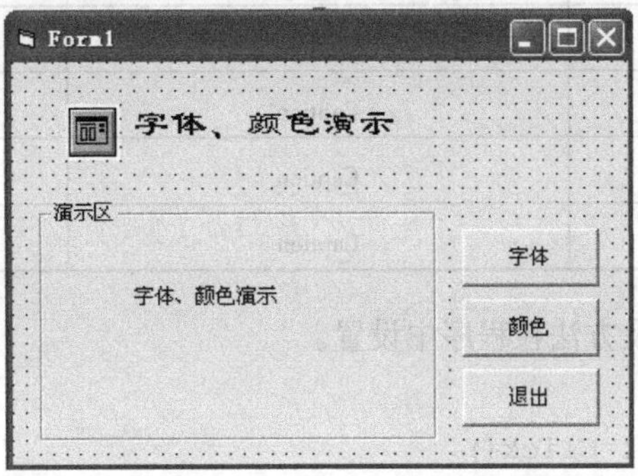

图 2-14-2　例 14-2 窗体界面

2. 分析

通过 CommonDialog 控件的 ShowFont 方法，显示“字体”对话框，选择字体、字形、字号后，通过 Font 属性的各个组成部分使演示区的 Label 控件以指定的字体将文字显示出来。Font 属性包括如下内容：

FontBold：是否选定“粗体”。

FontItalic：是否选定“斜体”。

FontStrikethru：是否选定删除线。

FontUnderline：是否选定下画线。

FontName：选定的字体名称。

FontSize：选定的字体大小。

通过 CommonDialog 控件的 ShowColor 方法，显示“颜色”对话框，选择合适的颜色后，通过 Color 属性改变 Label 控件字体的颜色。

3. 编程步骤

（1）添加通用对话框控件。

操作过程同例 14-1。

（2）建立程序框架。

① 在 Form1 窗体中添加一个 Frame 控件，划分出“演示区”，并命名为 Frame1。

② 在窗体的顶部添加一个名为 Label1 的控件，作为程序的标题；在 Frame1 中添加 Label2

控件，用于本程序的演示区，把该控件的标题文字按照“字体”对话框中选中的字体显示出来，字体颜色按照“颜色”对话框显示出来。

③ 将 CommonDialog 控件添加到窗体中。

④ 设置各控件的属性，如表 2-14-1 所示。

表 2-14-1 各控件的属性设置

控 件 名	控 件 属 性	属 性 值
Label1	Font	黑体、粗体、二号
	Caption	字体、颜色演示
Label2	Caption	字体、颜色演示
Command1	Caption	字体”
Command2	Caption	颜色
Command3	Caption	退出
Frame1	Caption	演示区

CommonDialog1 的属性及方法在程序中设置。

(3) 编写程序代码。

```
Private Sub Command1_Click()
On Error GoTo errHandler
   CommonDialog1.Flags=cdlCFBoth
   CommonDialog1.ShowFont
   Label2.FontBold=CommonDialog1.FontBold                    '选择是否为粗体
   Label2.FontItalic=CommonDialog1.FontItalic                '选择是否为斜体
   Label2.FontName=CommonDialog1.FontName                    '选择字体名称
   Label2.FontSize=CommonDialog1.FontSize                    '选择字体大小
   Label2.FontStrikethru=CommonDialog1.FontStrikethru        '是否用下画线
   Label2.FontUnderline=CommonDialog1.FontUnderline          '是否用删除线
   Label2.ForeColor=CommonDialog1.Color
errHandler:
   Exit Sub
End Sub

Private Sub Command2_Click()
On Error GoTo errHandler
   CommonDialog1.ShowColor
   Label2.ForeColor=CommonDialog1.Color
errHandler:
   Exit Sub
End Sub

Private Sub Command3_Click()                                 '“退出”按钮的事件过程
   End
End Sub
```

【例 14-3】利用通用对话框设计一个简单的文本编辑器，界面如图 2-14-3 所示。其中，文本编辑区由 RichTextBox 控件生成；“新建”、“打开”、“另存”、“字体”、“颜色”是一个命令按钮控件数组，它们分别完成文件的新建、打开、另存，文本的字体和颜色设置。

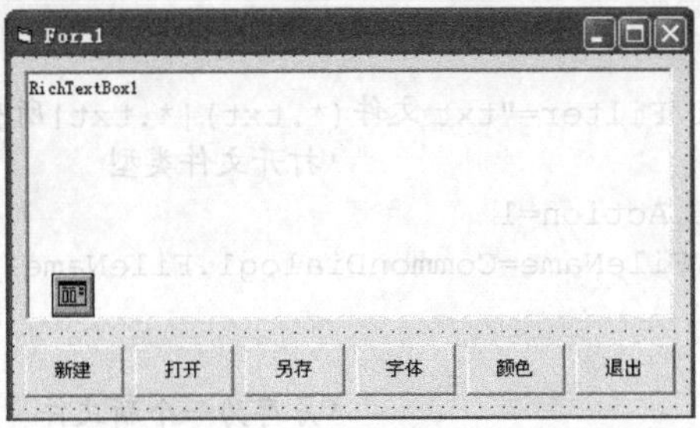

图 2-14-3　简单文本编辑器界面

【解】程序代码如下：

```
Private Sub Command1_Click(Index As Integer)
    Select Case Index
        Case 0
            Call fnew
        Case 1
            Call fopen
        Case 2
            Call fsave
        Case 3
            Call cfont
        Case 4
            Call ccolor
    End Select
End Sub
Sub fnew()
    Dim t As Integer
    '如果有操作，则提示用户是否放弃当前内容
    If Trim(RichTextBox1.Text) <> "" Then
        t=MsgBox("你是否要保存当前编辑",vbYesNo+vbInformation+vbDefaultButton2)
        If t=vbYes Then                         '如果选 yes 则先保存当前编辑的内容
            Call fsave
            RichTextBox1.Text=""                '再清空编辑区
        Else
            RichTextBox1.Text=""                '否则直接清空编辑区
        End If
    End If
End Sub
Sub fopen()                                     '打开一个新文件
    Dim t As Integer
    '如果有操作，则提示用户是否放弃当前内容
    If Trim(RichTextBox1.Text) <> "" Then
        t=MsgBox("你是否要放弃当前编辑",vbYesNo+vbInformation+vbDefaultButton2)
        If t=vbYes Then                         '如果选 yes 则放弃当前的编辑
```

```
            CommonDialog1.Filter="txt 文件(*.txt)|*.txt|所有文件|*.*"
                                                '打开文件类型
            CommonDialog1.Action=1
            RichTextBox1.FileName=CommonDialog1.FileName
        End If
    Else
        CommonDialog1.Filter="txt 文件(*.txt)|*.txt|所有文件|*.*"
                                                '打开文件类型
        CommonDialog1.Action=1
        RichTextBox1.FileName=CommonDialog1.FileName
    End If
End Sub
Sub fsave()                                     '另存为一个新文件
    CommonDialog1.Filter="txt 文件(*.txt)|*.txt" '保存文件类型为.txt 文件
    CommonDialog1.Action=2
    RichTextBox1.SaveFile (CommonDialog1.FileName)
End Sub
Sub cfont()                                     '改变字体
    CommonDialog1.Flags=cdlCFBoth Or cdlCFEffects
    CommonDialog1.ShowFont
    RichTextBox1.SelFontName=CommonDialog1.FontName
    RichTextBox1.SelFontSize=CommonDialog1.FontSize
    RichTextBox1.SelBold=CommonDialog1.FontBold
    RichTextBox1.SelItalic=CommonDialog1.FontItalic
    RichTextBox1.SelUnderline=CommonDialog1.FontUnderline
    RichTextBox1.SelStrikeThru=CommonDialog1.FontStrikethru
    RichTextBox1.SelColor=CommonDialog1.Color
End Sub
Sub ccolor()                                    '改变颜色
    CommonDialog1.Action=3
    RichTextBox1.SelColor=CommonDialog1.Color
End Sub
Private Sub Command2_Click()
    End
End Sub
```

执行程序，在编辑区输入文本内容，通过“字体”对话框和“颜色”对话框对选中的对象进行相应设置。图 2-14-4 给出了简单文本编辑器的运行结果。

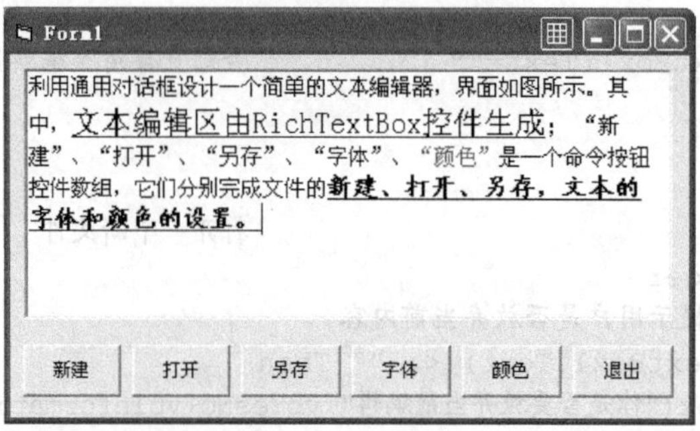

图 2-14-4　简单文本编辑器运行结果

四、练习题

1. 单项选择题

（1）通常用（　　）方法来显示自定义对话框。

A. Load　　B. Unload　　C. Hide　　D. Show

（2）将 CommonDialog 通用对话框以“打开文件”对话框方式打开，可选择（　　）方法。

A. ShowOpen　　B. ShowColor　　C. ShowFont　　D. ShowSave

（3）将通用对话框类型设置为“另存为”对话框，应修改（　　）属性。

A. Filter　　B. Font　　C. Action　　D. FileName

（4）通用对话框可以通过对（　　）属性的设置来过滤文件类型。

A. Action　　B. FilterIndex　　C. Font　　D. Filter

（5）输入对话框（InputBox）的返回值的类型是（　　）。

A. 字符串　　B. 浮点数　　C. 整数　　D. 长整数

（6）弹出“打开”对话框，可以使用（　　）语句。

A. CommonDialog1.ShowOpen　　B. CommonDialog1.Action=2

C. CommonDialog1.Visible=True　　D. CommonDialog1.Show

（7）在“打开”和“保存”对话框中，（　　）属性中只包含文件名。

A. FileName　　B. FileTitle　　C. Name　　D. Filter

（8）用通用对话框 CommonDialog1 设置文本框 Text1 的字体颜色，可以使用（　　）语句。

A. Text1. Text=CommonDialog1.Color

B. Text1.BackColor=CommonDialog1.Color

C. Text1.ForeColor=CommonDialog1.Color

D. 以上都不对

2. 填空题

（1）将通用对话框的类型设置为“字体”对话框，可以使用________方法。

（2）通用对话框可以显示的常用对话框有________、________、________、________、________。

（3）如果工具箱中还没有 CommonDialog 控件，则应从________菜单中选择________命令，并将________控件添加到工具箱中。

（4）将控件 CommonDialog1 设置为“颜色”对话框，可表示为________或________。

3. 编程题

（1）设计应用程序，运行效果如图 2-14-5 所示。

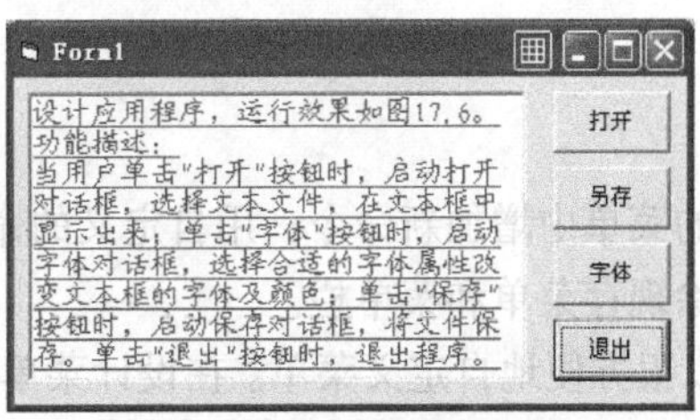

图 2-14-5　对话框应用示例

【功能描述】当用户单击“打开”按钮时，启动“打开”对话框，选择文本文件，在文本框中显示出来；单击“字体”按钮时，启动“字体”对话框，选择合适的字体属性改变文本框的字体及颜色；单击“保存”按钮时，启动“保存”对话框，将文件保存。单击“退出”按钮时，退出程序。

【提示】打开文件方法：

```
Open CommonDialog1.FileName For Input As #1
Do While Not EOF(1)
   Line Input #1,inputdata
   Text1.Text=Text1.Text+inputdata+Chr(13)+Chr(10)
Loop
Close #1
```

保存文件方法：

```
Open CommonDialog1.FileName For Output As #2
Print #2,Text1.Text
Close #2
```

（2）编写程序，建立一个“打开”对话框，并设置过滤器：只允许显示批处理文件（.bat）和可执行文件（.exe）。运行时选择某一文件后，自动执行该文件，如选择“记事本”程序后打开记事本程序。

【提示】使用 Shell()函数，如 Shell("C:\Windows\notepad.exe")。

4．讨论题

（1）在“属性页”对话框中能设置 CommonDialog 的哪些属性？设置 CommonDialog 的属性后，是否可以在运行中修改？

（2）窗体中的默认命令按钮和取消命令按钮是如何设置的？

（3）RichTextBox 与 TextBox 两个控件在文件操作（如“打开”、“保存”、“字体”、“颜色”）上有何不同？

实验 15　VB 菜单设计

一、实验目的

（1）掌握 VB 中的菜单设计方法。

（2）掌握 VB 中菜单命令代码的编写方法。

（3）了解 VB 快捷菜单设计方法。

二、相关知识

1．菜单编辑器

使用菜单编辑器可向现存的菜单中增加新命令，用自定义的命令替代现存的菜单命令，产生新的菜单和菜单栏，改变和删除现存菜单和菜单栏。

菜单编辑器使用方便，可以很方便地自定义菜单。在设计菜单时，应将菜单项按其功能分组。例如，将与文件有关的命令“新建”、“打开”和“另存为”都列入“文件”菜单。利用菜单编辑器可以很方便地为窗体增加菜单。

2. 菜单编辑器中的列表框

菜单控件列表框（位于菜单编辑器的下部）列出当前窗体的所有菜单控件。从列表框中选取一个已存在的菜单控件，可以编辑该控件的属性。

3. 子菜单

创建的每个菜单可以包含最多 5 级子菜单。子菜单会分支出另一个菜单，以显示它自己的菜单项。一般来说，子菜单控件可以包括子菜单项、分隔条和子菜单标题。

可利用左、右箭头按钮添加子菜单。

一个缩进过的菜单控件，如果后面还紧跟着再次缩进的一些菜单控件，它就成为一个子菜单的标题。在子菜单标题以下缩进的各个菜单控件，就成为该子菜单的菜单项，如图 2-15-1 所示。

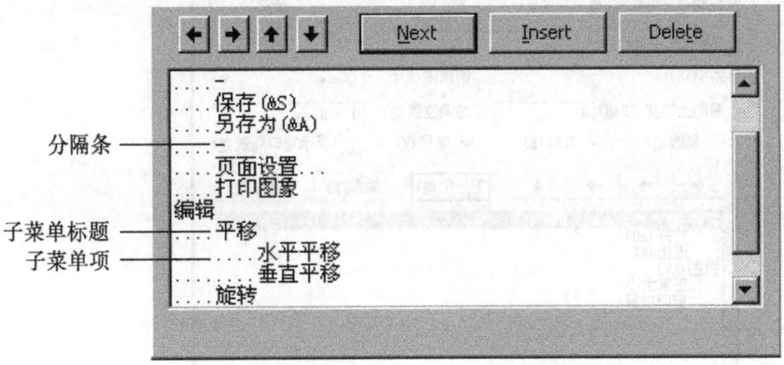

图 2-15-1 添加菜单元素

三、实验范例

【例 15-1】设计应用程序，运行界面如图 2-15-2 所示。

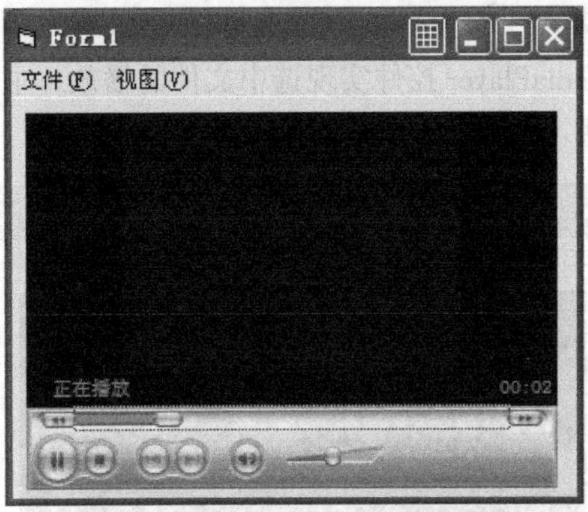

图 2-15-2 例 15-1 程序运行效果

【解】具体如下：

1. 程序功能介绍

本程序主要是通过 ActiveX 控件中的 WindowsMediaPlayer 来实现影视文件的播放。播放过程可以通过此控件的相关属性实现。

但是，究竟播放哪个文件，需要通过 CommonDialog 控件的 ShowOpen 方法打开一个对话框进行选择。

2. 界面设计

（1）菜单设计：

程序的菜单栏为“文件”和“视图”。“文件”菜单中的命令包括“打开”和“退出”。“视图”菜单中的命令包括“正常大小”和“窗口加倍”。

选择“文件”→“打开”命令，弹出“打开”对话框，选择影视文件。

单击“视图”→“正常大小”或“窗口加倍”命令，将播放屏幕恢复到原来的大小或放大一倍，如图 2-15-3 所示。

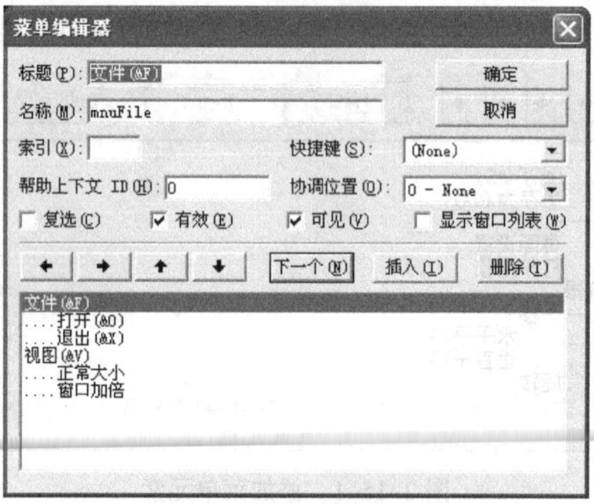

图 2-15-3　菜单项的编辑

（2）添加控件：

在窗体上添加 CommonDialog 控件和 WindowsMediaPlayer 控件，如图 2-15-4 所示。其中，CommonDialog 控件负责影视文件的选择。影视文件的过滤器为：影视文件(*.Avi;*.Mpg;*.Dat)|*.Avi;*.Mpg;*Dat。WindowsMediaPlayer 控件实现选中文件的播放，主要使用其 URL 属性（指定媒体文件）和 Controls.play 方法（播放）。

图 2-15-4　程序设计界面

程序代码如下：

```
Private Sub Form_Load()
    Form1.Height=4125                                   '设置窗体大小
    Form1.Width=4950
    WindowsMediaPlayer1.Width=4550                      '设置播放器大小
    WindowsMediaPlayer1.Height=3125
    CommonDialog1.Filter="影像文件(*.Avi;*.Mpg;*.Dat)|*.Avi;*.Mpg;*.Dat"
    mnuVisualOrder.Enabled=False
    mnuVisualExpend.Enabled=False
End Sub
'“退出”菜单
Private Sub mnuFileExit_Click()
    End
End Sub
'“打开”菜单
Private Sub mnuFileOpen_Click()
    Dim fileName As String
    CommonDialog1.ShowOpen
    fileName=CommonDialog1.fileName
    WindowsMediaPlayer1.URL=filename                    '指定播放媒体文件
    WindowsMediaPlayer1.Controls.play                   '播放
    mnuVisualOrder.Enabled=True
    mnuVisualExpend.Enabled=True
End Sub
'“窗口加倍”菜单
Private Sub mnuVisualExpend_Click()
    Form1.Height=4125*2
    Form1.Width=4950*2
    WindowsMediaPlayer1.Width=4550*2+480
    WindowsMediaPlayer1.Height=3125*2+850
End Sub
'“正常大小”菜单
Private Sub mnuVisualOrder_Click()
    Form1.Height=4125
    Form1.Width=4950
    WindowsMediaPlayer1.Width=4550
    WindowsMediaPlayer1.Height=3125
    Form1.Refresh
End Sub
```

【例 15-2】在窗体上创建一个命令按钮，建立命令按钮的快捷菜单，快捷菜单中包括“命令按钮颜色”和“窗体颜色”命令，分别用来设置命令按钮的背景颜色和窗体的颜色；建立窗体的快捷菜单，快捷菜单中包括“宋体”、“仿宋”、“黑体”3 个命令，用来完成对命令按钮上字体的设置，并且在选中该菜单命令时会出现选中标识。

【解】根据题目要求，首先进行窗体设计，在窗体上创建一个命令按钮，其 Caption 属性为“命令按钮”；为了对其背景颜色进行设置，还需要将其 Style 属性设为 1-Graphical。在窗体上添加 ActiveX 中的 CommonDialog 控件，名称设为 DiaColor。界面如图 2-15-5 所示。

之后进行菜单设计，在菜单编辑器中依次输入命令按钮和窗体对应的菜单项，各自的菜单名如图 2-15-6 所示。由于对应于命令按钮和窗体的是弹出式菜单，所以各自的顶层菜单项（命令按钮 PopCom 和窗体 PopForm）设为不可见；此外，对应于窗体菜单的菜单项“宋体”、“仿宋”和“黑体”采用了菜单数组，其名称是 PopFont，索引项分别为 0、1 和 2。

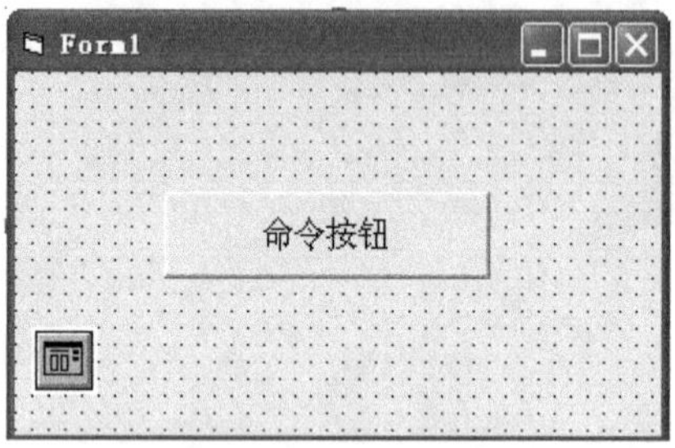

图 2-15-5　例 15-2 界面

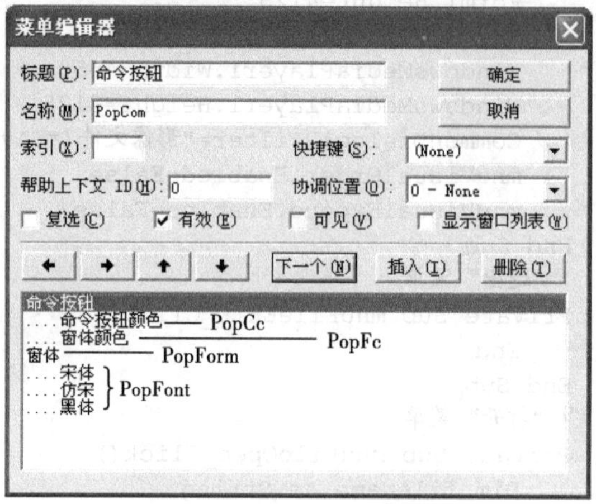

图 2-15-6　例 15-2 的菜单设计

在进行了界面设计和菜单设计后，编程如下：

```
'建立命令按钮的弹出式菜单
Private Sub Command1_MouseUp(Button As Integer,Shift As Integer, _
                                X As Single, Y As Single)
   If Button=vbRightButton Then  '按下鼠标右键，显示弹出式菜单
      PopupMenu PopCom
   End If
End Sub
'建立窗体的弹出式菜单
Private Sub Form_MouseUp(Button As Integer,Shift As Integer, _
                            X As Single,Y As Single)
   If Button=vbRightButton Then
      PopupMenu Popform
   End If
End Sub
'选择“命令按钮颜色”命令时，显示“颜色”对话框，并设置 Command1 背景颜色
Private Sub PopCc_Click()
  DiaColor.Action=3
  Command1.BackColor=DiaColor.Color
End Sub
'选择“窗体颜色”命令时，显示“颜色”对话框，并设置窗体背景颜色
Private Sub PopFc_Click()
   DiaColor.Action=3
   Form1.BackColor=DiaColor.Color
End Sub
'选择“宋体”、“仿宋”、“黑体”命令时，设置相应字体
Private Sub PopFont_Click(Index As Integer)
   Select Case Index
     Case 0
        Command1.FontName="宋体"
        Popfont(0).Checked=True       '“宋体”命令前出现选中标识
        Popfont(1).Checked=False
```

```
            Popfont(2).Checked=False
        Case 1
            Command1.FontName="仿宋_GB2312 "
            Popfont(1).Checked=True    ' "仿宋"命令前出现选中标识
            Popfont(0).Checked=False
            Popfont(2).Checked=False
        Case 2
            Command1.FontName="黑体"
            Popfont(2).Checked=True    ' "黑体"命令前出现选中标识
            Popfont(1).Checked=False
            Popfont(0).Checked=False
    End Select
End Sub
```

程序运行界面如图 2-15-7 所示。

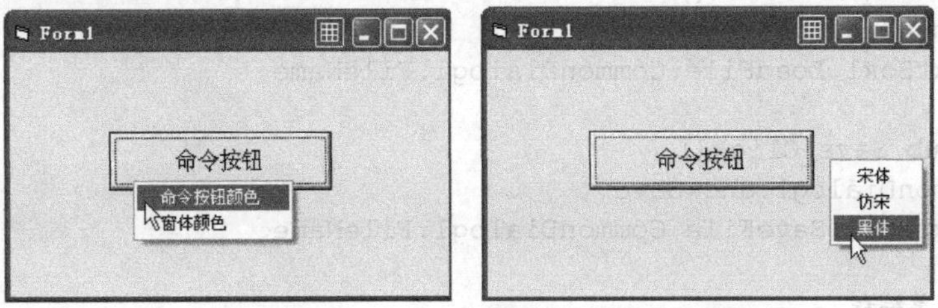

图 2-15-7 例 15-2 程序运行界面

【例 15-3】设计一个简单的文本编辑器，设计界面如图 2-15-8 所示，功能包括：

（1）通过菜单实现新建、打开、保存文件的功能。

（2）通过菜单实现常用的编辑操作。

（3）通过菜单实现常用的字体操作。

（4）设置工具按钮对应菜单命令。

【解】根据界面要求，首先进行菜单编辑，如图 2-15-9 所示；然后通过"工程"→"部件"命令添加 ActiveX 控件，将 RichTextBox 和 CommonDialog 添加到窗体上；为了实现工具按钮的效果，可以建立一个命令按钮的控件数组 Command1(0)～Command1(5)，将 Command1 控件数组的 Style 属性设为"1 - Graphical"，然后分别设置各 Command1 控件数组的 Picture 属性，将其指向对应的图标文件（见图 2-15-8）。

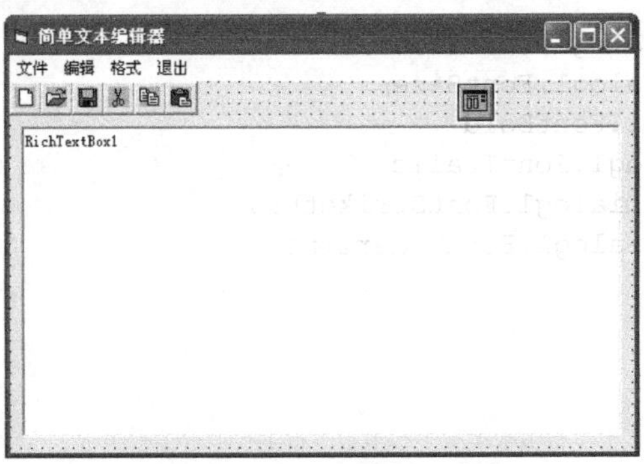

图 2-15-8 例 15-3 程序设计界面

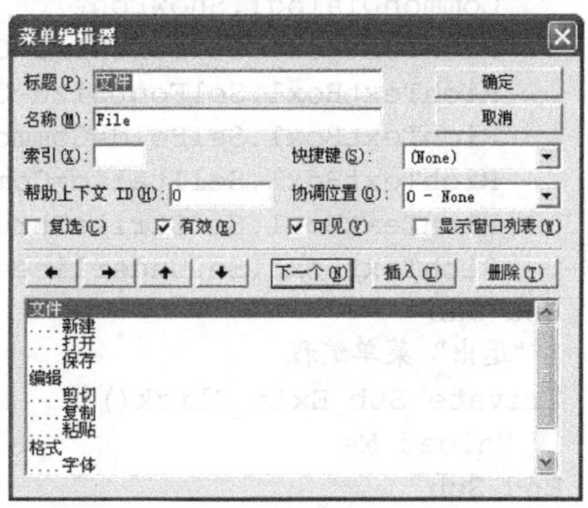

图 2-15-9 例 15-3 菜单编辑界面

在进行了界面设计和菜单设计后，编程如下：

```
'“文件”菜单编程
Private Sub New_Click()
   answer=MsgBox("Do you want to save the change or not?", _
               vbYesNoCancel,"Save or not")
   If answer=vbYes Then
      Me.CommonDialog1.ShowSave
      RichTextBox1.SaveFile CommonDialog1.FileName
      RichTextBox1.TextRTF=""
   ElseIf answer=vbNo Then
      RichTextBox1.TextRTF=""
   Else
   End If
End Sub
Private Sub open_Click()
  Me.CommonDialog1.ShowOpen
  RichTextBox1.LoadFile CommonDialog1.FileName
End Sub
Private Sub Save_Click()
  Me.CommonDialog1.ShowSave
  RichTextBox1.SaveFile CommonDialog1.FileName
End Sub
'“编辑”菜单编程
Private Sub Cut_Click()
   Clipboard.SetText RichTextBox1.SelText
   RichTextBox1.SelText=""
End Sub
Private Sub Copy_Click()
   Clipboard.SetText RichTextBox1.SelText
End Sub
Private Sub Paste_Click()
   If Clipboard.GetFormat(vbCFText)=True Then
      RichTextBox1.SelText=Clipboard.GetText
   End If
End Sub
'“格式”菜单编程
Private Sub Font_Click()
   CommonDialog1.Flags=cdlCFScreenFonts Or cdlCFPrinterFonts
   CommonDialog1.ShowFont
   RichTextBox1.SelFontName=CommonDialog1.FontName
   RichTextBox1.SelFontSize=CommonDialog1.FontSize
   RichTextBox1.SelBold=CommonDialog1.FontBold
   RichTextBox1.SelItalic=CommonDialog1.FontItalic
   RichTextBox1.SelStrikeThru=CommonDialog1.FontStrikethru
   RichTextBox1.SelUnderline=CommonDialog1.FontUnderline
End Sub
'“退出”菜单编程
Private Sub Exit_Click()
  Unload Me
End Sub
'命令按钮控件数组编程
Private Sub Command1_Click(Index As Integer)
```

```
    Select Case Index
      Case 0                                  '新建
        Call New_Click
      Case 1                                  '打开
        Call Open_Click
      Case 2                                  '保存
        Call Save_Click
      Case 3                                  '剪切
        Call Cut_Click
      Case 4                                  '复制
        Call Copy_Click
      Case 5                                  '粘贴
        Call Paste_Click
    End Select
End Sub
'窗体大小改变时，调整 RichTextBox1 的大小
Private Sub Form_Resize()
    RichTextBox1.Width=Me.ScaleWidth
    RichTextBox1.Height=Me.ScaleHeight-30
    RichTextBox1.RightMargin=RichTextBox1.Width*0.95
End Sub
```

程序运行时，显示如图 2-15-10 所示的界面，可以使用菜单或工具按钮对文本进行操作。在进行工具按钮的编程时，还可以利用工具栏（ToolBar）进行编程，具体方法可参考实验 13 的相关例子。

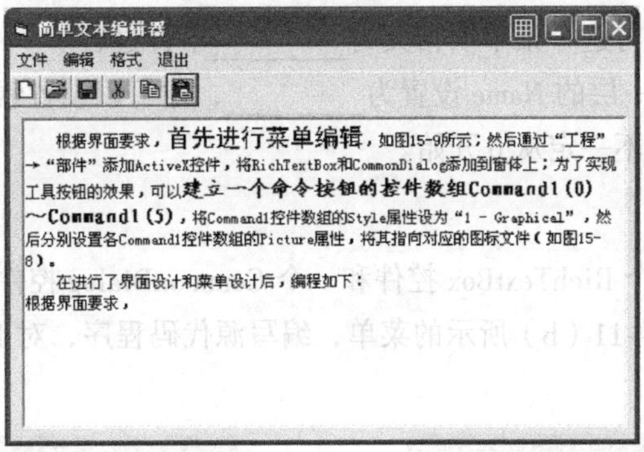

图 2-15-10　例 15-3 程序运行界面

四、练习题

1. 单项选择题

（1）用户可以通过设置菜单项的（　　）属性值为 False 来使菜单项失效。

A．Hide　　B．Visible　　C．Enabled　　D．Checked

（2）用户可以通过设置菜单项的（　　）属性值为 False 来使菜单项不可见。

A．Hide　　B．Visible　　C．Enabled　　D．Checked

（3）菜单编辑器中，同层次的（　　）设置为相同，才可以设置索引值。

A．Caption　　B．Name　　C．Index　　D．ShortCut

（4）每创建一个菜单，其下面最多可以有（　　）级子菜单。

A. 1　　B. 3　　C. 5　　D. 6

（5）在设计菜单时，为了创建分隔栏，要在（　　）中输入字符“-”。

A. 名称栏　　B. 标题栏　　C. 索引栏　　D. 显示区

（6）在菜单项中设置快捷键，应在字母前添加（　　）字符。

A. #　　B. &　　C. @　　D. _

（7）用快捷键打开菜单时，应使用（　　）。

A. 按【Ctrl】+快捷键　　B. 按【Alt】+快捷键

C. 按【Shift】+快捷键　　D. 按【Ctrl+Alt】+快捷键

（8）一般使用（　　）控件的 PopupMenu 方法弹出弹出式菜单。

A. 窗体　　B. 命令按钮　　C. 文本框　　D. 图像框

（9）以下（　　）不可以设置为弹出式菜单。

A. 多级菜单中的顶级菜单　　B. 二级菜单

C. 三级菜单　　D. 无子菜单的菜单

2. 填空题

（1）菜单一般有________和________两种基本类型。

（2）菜单项可以响应的事件过程为________。

（3）在设计菜单时，可在 VB 主窗口的菜单栏中选择________，“菜单编辑器”命令。

（4）在进行菜单设计时，在 VB 主窗口上只要选取一个没有子菜单的菜单项，就会打开________，并产生一个与这一菜单项相关的________事件过程。

（5）设置菜单时，同一层的 Name 设置为________，才可以设置索引值，且索引值应设置为________的连续整数，但不一定从 0 开始。

3. 编程题

（1）在窗体上添加一个 RichTextBox 控件和一个 CommonDialog 控件（见图 2-15-11（a）），利用菜单编辑器创建图 2-15-11（b）所示的菜单，编写源代码程序，对 RichTextBox 中的文本进行菜单所示的操作。

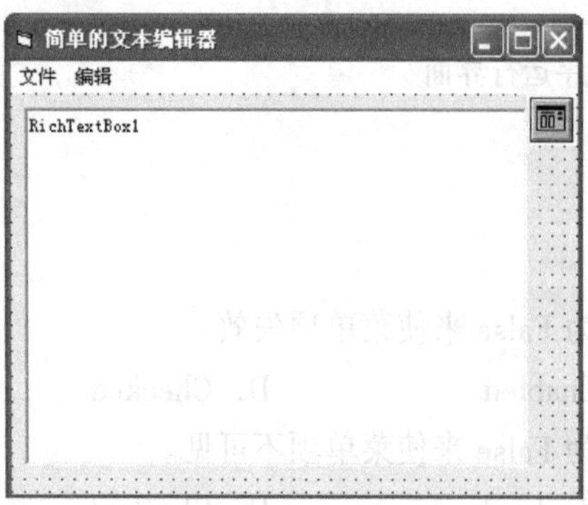

（a）设计界面

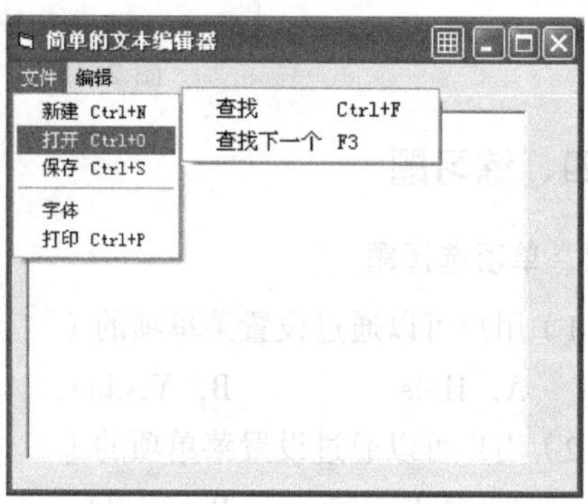

（b）运行界面

图 2-15-11　试验内容界面

（2）北京、南京、西安、昆明 4 个城市的名胜古迹和风景区如下：

北京：天安门广场、故宫、北海、颐和园、香山、长城、天坛

南京：雨花台、中山陵、明孝陵、灵谷寺、栖霞山、莫愁湖

西安：兵马俑、大雁塔、小雁塔、钟楼、秦始皇陵

昆明：西山龙门、滇池、大观楼公园、石林、金殿

建立一个弹出式菜单，该菜单包括 4 个命令，分别为“北京”、“南京”、“西安”和“昆明”。程序运行后，选择弹出式菜单中的某个命令，在标签中显示相应城市的名字，在文本框中显示该城市的名胜古迹和风景区的名字，如图 2-15-12 所示。

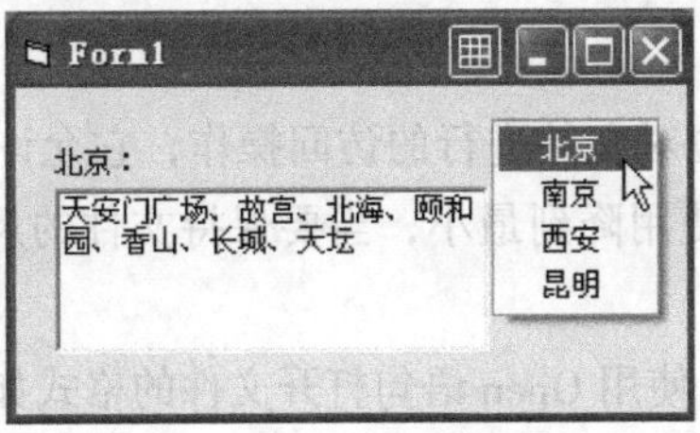

图 2-15-12 风景区显示

4. 讨论题

如何修改范例中的程序，使应用程序窗口的大小、WindowsMediaPlayer 控件的大小与播放的影视文件窗口大小相同。

实验 16 文件的基本操作

一、实验目的

（1）掌握顺序文件、随机文件、二进制文件的特点及使用方法。

（2）熟练掌握文件的打开、关闭和读/写命令。

（3）学会利用文件建立简单的应用程序。

（4）学习使用 VB 文件操作的常用命令和函数。

（5）学习使用 VB 中的文件控件。

二、相关知识

1. 文件的基本概念及文件类型

“文件”是存放在外部介质（磁盘、磁带等）上的相关数据的集合，每一个文件都有文件名。根据文件中数据的存放形式，将数据文件分为 3 种类型，即顺序文件、随机文件和二进制文件。对此，VB 提供了 3 种文件访问类型：顺序访问、随机访问和二进制访问。

2. 顺序文件

若要处理的文件只包含文本信息，其中的数据没有分成记录，就可以使用顺序访问方式。进行顺序访问要用到以下 3 种打开文件的模式：

（1）读文件：`Open [路径:]文件名[.扩展名] For Input As #文件号`

（2）写文件：`Open [路径:]文件名[.扩展名] For Output As #文件号`

（3）追加写入：`Open [路径:]文件名[.扩展名] For Append As #文件号`

3. 随机文件

随机文件由一组相同长度的记录组成，每个记录包含一个或多个字段。具有一个字段的记录对应于任意标准类型，具有多个字段的记录对应于用户定义类型。随机文件对读/写顺序没有限制，可以以记录为单位读/写任何一条记录。进行随机访问要用到以下打开文件的模式：

```
Open [路径:]文件名[.扩展名] For Random As #文件号 [Len=记录长度]
```

4. 二进制文件

二进制访问是以字节为单位对文件进行的访问操作，它允许用户读/写文件的任何字节。使用二进制访问可使磁盘空间的使用降到最小，当要保持文件的尺寸尽量小时，应使用二进制访问方式。

要以二进制方式访问文件，使用 Open 语句打开文件的格式如下：

```
Open [路径:]文件名[.扩展名] For Binary As #文件号
```

5. VB 文件操作命令和函数

VB 文件操作的常用命令和函数有 ChDir、ChDrive、MkDir、RmDir、Name、Kill、FileCopy、CurDir、FileDateTime、GetAttr、SetAttr 等，通过这些命令和函数，可以进行诸如新建文件夹、重命名文件、删除文件、获取文件日期和时间等文件的基本操作。

6. VB 中的文件控件

VB 中的文件控件有驱动器列表框、目录列表框和文件列表框，这些列表框在驱动器、目录和文件选择中具有重要作用。

三、实验举例

【例 16-1】已知某些职工的本月应发工资数据存放在 gongzi.dat 文件中，请根据教材中第 3 章的例 3.21 计算税率题目，编写相应税率，计算职工的所得税及实发工资，并将计算结果打印输出到屏幕上，同时保存到 shuishou.dat 文件中。

【解】（1）将职工工资信息（包括姓名、工资）放入 gongzi.dat 文件中。

```
"李丽",780
"王宏",1300
"赵鑫",6500
"马力",4200
"张帆",1305
"田鸣",2800
"刘克",3500
```

（2）编制代码，读取 gongzi.dat 文件，计算税额及实发工资，并将结果存入 shuishou.dat 文件中。

```
'在通用处声明窗体级变量
Dim WNames() As String
```

```
Dim ySalarys() As Double
Dim taxs() As Double
Dim rSalarys() As Double
Private Sub Form_Load()
    Form1.Caption="职工工资计税系统"              '改变标题
End Sub
Private Sub Command1_Click()
    Dim fileno1 As Integer,fileno2 As Integer
    Dim c As Integer
    Dim salary As Double
    Dim tax As Double
    Dim sy As Double
    Dim st As Double
    Dim sr As Double
    fileno1=FreeFile                             '取得空闲的文件号
    Open App.Path & "\gongzi.dat" For Input As #fileno1
    fileno2=FreeFile
    Open App.Path & "\shuishou.dat" For Output As #fileno2
    Print "姓名","应发工资","所得税","实发工资"
    c=0
    Do While Not EOF(fileno1)
        ReDim Preserve WNames(c)
        ReDim Preserve ySalarys(c),taxs(c),rSalarys(c)
        Input #fileno1,WNames(c),ySalarys(c)
        salary=ySalarys(c)
        tax=caltax(salary)                               '计算所得税
        taxs(c)=tax
        rSalarys(c)=ySalarys(c)-taxs(c)                    '计算实发工资
        Print WNames(c),ySalarys(c),taxs(c),rSalarys(c)          '打印输出
        Write #fileno2,WNames(c),ySalarys(c),taxs(c),rSalarys(c) '文件保存
        sy=sy+ySalarys(c)                                  '计算总共应发工资
        st=st+taxs(c)                                      '计算总共所得税
        sr=sr+rSalarys(c)                                  '计算总共实发工资
        c=c+1                                              '记数器加 1
    Loop
    Print "累计",sy,st,sr
    Write #fileno2,"累计",sy,st,sr
    Close #fileno2
    Close #fileno1
End Sub
'计算税额的函数
Function caltax(a As Double) As Double
    If a<1000 Then
        caltax=0
    ElseIf a<1500 Then
        caltax=(a-1000)*0.05
    ElseIf a<2500 Then
        caltax=(a-1500)*0.1+25        '1500~1000 部分工资上税为 25 元
    ElseIf a<6000 Then
        caltax=(a-2500)*0.15+125      '2500~1000 部分工资上税为 125 元
    Else
        caltax=(a-6000)*0.2+650       '6000~1000 部分工资上税为 650 元
```

```
    End If
End Function
```

程序运行时，单击“计算”按钮，显示图 2-16-1 所示结果。

图 2-16-1　例 16-1 程序的运行结果

【例 16-2】 已知某班学生成绩文件为 grade.dat，该文件共有 6 个字段：姓名、语文成绩、数学成绩、英语成绩、计算机成绩、总分；“姓名”字段为 8 个字符的字符型，其余字段都是数值型。设该文件已经按照总分降序排序，输入一个总分，请用折半查找的方法查找该班是否存在某分数的人，若找到，则输出该学生的情况，否则输出没有找到。

【解】 根据题目的描述，首先将学生信息（包括姓名及 4 门课成绩）放入 score.txt 文件中。

"李丽",98,97,96,94

"王宏",94,96,95,95

"赵鑫",92,90,98,93

"马力",90,96,92,88

"张帆",88,92,86,84

"田鸣",93,86,88,80

"刘克",90,84,80,82

"孙伟",86,80,85,83

"曹洪",78,90,82,80

编写代码如下：

```
'在模块 Module1 中建立如下结构:
Type stdinfo                                    '自定义学生结构
    name As String*8
    yuwen As Integer
    math  As Integer
    english As Integer
    xgrade As Integer
    sum  As Integer
End Type
'初始化窗体的标题
Private Sub Form_Load()
    Form1.Caption="学生成绩折半查找"
End Sub
'在 Command1 按钮单击事件中将 score.txt 文件变为随机文件 grade.dat
Private Sub Command1_Click()
    Dim fileno1 As Integer,fileno2 As Integer
```

```
    Dim std As stdinfo
    Dim c As Integer
    fileno1=FreeFile
    Open App.Path & "\score.txt" For Input As #fileno1
    fileno2=FreeFile
    Open App.Path & "\grade.dat" For Random As #fileno2 Len=Len(std)
    c=1
    Do While Not EOF(fileno1)
       Input #fileno1,std.name,std.yuwen,std.math, _
             std.english,std.xgrade
       std.sum=std.yuwen+std.math+std.english+std.xgrade
       Put #fileno2,c,std
       c=c+1
    Loop
    Close #fileno2
    Close #fileno1
End Sub
'在Command2单击事件中编写代码进行折半查找
Private Sub Command2_Click()
    Dim fileno As Integer
    Dim low As Integer
    Dim mid As Integer
    Dim high As Integer
    Dim std As stdinfo
    Dim c As Integer
    fileno=FreeFile
    Open App.Path & "\grade.dat" For Random As #fileno Len = Len(std)
    high=LOF(fileno)\Len(std)                          '获得文件中记录数
    c=InputBox("请你输入一个总分")
    Do While low<=high                                 '进行折半查找
       mid=(low+high)\2
       Get #fileno,mid,std
       If std.sum>c Then
          low=mid+1
       ElseIf std.sum<c Then
          high=mid-1
       Else
          Exit Do
       End If
    Loop
    If low<=high Then
       Print std.name; std.yuwen; std.math; std.english; std.xgrade; std.sum
    Else
       Print "成绩"; c; "没有找到"
    End If
    Close #fileno
End Sub
```

程序运行时输入334，结果如图2-16-2所示。

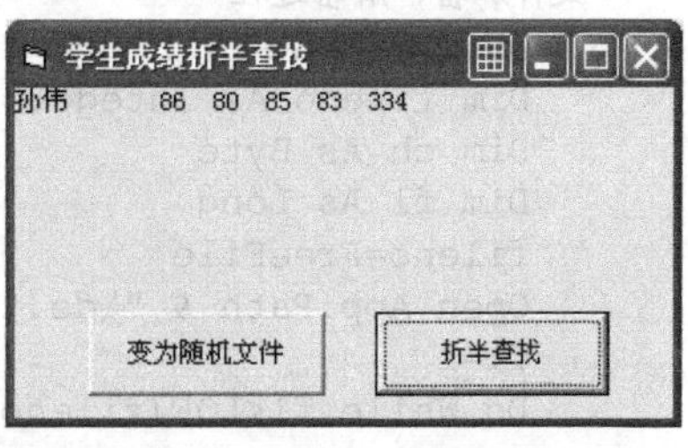

图2-16-2 例16-2程序运行界面

【例16-3】在VB的位运算中，异或操作有这样一个特点，第一个数字和第二个数字进行异或操作得出第三个数字，将第三个数字和第二个数字进行异或操作就可以还原出第一个数字。例如，二进制数 1011（第一个数）和 1000（第二个数）：

1011 xor 1000 = 0011（第三个数）

0011 xor 1000 = 1011

利用这样的原理可以进行简单的加密/解密工作。

【解】在下面程序中，由于加密和解密所用算法相同，故使用了同一个 change()过程，加密和解密使用的密钥是一样的。

```
'初始化窗体标题及加密、解密按钮
Private Sub Form_Load()
   Form1.Caption="文件加密/解密"
   Command1.Enabled=True
   Command2.Enabled=False
End Sub
'加密按钮程序
Private Sub Command1_Click()
   Dim t As String
   t=InputBox("请你输入一个加密密钥")
   Print "加密前文件内容为: "
   Call change(t)                              '调用文件加密过程
   Print
   Print "加密后文件内容为: "
   Call fileout                                '调用文件输出过程
   MsgBox "加密已经完成! "
   Command1.Enabled=False
   Command2.Enabled=True
End Sub
'解密按钮程序
Private Sub Command2_Click()
   Dim t As String
   t=InputBox("请你输入一个解密密钥")
   Print "解密前文件内容为: "
   Call change(t)                              '调用文件解密过程
   Print
   Print "解密后文件内容为: "
   Call fileout                                '调用文件输出过程
   MsgBox "解密已经完成! "
   Command1.Enabled=True
   Command2.Enabled=False
End Sub
'文件加密、解密过程
Sub change(t As String)
   Dim fileno As Integer
   Dim ch As Byte
   Dim fl As Long
   fileno=FreeFile
   Open App.Path & "\de.txt" For Binary As #fileno
   fl=1
   Do While fl<LOF(fileno)
      Get #fileno,fl,ch
      Print Chr(ch);
```

```
        ch=ch Xor Asc(t)
        Put #fileno,fl,ch
        fl=fl+1
    Loop
    Close #fileno
End Sub
'文件输出过程
Sub fileout()
    Dim fileno As Integer
    Dim ch As Byte
    Dim fl As Long
    fileno=FreeFile
    Open App.Path & "\de.txt" For Binary As #fileno
    fl=1
    Do While fl<LOF(fileno)
        Get #fileno,fl,ch
        Print Chr(ch);
        fl=fl+1
    Loop
    Close #fileno
    Print: Print
End Sub
```

程序运行结果如图 2-16-3 所示，使用密钥为“12”。请注意，在对一个文件进行加密和解密时，程序中的输出部分是不必要变化的。

图 2-16-3 例 16-3 程序运行结果

【例 16-4】改变当前驱动器和当前路径。

【解】程序代码如下：

```
Private Sub Command1_Click()
    Dim t As String
    t=CurDir                    '保留当前路径
    Print "当前路径为:"
    Print CurDir                '显示当前路径
    Print "应用程序路径为:"
    Print App.Path              '显示应用程序路径
    ChDrive Left(App.Path,1)                                '改变当前驱动器
    Print "仅仅改变当前驱动器,不改变当前路径后的当前路径"
    Print CurDir                                            '显示当前路径
    ChDir App.Path                                          '改变当前路径
    Print "改变当前路径"
    Print CurDir                                            '显示当前路径
    ChDir t                                                 '改变当前路径
    Print "仅仅改变当前路径,不改变当前驱动器后的当前路径"
    Print CurDir                                            '显示当前路径
    ChDrive Left(t,1)                                       '改变当前驱动器
    Print "改变当前驱动器后的路径"
    Print CurDir                                            '显示当前路径
End Sub
Private Sub Form_Load()
    Form1.Caption="VB文件操作命令和函数"                       '设置窗体标题
    Form1.AutoRedraw=True
```

```
    Command1.Caption="执行"                          '重新设置命令按钮标题
    ChDir Left(App.Path,1) & ":\ "                   '改变当前路径
End Sub
```

程序运行结果如图 2-16-4 所示。

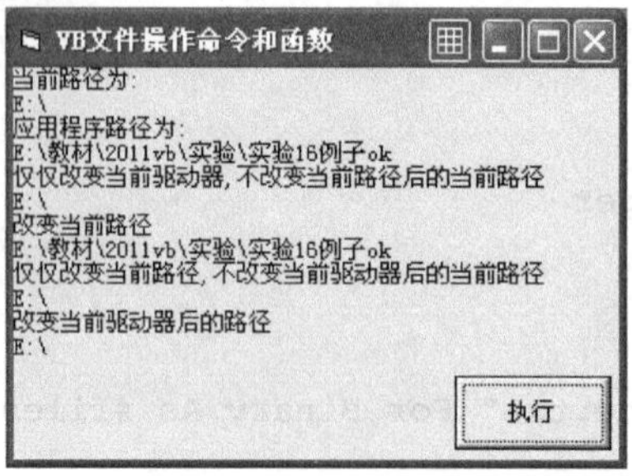

图 2-16-4　例 16-4 程序运行结果

通过上面的程序实例，不难看出：① 当前路径和应用程序路径并不等价；② 不同驱动器有不同的当前路径；③ 仅仅改变当前驱动器不改变当前路径或仅仅改变当前路径不改变当前驱动器，都有可能转不到相应的路径。这一点请初学者注意。

【例 16-5】文件操作函数练习。

【解】在窗体上添加一个命令按钮、一个文件列表框和一个目录列表框，编写如下代码，并执行。运行界面如图 2-16-5（a）和图 2-16-5（b）所示。

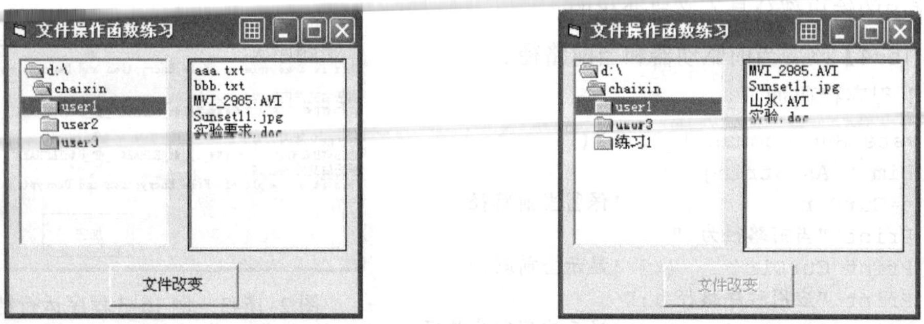

（a）单击命令按钮前的状态　　（b）单击命令按钮后的状态

图 2-16-5　例 16-5 程序界面

```
Private Sub Form_Load()
    Form1.Caption="文件操作函数练习"
    Command1.Caption="文件改变"
    Dir1.Path="d:\chaixin\user1"
    File1.Path="d:\chaixin\user1"
End Sub
Private Sub Command1_Click()
    MkDir "d:\chaixin\练习 1"              '新建一个文件夹
    RmDir "d:\chaixin\user2"               '删除一个文件夹
    '文件重命名
    Name "d:\chaixin\user1\实验要求.doc" As "d:\chaixin\user1\实验.doc"
    Kill "d:\chaixin\user1\*.txt"     '文件删除，删除所有文档文件
    '文件复制
    FileCopy "d:\chaixin\user1\MVI_2985.AVI","d:\chaixin\user1\山水.AVI"
```

```
    Command1.Enabled=False
    Dir1.Refresh                              '重新刷新
    File1.Refresh                             '重新刷新
End Sub
```

【例 16-6】利用驱动器列表框、目录列表框和文件列表框选择位图文件，再根据具体位图文件大小和显示位图窗口大小，给出合适的滚动条。Form1 的设计如图 2-16-6（a）所示，Form2 的设计如图 2-16-6（b）所示。

【解】在 Form1 中添加如下代码：

```
Private Sub Form_Load()
    File1.Pattern="图片文件(*.bmp;*.jpg;*.gif)"     '显示图片类型
    Form1.Caption="文件选择"
End Sub
Private Sub Command1_Click()
    Form2.Show
End Sub
Private Sub Dir1_Change()
    File1.Path=Dir1.Path
End Sub
Private Sub Drive1_Change()
    Dir1.Path=Drive1.Drive
End Sub
```

（a） Form1 设计界面

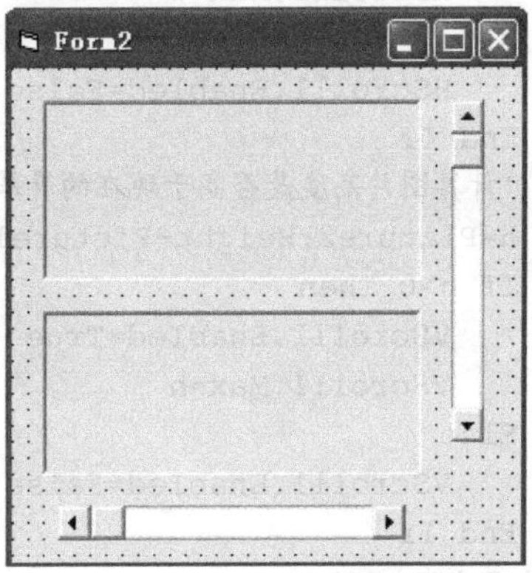

（b）Form2 设计界面

图 2-16-6　例 16-6 窗口设计界面

在 Form2 中添加如下代码：

```
Private Sub Form_Activate()
    Dim fn As String
    Picture1.Visible=False                'Picture1 隐藏
    Picture2.Appearance=0
    Picture2.BorderStyle=0
    Picture2.AutoSize=True                '设置 Picture2 自动调整尺寸以适应图片大小
    fn=Form1.File1.Path & "\" & Form1.File1.FileName
    Form2.Caption=fn                      '在窗口标题上显示图片名称
```

```
        Picture1.Picture=LoadPicture(fn)
        Picture2.Picture=LoadPicture(fn)
        Call Form_Resize
    End Sub
    Private Sub Form_Resize()
        Picture1.Left=0
        Picture1.Top=0
        Picture1.Height=Form2.Height-HScroll1.Height
        '设置 Picture1 的大小为窗口的大小
        Picture1.Width=Form2.Width-VScroll1.Width
        Picture2.Left=0
        Picture2.Top=0                    'Picture1 和 Picture2 的位置都是屏幕的左上角
        '确定垂直滚动条的位置及大小
        VScroll1.Left=Form2.ScaleWidth-VScroll1.Width
        VScroll1.Top=0
        VScroll1.Height=Form2.ScaleHeight-HScroll1.Height
        '确定水平滚动条的位置及大小
        HScroll1.Left=0
        HScroll1.Top=Form2.ScaleHeight-HScroll1.Height
        HScroll1.Width=Form2.ScaleWidth-VScroll1.Width
        '计算图片宽度是否超过现在的屏幕
        w=Picture2.Width-Picture1.Width
        If w>0 Then                       '宽度超过屏幕，则设置水平滚动条
            HScroll1.Enabled=True
            HScroll1.Max=w
        Else
            HScroll1.Enabled=False
        End If
        '计算图片高度是否高于现在的屏幕
        h=Picture2.Height-Picture1.Height
        If h>0 Then               '高度高于屏幕，则设置垂直滚动条
            VScroll1.Enabled=True
            VScroll1.Max=h
        Else
            VScroll1.Enabled=False
        End If
    End Sub
    '水平方向重新定位 Picture2 的位置
    Private Sub HScroll1_Change()
        Picture2.Left=-HScroll1.Value
    End Sub
    '垂直方向重新定位 Picture2 的位置
    Private Sub VScroll1_Change()
        Picture2.Top=-VScroll1.Value
    End Sub
```

系统运行界面如图 2-16-7（a）所示。当选择某一文件时，单击“显示该文件”按钮，运行结果如图 2-16-7（b）所示。

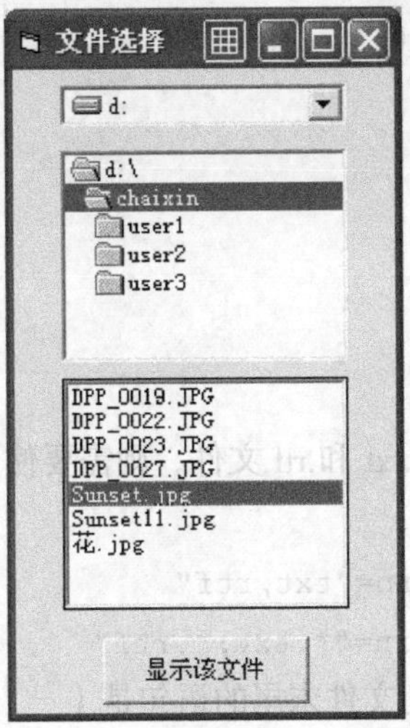

（a）选择文件

（b）显示图片

图 2-16-7　例 16-6 程序运行结果

四、练习题

1. 单项选择题

（1）下面关于顺序文件的描述正确的是（　　）。

A．每条记录的长度必须相同

B．可通过编程对文件中的某条记录方便地进行修改

C．数据只能以 ASCII 码形式存放在文件中，所以可通过文本编辑器显示

D．文件的组织结构复杂

（2）下面关于随机文件的描述不正确的是（　　）。

A．每条记录的长度必须相同

B．一个文件记录号不必唯一

C．可通过编程对文件中的某条记录方便地进行修改

D．文件的组织结构比顺序文件复杂

（3）按文件的组织形式分类，有（　　）。

A．顺序文件和随机文件　　B．ASCII 文件和二进制文件

C．程序文件和数据文件　　D．磁盘文件和打印文件

（4）文件号最大可取的值为（　　）。

A．255　　B．511　　C．512　　D．256

（5）Kill 语句在 VB 语言中的功能是（　　）。

A．清内存　　B．清病毒

C．删除磁盘上的文件　　D．清屏幕

（6）为了建一个随机文件，其中每一条记录由多个不同数据类型的数据组成，应使用（　　）。

A．自定义类型　　B．数组

C．字符串类型　　D．变体类型

（7）要从磁盘上读入 C:\t1.txt 顺序文件，下面的语句正确的是（　　）。

A．
```
f="C:\t1.txt"
Open f For Input As #1
```
B．
```
f="C:\t1.txt"
Open "f" For Input As #2
```
C．`Open "C:\t1.txt" For Input As #1`

D．`Open C:\t1.txt For Input As #2`

（8）运行时改变文件列表框 File1 的 Pattern 属性，只允许显示.txt 和.rtf 文件，则需要使用的语句是（　　）。

A．`File1.Pattern=".txt,.rtf"`　　B．`File1.Pattern="txt,rtf"`

C．`File1.Pattern="*.txt,*.rtf"`　　D．`File1.Pattern="*.txt;*.rtf"`

（9）以写方式打开顺序文件 A.txt 时，可以将写入的数据追加到文件末尾的语句是（　　）。

A．`Open "A.txt" For Output Access Write As #1`

B．`Open "A.txt" For Input Lock Write As #1`

C．`Open "A.txt" For Output As #1`

D．`Open "A.txt" For Append As #1`

（10）目前打开了两个文件，文件号分别是 1 和 2。现只关闭文件号为 1 的文件，选用的语句是（　　）。

A．Close　　B．Close #1　　C．End　　D．End #1

（11）判断是否到文件末尾，可用（　　）函数。

A．Input　　B．Loc　　C．LOF　　D．EOF

（12）下列程序执行后文件中的内容是（　　）。

```
Open "data.txt" For Output As #1
Dim i As Integer
For i=1 To 100
    Write #1,Sin(i);
Next i
Close #1
```

A．由 100 个空格间隔的正弦值　　B．由 100 个分号间隔的正弦值

C．由 100 个逗号间隔的正弦值　　D．每行一个正弦值，共 100 行

（13）用 Open 语句打开文件时，如果省略“For 方式”，则打开文件的存取方式是（　　）。

A．读方式打开顺序文件　　B．写方式打开顺序文件

C．随机存取方式　　D．二进制方式

2．填空题

（1）顺序文件的建立。要建立的顺序文件为 C:\stud1.txt，内容来自文本框，每按一次【Enter】键写入一条记录，然后清除文本框的内容，直到文本框中输入 End 字符串。

```
Private Sub Form_Load()
    ______①______
    Text1=""
End Sub
Private Sub Text1_KeyPress(KeyAscii As Integer)
```

```
        If KeyAscii=13 Then
            If ______②______ Then
                Close #1
                End
            Else
                ______③______
                Text1=""
            End If
        End If
    End Sub
```

（2）将 C 盘根目录下一个文本文件 old.txt 复制到新的文件 new.txt 中，并利用文件操作语句将 old.txt 文件删除。

```
    Private Sub Command1_Click()
        Dim str1 As String
        Open "C:\old.txt" ______①______ As #1
        Open "C:\new.txt" ______②______
        Do While ______③______
            ______④______
            Print #2,str1
        Loop
        ______⑤______
        ______⑥______
    End Sub
```

（3）文本文件合并。将文本文件 t2.txt 合并到 t1.txt 文件中。

```
    Private Sub Command1_Click()
        Dim s As String
        Open "t1.txt" ______①______ As #1
        Open "t2.txt" ______②______
        Do While Not EOF(2)
            Line Input #2,s
            Print #1,s
        Loop
        Close #1,#2
    End Sub
```

3．编程题

（1）编程统计 D 盘 VBLX 文件夹中文本文件 Test.txt 中字符“$”出现的次数，并将统计结果写入文本文件 D:\VBLX\Tj.txt 中。

（2）D 盘 VBLX 文件夹下的文本文件 data.txt 中存放有若干由逗号分隔的数据，请编写程序，计算这批数据的总和、平均值及超过平均值的数据，将结果写入文本文件 D:\VBLX\jieguo.txt 中。

（3）设计一个应用程序，统计某个文本文件中英文字母（不区分大小写）的个数，并将统计结果写入另一个文本文件。

（4）编写一个程序，要求建立一个文本文件，写入 50 个 10～100 之间的随机数，然后将其读出，求出其中的最大值和最小值，并在窗体上显示输出。

（5）文件 D:\VBLX\student.txt 中顺序存放着若干学生的姓名（字符型）和 3 门课程的成绩（数值型），存放格式如下：

张明军，78，69，82
李　义，67，82，75
……

请编写程序，计算每个学生的平均成绩，并将学生的姓名、各门课的成绩和平均分（保留 2 位小数）显示在窗体上，显示形式如下：

张明军 78 69 82 Aver=76.33

李 义 67 82 75 Aver=77

……

（6）利用 VB 提供的文件系统控件，编制一个简单的文件管理器，要求具有如下功能：

① 可以指定驱动器；

② 可以指定文件夹；

③ 可以选定文件并打开；

④ 实现文件复制功能；

⑤ 实现文件删除功能。

4．讨论题

（1）顺序文件、随机文件和二进制文件各自的特点和读/写方法有何不同？

（2）例 16-1 中如果不存在“应发工资”字段，但存在“基本工资”字段、“附加工资”字段、“奖金”字段及“其他”字段这样 4 个字段，则应该如何修改程序？

（3）例 16-2 中如果学生信息（包括：姓名、4 门课成绩）放入 abc.txt 文件中的学生总成绩是无序的，则应该如何处理？试先将学生总成绩进行排序，再生成学生成绩文件；或改用顺序查找的方法查找该班是否存在某分数以上的人。

（4）对文件、目录进行操作的函数、语句都有哪些？

实验 17 VB 图形与绘图操作

一、实验目的

（1）了解 VB 的 3 种坐标系统，掌握建立自定义坐标系统的方法。

（2）掌握控件缩放和移动的方法。

（3）掌握 PictureBox、Image、Shape 和 Line 四种图形控件的使用方法。

（4）掌握利用图形方法在窗体或 PictureBox 中进行几何图形的绘制。

二、相关知识

VB 具有丰富的图形功能，图形可以为应用程序的界面增加趣味，提供可视结构。VB 中实现图形或绘图的控制可以通过 3 种方法：一是显示已经存在的图形文件，可以使用窗体、图片框（Picturebox）、Image 等控件；二是通过 Line 和 Shape 控件绘制一般的几何图形；三是利用丰富的图形方法在窗体或图形框上输出文字或直接绘制图形，图形方法主要有 Line、Circle、PSet、Point 等。Visual Basic 的图形方法还可以作用于打印机对象。

三、实验举例

【例 17-1】自定义坐标系统

【解】（1）建立新的工程，在属性窗口中将窗体的 Caption 属性设为“坐标轴示例”；在窗体上建立一个 PictureBox 控件和一个 Timer 控件。界面设计如图 2-17-1（a）所示。

（2）编写程序代码：

```
Private Sub Form_Load()
   Timer1.Interval=250
   '以下 4 行语句建立图形框坐标系
   Picture1.ScaleTop=-1              '设置 Picture1 的左上角坐标(-1,-1)
   Picture1.ScaleLeft=-1
   Picture1.ScaleWidth=2             '设置 Picture1 的相对宽度为 2，从-1 到 1
   Picture1.ScaleHeight=2            '设置 Picture1 的相对高度为 2，从-1 到 1
   Picture1.Line  (-1,0)-(1,0)       '画 X 轴
   Picture1.Line  (0,-1)-(0,1)       '画 Y 轴
End Sub
Private Sub Timer1_Timer()
   Dim i
   For i=-1 To 1 Step 0.05
      Picture1.PSet(i*Rnd,i*Rnd),RGB(255*Rnd,255*Rnd,255*Rnd)
   Next i
End Sub
```

运行结果如图 2-17-1（b）所示。

【例 17-2】 Shape 控件示例。

【解】（1）建立一个新的工程，在属性窗口中将窗体的 Caption 属性设为“Shape 控件示例”。在窗体上添加一个 Shape 控件，然后通过“复制”和“粘贴”命令组成一个控件数组 Shape1，Index 取值 0～7。设计界面如图 2-17-2（a）所示。

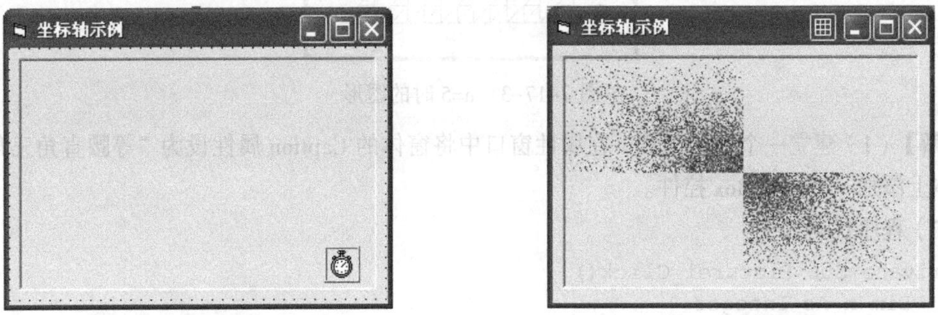

（a）坐标系统界面设计　　（b）坐标系统运行结果

图 2-17-1　自定义坐标示例

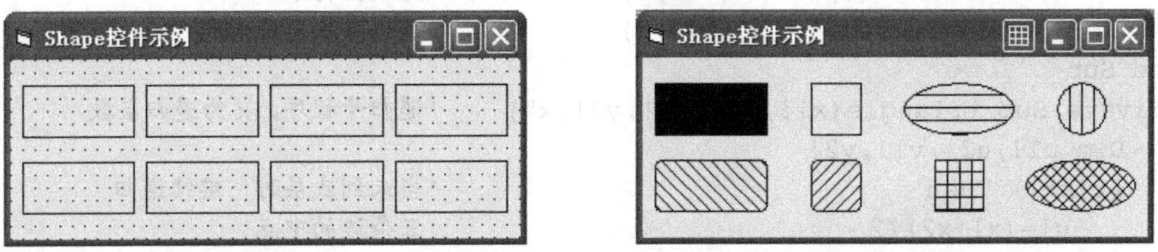

（a）Shape 控件示例设计窗口　　（b）Shape 控件示例运行结果

图 2-17-2　Shape 控件示例

（2）编制事件代码：

```
Private Sub Form_Click()
```

```
    For i=0 To 5
       Shape1(i).Shape=i
       Shape1(i).FillStyle=i
    Next i
    For i=6 To 7
       Shape1(i).Shape=i-5
       Shape1(i).FillStyle=i
    Next i
End Sub
```

运行程序，结果如图 2-17-2（b）所示。控件数组由于 Shape 属性的不同输出的图形也不同，有矩形、正方形、圆、椭圆等；由于 FillStyle 属性不同，图形的填充图案也不同。

【例 17-3】画一个大的等腰直角三角形，从这个三角形开始，将其 3 条边的中点进行连线，又生成 4 个相等的三角形，除中间的三角形外，其余 3 个三角形再重复上述过程。这样，就可以画出图 2-17-3 所示的图形。

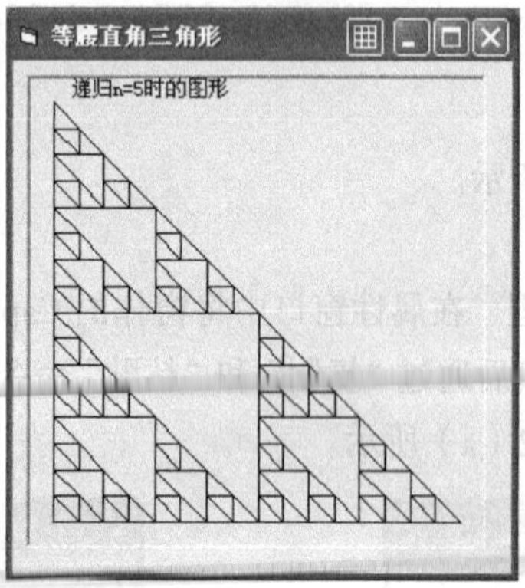

图 2-17-3 n=5 时的图形

【解】（1）建立一个新的工程，在属性窗口中将窗体的 Caption 属性设为“等腰直角三角形”。在窗体上添加一 PictureBox 控件。

（2）程序代码如下：

```
Private Sub Picture1_Click()
    Dim n As Integer
    n=InputBox("输入n的值","输入框")                '输入n做为递归层次
    Picture1.Print Tab(5); "递归n=" & n & "时的图形"
    Picture1.Scale (0,600)-(600,0)                 '定义坐标系
    Call triangle(30,570,30,570,n)                 '调用画三角形过程
End Sub
Private Sub triangle(x1!,x2!,y1!,y2!,k%)           '递归子程序，k为递归层数
    Dim u1!,u2!,v1!,v2!
    If(k>1) Then                                   '当未到底层时，继续递归
       u1=(x1+x2)/2                                '三条边的中点
       v1=(y1+y2)/2
       Call triangle(x1,u1,v1,y2,k-1)              '递归调用
       Call triangle(x1,u1,y1,v1,k-1)
       Call triangle(u1,x2,y1,v1,k-1)
    Else
       Picture1.Line (x1,y1)-(x2,y1)               '到达底层画三角形
```

```
        Picture1.Line (x2,y1)-(x1,y2)
        Picture1.Line (x1,y2)-(x1,y1)
    End If
End Sub
```

上述程序中包含一个采用递归方法的子过程。

【例 17-4】模拟应用程序安装界面由蓝到黑渐变的背景。

【解】(1)建立一个新的工程,设置窗体属性:

选中 AutoReDraw 属性,设置为 True;选中 Caption 属性,设置为“渐变窗体示例”。

(2)在代码窗口中输入以下代码:

```
Public Sub Dither(ByVal frmX As Form)
    Dim I As Long
    frmX.DrawStyle=vbInsideSolid
    frmX.DrawMode=vbCopyPen
    frmX.ScaleMode=vbUser
    frmX.DrawWidth=2
    frmX.ScaleHeight=256
    For I=0 To 255
        frmX.Line (0,I)-(frmX.ScaleWidth,I+2),RGB(0,0,255-I),B
    Next I
End Sub
Private Sub Form_Activate()
    Dither Me
End Sub
Private Sub Form_Resize()
    Dither Me
End Sub
```

程序运行结果如图 2-17-4。

图 2-17-4 颜色渐变窗体

(3)分析:

这段代码包含 3 个子过程:两个事件过程 Form_Activate、Form_Resize 和一个通用过程 Dither。在子过程 Dither 中,frmX.ScaleHeight=256 语句设置窗体内部的垂直(ScaleHeight)度量单位,窗体高为 256 个单位。在 For 循环中,Line 方法画出 256 个颜色渐变的小矩形,充满整个窗体,呈现由蓝到黑渐变的背景。颜色渐变是由 RGB()函数返回不同的颜色值实现的。

Form_Activate 事件过程当一个窗体对象成为活动窗口时被调用。Form_Resize 事件当一个窗体对象第一次显示或一个窗体对象的窗口状态改变时被调用。在这两个事件中,都调用了 Dither 过程重绘窗体。传递给 Dither 过程的参数是一个窗体对象。

如果想得到由红到黑的渐变或由绿到黑的渐变效果，需要修改 RGB()函数的参数。当 Dither 过程要实现多种颜色的渐变效果时，需要增加相应的参数。对 Dither 过程修改如下：

```
Public Sub Dither(ByVal frmX As Form, Optional Color As String="Blue")
    Dim I As Long
    frmX.DrawStyle=vbInsideSolid
    frmX.DrawMode=vbCopyPen
    frmX.ScaleMode=vbUser
    frmX.DrawWidth=2
    frmX.ScaleHeight=256
    Color=UCase(Color)
    Select Case Color
        Case "RED"
            For I=0 To 255
                frmX.Line(0,I)-(frmX.ScaleWidth,I+2),RGB(255-I,0,0),B
            Next I
        Case "GREEN"
            For I=0 To 255
                frmX.Line(0,I)-(frmX.ScaleWidth,I+2),RGB(0,255-I,0),B
            Next I
        Case "BLUE"
            For I=0 To 255
                frmX.Line(0,I)-(frmX.ScaleWidth,I+2),RGB(0,0,255-I),B
            Next I
    End Select
End Sub
```

Dither 过程的第二个参数为可选参数，如果不提供第二个参数，默认值为"Blue"。

两个事件过程 Form_Activate、Form_Resize 修改如下：

```
Private Sub Form_Activate()
    Dither Me
End Sub
Private Sub Form_Resize ()
    Dim strColor As String
    strColor="Red"
    Debug.Print "调用 Dither 前: "; strColor
    Dither Me,strColor
    Debug.Print "调用 Dither 后: "; strColor
End Sub
```

再次运行程序，观察到窗体由蓝到黑渐变。改变窗体大小后，窗体由红到黑渐变。在 Form_Activate 事件中，调用 Dither 过程时，只提供了一个参数，颜色默认为蓝色。

Dither 过程的第二个参数是按照传址的方式传递的。传址方式参数可以被修改。在 Dither 过程中，Color=UCase(Color)这条语句把传递过来的字符串改成大写。在 Form_Resize 事件中插入两条 Debug.Print 语句，通过立即窗口可以观察到变量被修改的情况，如图 2-17-5 所示。

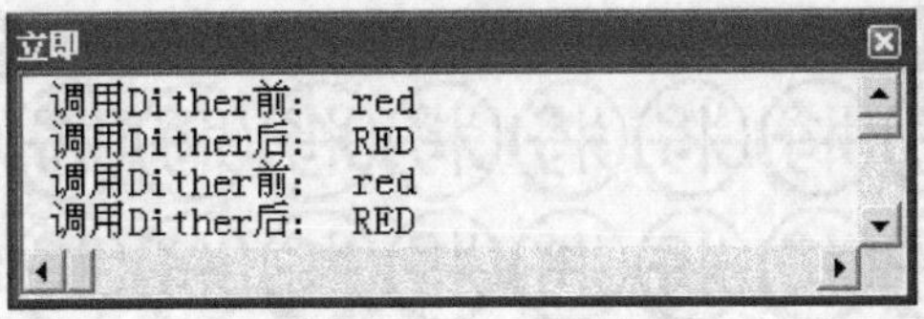

图 2-17-5 立即窗口

【例 17-5】模拟桌面的墙纸显示。

【解】（1）建立一个新的工程，在属性窗口中将窗体 Caption 属性设为“墙纸模拟”。

（2）在窗体中放置一个 Combo 控件，用于选择图片放置方式。

（3）编写事件过程，主要有：

① Form1 的 Form_Activate()过程，用于完成初始化工作，如载入图片、取得图片的高度和宽度。另外，Combo 控件中项目的添加使用 Combo 控件的 AddItem 方法实现，添加 3 个项目，分别为“平铺”、“居中”和“拉伸”。

② Combo 控件的 Click()事件过程，根据项目的选择使用不同的方式将图片绘制到窗体上。

具体程序代码如下：

```
Dim pic As Picture                          '定义一个picture类型的变量，用于选择图像文件
Dim w As Integer                            '用于存放被选择图像文件的宽度
Dim h As Integer                            '用于存放被选择图像文件的高度
Private Sub Form_Activate()
   Set pic=LoadPicture(App.Path+"\中国象棋图标.ico")      '装入图片文件
   w=pic.Width                                             '取得图片的宽度
   h=pic.Height                                            '取得图片的高度
   Combo1.AddItem "平铺"        '添加显示方式
   Combo1.AddItem "居中"
   Combo1.AddItem "拉伸"
End Sub
Private Sub Combo1_Click()
   Dim i As Integer
   Dim j As Integer
   Cls                          '选择一种新的显示方式时，清除原来的图像
   Select Case Combo1.ListIndex
   Case 0                       '选择平铺显示方式
      For j=0 To Me.Height Step h
         For i=0 To Me.Width Step w
            Me.PaintPicture pic,i,j,w,h
         Next i
      Next j
   Case 1                       '选择居中显示方式
      Me.PaintPicture pic,Me.Width/2-w,Me.Height/2-h,w,h
   Case 2                       '选择拉伸显示方式
      Me.PaintPicture pic,0,0,Me.Width,Me.Height
   End Select
End Sub
```

运行程序后选择“平铺”显示方式，运行结果如图 2-17-6 所示。

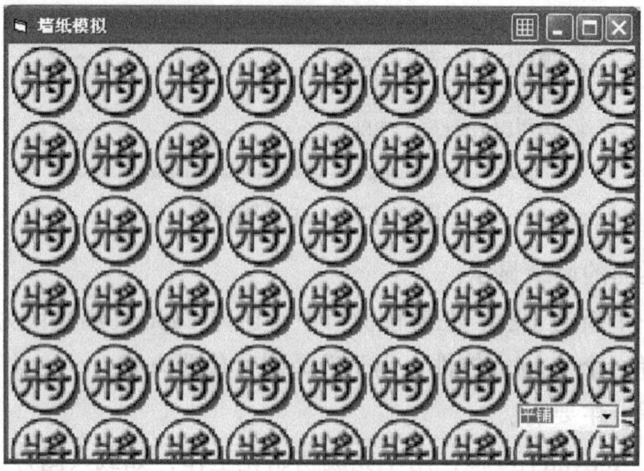

图 2-17-6 模拟墙纸显示

四、练习题

1. 绘制常用函数的曲线

在窗体中添加一个 PictureBox 控件、一个 Combo 控件和一个 Command 控件。Command 控件的 Caption 属性设为"绘制"，主要功能是当使用 Combo 控件选择常用函数后，根据两个 TextBox 控件中输入的自变量的起止范围，通过单击"绘制"按钮，在图片框中输出函数的曲线。要求曲线颜色使用红色，两坐标轴的颜色使用黄色，并在原点输出文字"O"，在曲线的右下方输出曲线相应的名称，如"正弦曲线"、"正切曲线"等。具体运行界面如图 2-17-7 所示。

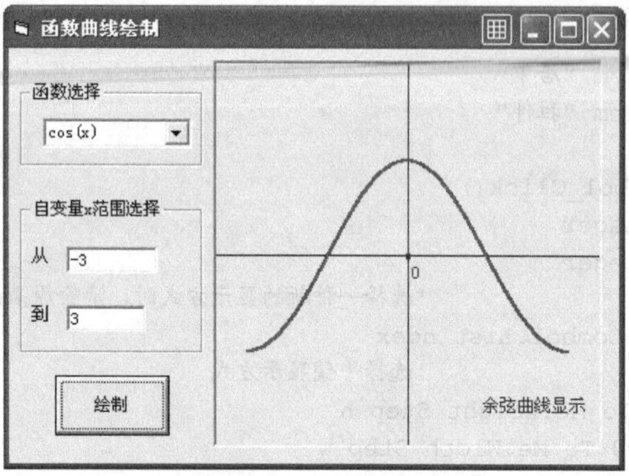

图 2-17-7 绘制常用曲线

提示：根据题目要求，需要完成如下操作：

（1）在窗体中添加一个 PictureBox 控件、一个 Combo 控件、一个 Command 控件和两个 TextBox 控件。

（2）在窗体的 Form_Load()事件过程中通过添加代码实现常用函数的选择，如 sin(x)、cos(x)、tan(x)、exp(x)、log(x)等。主要使用 Combo 控件的 AddItem 方法。

（3）编写"绘制"按钮的单击事件过程，此过程主要完成自定义坐标系（使用 PictureBox 控件的 Scale 方法）、绘制 X 轴和 Y 轴、绘制曲线（使用 PictureBox 控件的 PSet 方法或 Line 方法）、输出文字原点“O”和曲线名称（使用 PictureBox 控件的 CurrentX、CurrentY 等属性和 Print 方法）。

2．制作沿一定轨迹（如余弦曲线或正弦曲线）滚动的小球

界面及运行结果如图 2-17-8 所示。在窗体上添加 3 个 Command 控件，对应“路径显示”、“启动”、“停止”按钮；添加一个 Timer 控件控制小球的移动。

本程序实现的主要功能是：通过单击“路径显示”按钮，画出一条路径，即余弦曲线，自变量范围为-4～4，颜色为黄色，主要使用窗体的 PSet 和 Line 方法来实现。单击“启动”按钮时，Timer 定时器有效，开始时，小球从余弦曲线的起点，即(-4,cos(-4))开始沿曲线向前移动，小球绘制是通过使用窗体的 Circle 方法实现的，当小球移动到曲线末端时，让其返回到(-4,cos(-4))，重新开始向前运动，只要不单击“停止”按钮，就会重复前面的过程。单击“停止”按钮时，定时器无效，小球不再移动，停止在当前位置。单击“启动”按钮时，小球从当前位置开始移动。

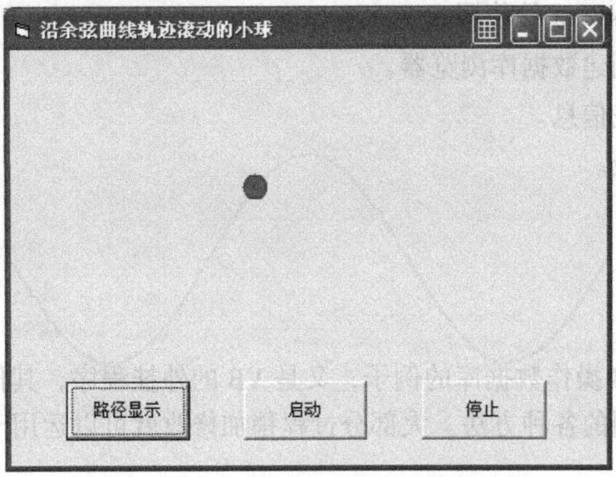

图 2-17-8　沿余弦曲线滚动的小球

提示：根据题目要求，需要完成如下操作：

（1）编写 Form_Activate()事件过程，实现定时器的初始化、自定义坐标系，以及设置小球填充颜色、半径和起始位置。

（2）编写“启动”和“停止”按钮事件过程，此功能比较简单，主要是控制定时器的启动或无效。

（3）编写定时器的 Timer()事件过程。这也是本程序的核心，主要有：先判断小球是否运动到曲线的末端，如果是，则重新设置小球的起始位置；本程序中小球不是通过 Shape 控件实现的，而是通过窗体的 Circle 方法绘制，为了实现运动的功能，必须在以当前点为圆心绘制小球的同时，把以前一个点为圆心的小球隐藏起来，即绘制时的填充颜色和线条颜色均为窗体背景颜色。以当前点为圆心的小球的线条颜色为红色，填充颜色为紫色，颜色值为 RGB(255,0,255)。

3．制作小时钟

界面和设计程序代码自己完成。设计内容包括：

（1）自定义坐标系。

（2）使用绘图方法画出表盘（如 Circle）、时针、分针、秒针和刻度（如 Line）。

（3）使用 Print 绘图方法输出对应的刻度文字，只写出小时数即可。

（4）添加一个 Timer 控件控制取得系统时间，作用到相应的时、分、秒针上，移动表针的位置。

4. 讨论题

（1）如何自定义坐标系？

（2）PictureBox 控件和 Image 控件有什么区别？

（3）在程序运行时怎样在图形（像）框中装入或删除图像文件？

（4）在什么情况下适合使用 Shape 或 Line 控件绘制图形？

（5）在程序中如何使用 PSet、Point、Line、Circle、Print、PaintPicture 等方法？

实验 18　VB 的数据库应用（一）

一、实验目的

（1）VB 外接程序 VisData 的使用。

（2）使用数据控件创建数据库浏览器。

（3）在数据库中查找信息。

（4）添加和删除记录。

二、相关知识

1. VisData

VisData 既是一个 VB 操作数据库的例子，又是 VB 的外挂程序，其代码中包含注解，以帮助理解在数据访问层中使用的各种方法。大部分过程稍加修改就可以运用于自己的数据库程序，它可以做以下事情：

（1）创建数据库与表。

（2）表的修改（添加、删除字段与索引）。

（3）利用 3 种记录集类型（表、动态、快照）和 3 种窗体类型（单个记录、数据控件和数据网格）进行数据浏览与修改。

（4）所有对象的属性浏览。

（5）所有被支持的数据类型的输入与输出。

（6）直接的 SQL 语句执行，支持 SQL 支持的所有函数。

（7）AdHoc Query 生成器，帮助不熟悉 SQL 的用户使用 Where 子句、Joins、Order By、Group By 表达式创建复杂的查询。

（8）事务处理。

（9）将表的结构及数据复制到相同或者不同的数据库中。

（10）支持多种数据库格式。

（11）查询（QueryDef）的创建、修改和执行。

（12）JET 安全性的创建与修改。

（13）关系/参照完整性的创建与修改。

（14）附加表的管理。

该程序的源程序在 VB 安装盘上的 Samples 文件夹中。

2．数据控件

VB 工具箱控件所创建的大部分对象都具有显示数据库信息的功能。这些对象被称为数据控件。当一个对象的 DataSource（数据源）属性与一个有效数据源建立连接，并且其 DataField（数据字段）属性与该数据源中的一个有效字段建立连接时，该对象也就绑定于该数据库了。对于控件数据源为 ADO 数据源控件的控件，还能够设置其 DataFormat 属性，用于定制个性化的显示。

CheckBox、ComboBox、Image、Label、ListBox、PictureBox、TextBox 控件等都是简单数据控件，在使用时必须指定数据字段，DBGird、DataGird（仅用于 ADO 数据源），MSChart 等控件都是复杂数据控件，在使用时只要指明数据源即可。

3．数据源

数据源可分为对象数据源和控件数据源。控件数据源包括 Data 控件、RemoteData 控件和 ADO 数据控件，对象数据源主要是各种模型中的 Recordset 对象。

4．记录集

记录集（Recordset）是一个数据对象，天然存在于数据源控件中。如果用代码打开了数据库，也可以用数据库中的记录集，不论哪种数据库模型，其中一定含有记录集对象。

本实验中用到的记录集的属性有：

（1）EOF 属性：当记录集记录指针指向最后一条记录时返回 True。

（2）Bookmark 属性：返回或设置当前记录集记录指针的书签，是 String 类型可读/写属性。每一条记录都有自己唯一的书签，它与记录在记录集中的顺序无关。将 Bookmark 属性存放到变量中，后面可以通过将该变量赋值给 Bookmark 属性，并返回到这个记录。

（3）NoMatch 属性：当使用 Find 方法查询时，如果未找到，则返回 True。

本实验中用到的记录集的方法有：

（4）MoveNext：将记录集指针移动到下一条记录。

（5）Delete：把记录集中的当前记录删除。

（6）FindFirst：在记录集中查询符合条件的第一条记录。

（7）AddNew：向记录集增加一条新记录。

三、实验举例

【例 18-1】 VisData 的使用。

【解】（1）启动 VisData。

在 VB 的设计环境中，选择“外接程序”→“可视化数据管理器”命令（见图 2-18-1），即可执行 VisData 程序，程序启动后的界面如图 2-18-2 所示。

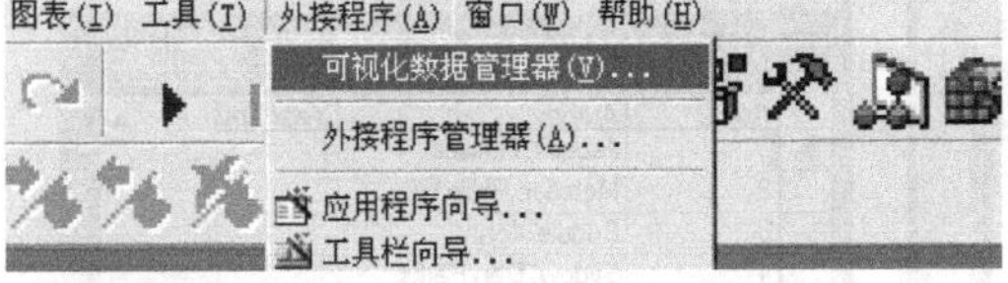

图 2-18-1 选择“可视化数据管理器”命令

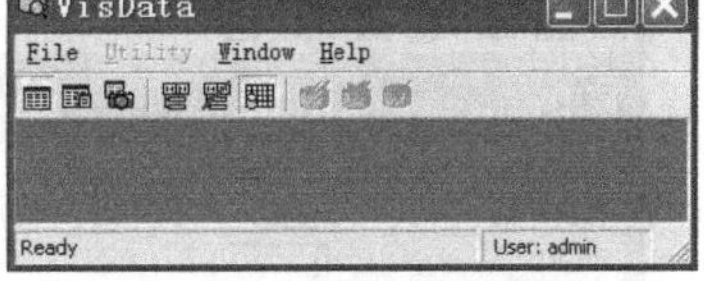

图 2-18-2 VisData 运行界面

（2）打开并观察数据库 BIBLIO.MDB。

选择 VisData 的 File→Open Database→Microsoft Access 命令（见图 2-18-3），会弹出一个打开数据库对话框（图略，对话框的标题是 Open Microsoft Access Database）。找到 VB 所在的文件夹，其中应该有两个数据库，分别是 BIBLIO.MDB 和 NWIND.MDB（这两个数据库是 VB 自带的，只要安装了 VB 就能找到这两个数据库），选择 BIBLIO.MDB，然后单击“打开”按钮，就会把数据库打开，打开后的 VisData 如图 2-18-4 所示。

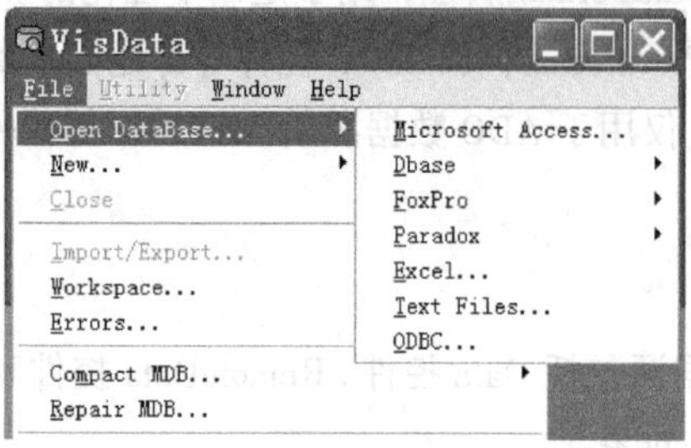

图 2-18-3　打开数据库子菜单

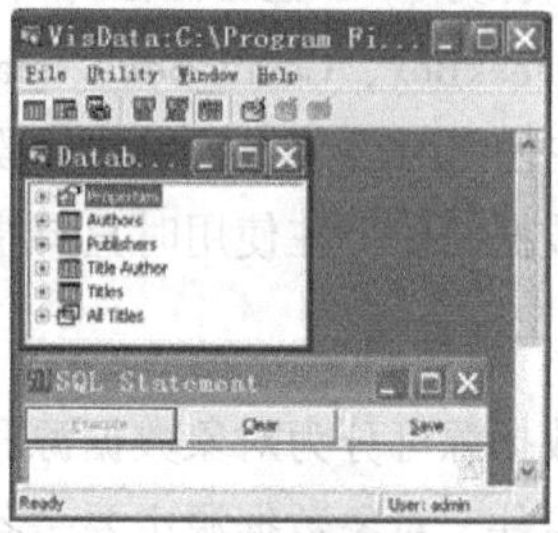

图 2-18-4　打开数据库后的 VisData

File 菜单中的其他命令有：New 可用于创建各种数据库；Workspace 可以建立工作区；Errors 可以查看数据库操作过程中出现的错误情况；Compact MDB 和 Repair MDB 分别是压缩 Access 数据库和修复损坏的 Access 数据库；Close 命令在打开数据库后才可以使用，用于关闭数据库。

可以看到，BIBLIO 数据库中有 4 个表和 1 个查询。工具栏中有 3 个为一组的 9 个按钮，这些按钮的作用分别是：

第一组设置打开的记录集类型，分别是：表、动态、快照。

第二组设置观察记录的方式，分别是：使用 Data 控件、不使用 Data 控件、使用网格。

第三组是事务处理，分别是：开始一个事务、回滚事务、提交事务。

下面用不同的方式打开一个表。首先使用 Data 控件以表方式打开一个记录集，方法如下：单击工具栏上的和按钮，然后双击第一个表的名称，会按这种方式将表打开，如图 2-18-5 所示；分别单击和按钮，然后双击表名，就可以以“不使用 Data 控件以动态方式”及“使用快照方式以网格形式”将表打开，打开后的情况分别如图 2-18-6 和图 2-18-7 所示。

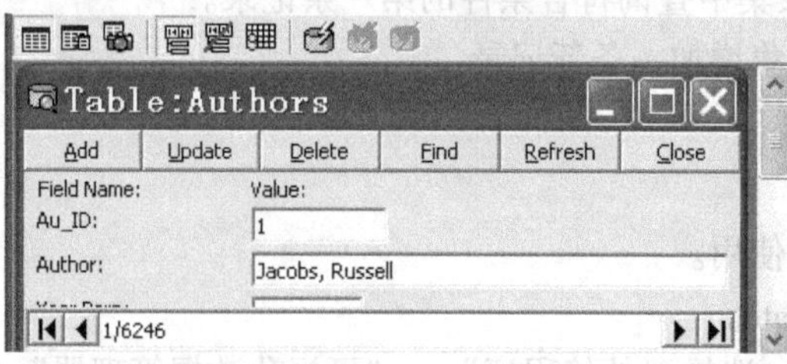

图 2-18-5　利用 Data 控件以表方式浏览

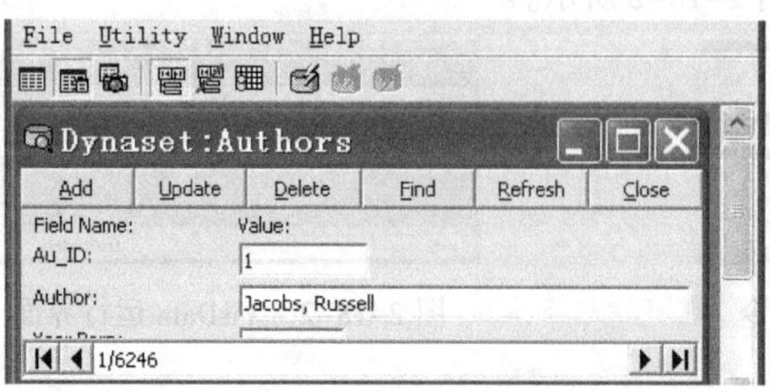

图 2-18-6　以动态记录集打开表

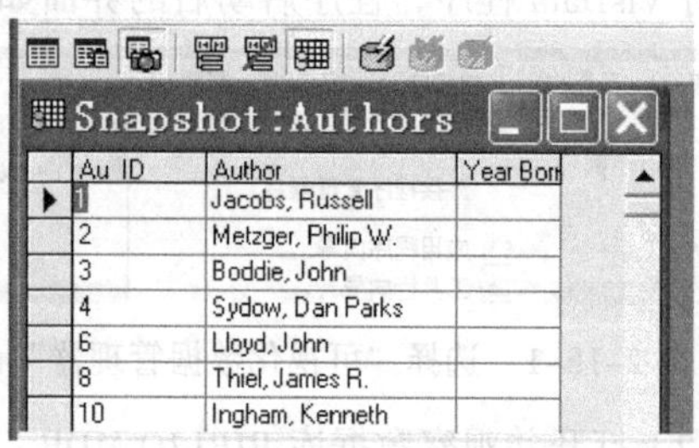

图 2-18-7　用数据网格显示快照

（3）创建新数据库并输入记录。

VisData 能够创建多种格式的数据库，下面以 Access 数据库为例来说明创建数据库的过程。选择 File→New→Microsoft Access→Version 7.0 MDB 命令，就会弹出 Select Microsoft Access Database to Create 对话框，然后输入要创建的数据库名称，再单击“保存”按钮，即可创建一个空数据库，如图 2-18-8 所示。

一旦创建了数据库，就可以在其中创建数据表。在数据库窗口内右击，会弹出一个快捷菜单，其中有两项，分别是 Refresh List 和 New Table，用于刷新列表和创建新表。选择N ew Table 命令，会弹出 Table Structure 对话框（见图 2-18-9），在这里可以输入要创建的表名 students，然后单击 Add Filed 按钮添加字段（见图 2-18-10），共加入 5 个字段，分别是 XH（Long）、XM（Text/10）、XB（Text/2）、BORN（Text/40）和 BIRTH（Date）。然后单击 Add Index 按钮添加一个索引，名为 XH，按 XH 字段进行索引，如图 2-18-11 所示。

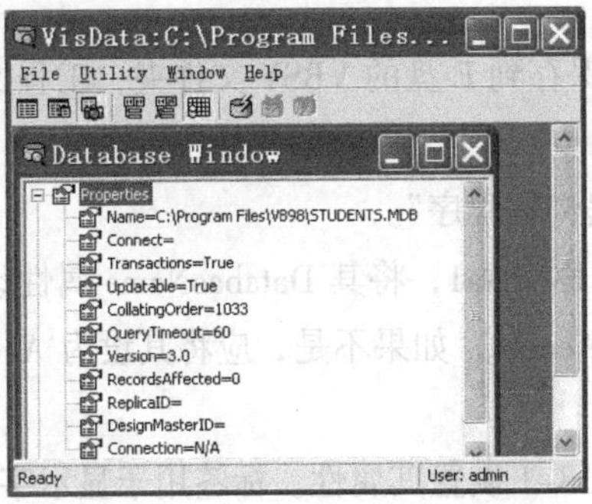

图 2-18-8 创建的空数据库

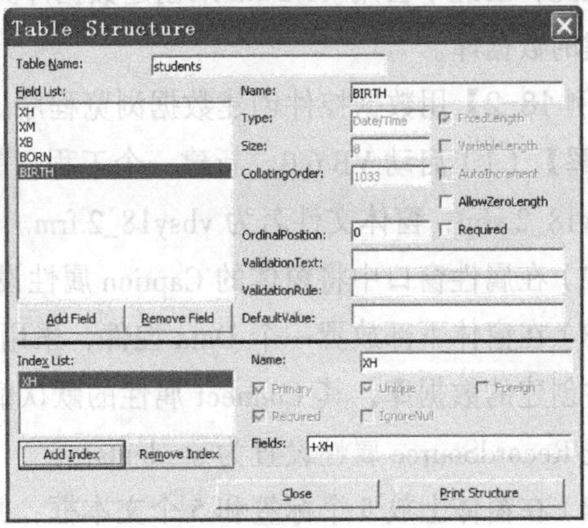

图 2-18-9 创建新表对话框

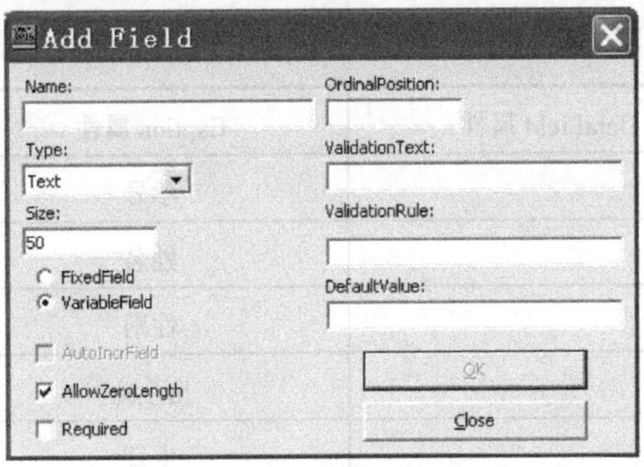

图 2-18-10 向表中添加字段

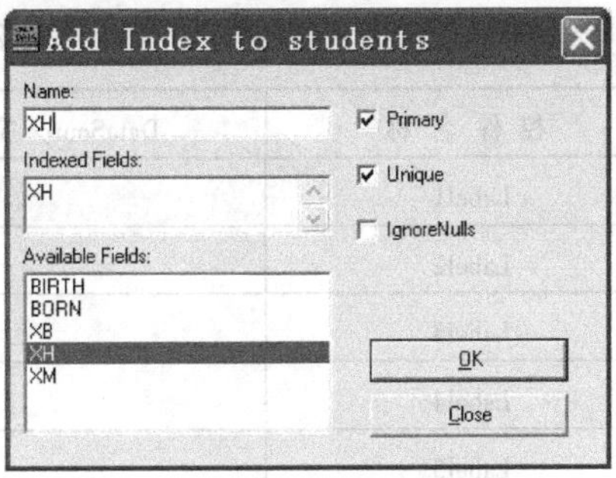

图 2-18-11 向表中添加索引

完成上面几步后，单击 Build Table 按钮，就会在 students 数据库中创建一个 students 数据表，创建完表后的数据库窗口如图 2-18-12 左侧所示。这时就可以向表中添加数据了。先选择表记录集的打开方式，然后双击表名，出现数据窗口，然后输入如下内容：

XH	XM	XB	BORN	BIRTH
970111	张思强	男	河北石家庄	1980-1-15
970222	王银花	女	天津红桥区	1979-11-22
970333	李保国	男	河北唐山	1979-8-19

输入内容后的数据窗口如图 2-18-12 所示。

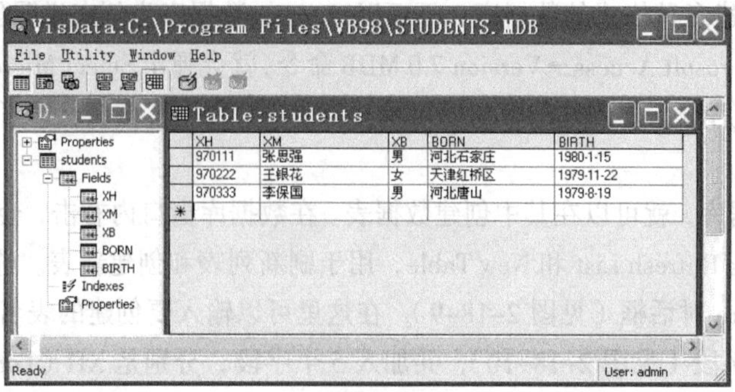

图 2-18-12　左侧为创建了表和索引的数据库窗口，右侧为输入的数据

至此，已经学会用 VisData 来创建数据库并管理数据了。下面退出 VisData，在 VB 中显示刚才创建的数据库。

【例 18-2】用数据控件创建数据浏览程序。

【解】（1）启动 VB 6.0，新建一个工程，将新工程保存到 E 盘的 VBSY 文件夹，工程文件名为 vbsy18_2.vbp，窗体文件名为 vbsy18_2.frm。

（2）在属性窗口中将窗体的 Caption 属性设为“数据浏览程序”。

（3）在窗体下部放置一个 Data 控件，采用其默认名称 Data1，将其 DatabasName 属性设置为上例中创建的数据库，其 Connect 属性的默认值应该是 Access，如果不是，应将其设为 Access，然后把 RecordSource 属性设置为 students。

（4）在窗体上放 5 个标签和 5 个文本框，并按表 2-18-1 设置其属性。标签用于显示字段名，文本框用于显示数据。至此，设置全部完成，此时的设计窗体如图 2-18-13（a）所示。

表 2-18-1　控 件 属 性

控 件 名 称	DataSource 属性	DataField 属性	Caption 属性
Label1			学号
Label2			姓名
Label3			性别
Label4			出生地
Label5			生日
Text1	Data1	XH	
Text2	Data1	XM	
Text3	Data1	XB	
Text4	Data1	BORN	
Text5	Data1	BIRTH	

（5）运行程序，弹出图 2-18-13（b）所示的窗口，此时，第一条记录已经显示出来了。用 Data 控件上的导航按钮移动记录并观看（自左至右分别为：第一个、前一个、下一个、最后一个）。

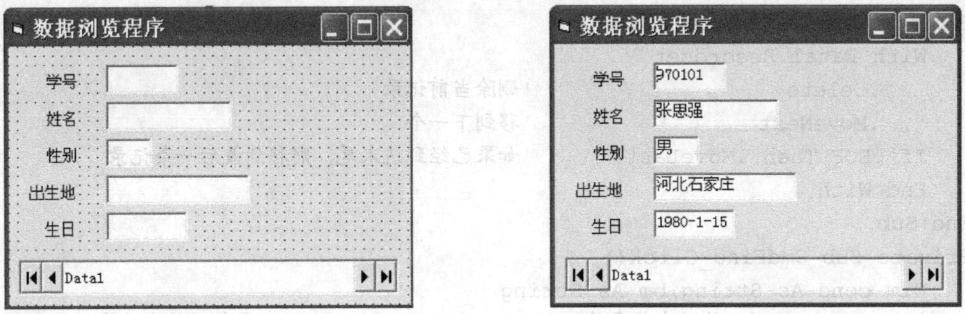

（a）设计界面　　（b）运行界面

图 2-18-13　数据浏览程序的设计时和运行时界面

【例 18-3】添加、删除和查找记录。

【解】在上例中，如果将 Data 控件的 EOFAction 属性设置为 2-AddNew，当移动到最后一条记录时再单击下一个按钮，则会增加一条新记录，在文本框中输入各字段值，则记录会保存在数据库中。虽然能增加记录，但无法查找和删除记录。本例在上例的基础上为程序加上这些功能。

（1）增加界面元素：

根据例的 18-2 界面，再增加 3 个按钮，分别命名为 CmdAddNew、CmdDelete 和 CmdFind，将按钮的 Caption 属性分别设置为“增加记录”、“删除记录”和“查找记录”。

将工程重新命名保存到 E 盘的 VBSY 文件夹，工程文件名为 vbsy18_3.vbp，窗体文件名为 vbsy18_3.frm。

（2）在属性窗口中将窗体的 Caption 属性设为“数据管理程序”。设计完成后的界面如图 2-18-14（a）所示。

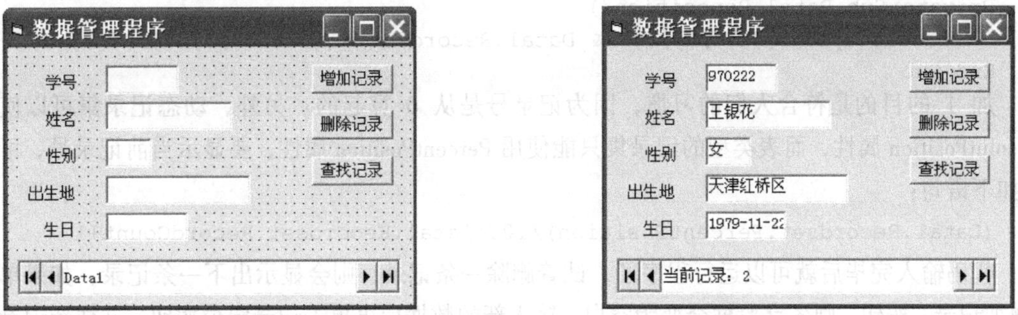

（a）设计界面　　（b）运行界面

图 2-18-14　数据管理程序设计时和运行时界面

（3）编制事件代码：

① 在工程资源管理器窗口中单击“查看代码”按钮，打开代码编辑窗口。

② 在“对象”下拉列表框中分别选择 CmdAddNew、CmdDelete 和 CmdFind 对象，在“过程”下拉列表框中选择 Click 事件，然后在代码编辑窗口编写各自的 Click 事件处理过程。各过程代码如下：

```
Private Sub CmdAddNew_Click()
    Data1.Recordset.AddNew          '增加一条新记录
End Sub
```

```
Private Sub CmdDelete_Click()
   With Data1.Recordset
      .Delete                        '删除当前记录
      .MoveNext                      '移到下一个
   If .EOF Then .MoveLast            '如果已经到达末尾，则移到最后一条记录
   End With
End Sub
Private Sub CmdFind_Click()
   Dim cond As String,bm As String
   cond=InputBox("输入查找条件: " & vbNewLine & "(注: 条件的格式为字段名=值 & _
         vbNewLine & "例如: XH=970111 或者 XM LIKE ""王*"")","数据管理程序")
   With Data1.Recordset
      bm=.Bookmark                   '记录当前位置
      .FindFirst cond                '查找第一条匹配的记录
      If .NoMatch Then
         MsgBox "记录没找到"
      .Bookmark=bm                   '返回原来的位置
      End If
   End With
End Sub
```

注意：查找记录可以针对任意字段，只要输入正确的查找条件即可。

③ 在“对象”下拉列表框中选择 Data1 对象，在“过程”下拉列表框中选择 Reposition 事件，当当前记录发生变化时会产生 Reposition 事件，本例中该事件的功能是要显示出当前的记录号，代码如下：

```
Private Sub Data1_Reposition()
   Data1.Caption="当前记录: " & Data1.Recordset.AbsolutePosition+1
End Sub
```

加 1 的目的是符合人们的习惯，因为记录号是从 0 算起的。另外，动态记录集可以使用 AbsolutPosition 属性，而表类型的记录集只能使用 PercentPosition 属性，要显示当前记录号，可以用如下语句：

```
(Data1.Recordset.PercentPosition)/100*Data1.Recordset.RecordCount+1
```

代码输入完毕后就可以运行程序了，试着删除一条记录，则会显示出下一条记录，如果单击“增加记录”按钮，则各字段框会变为空白，输入新的数据后再单击记录定位按钮，这样新记录才能保存起来，为了简单起见，程序中省略了“保存新记录”按钮，没有显式给出 Update 方法，所以只好用控件的自动功能来进行保存。

单击“查找记录”按钮，然后输入“XM LIKE "王*"”作为查找条件，看一下运行情况是否与图 2-18-14（b）所示效果相同。

四、练习题

1. 实验操作题

（1）利用 VisData 对上述实验中新建的数据库进行各种操作。

（2）将例 18-3 中的查找记录修改为“定位记录”。

【提示】只有表类型的记录集才能使用索引（在 Data 控件中设置），而定位记录只能针对建立了索引的字段，因为只对 XH 字段建立了索引，所以只能按学号定位，在使用 Seek 方法前，需要给 Index 属性赋值：

```
Data1.Recordset.Index="XH"
```

（3）设计一个利用 Data 控件和 DBGrid 控件浏览数据库的程序（可以选择不同的表）。

2．讨论题

（1）数据源控件有哪几种？各有什么特点？

（2）数据源控件的与数据库有关属性有哪些？它们各自的作用是什么？

（3）VisData 有哪些功能？你会使用其中的几种？

（4）如果想从后面向前查找符合某一条件的记录，应该采用什么方法？

（5）为什么没有在程序中加入“修改记录”功能？

实验 19　VB 的数据库应用（二）

一、实验目的

（1）用程序打开数据库，并浏览库，结构及库中数据。

（2）向库中添加新表和删除库中的表。

（3）更改数据库的记录时使用事务。

（4）用 SQL 语句进行条件查询。

二、相关知识

1．VB 的数据库模型

在 Visual Basic 中，可用的数据访问接口有 3 种：ActiveX 数据对象（ActiveX Data Objects，ADO）、远程数据对象（Remote Data Objects，RDO）和数据访问对象（Data Access Objects，DAO）。数据访问接口是一个对象模型，它代表访问数据的各个方面。有关 3 种模型的详细内容见教材的 11.3 节。

2．VB 的记录集类型

（1）Table：表型记录集。

（2）Dynaset：动态型记录集。

（3）Snapshot：快照型记录集。

3．记录集的属性和方法

常用的属性有：BOF、EOF、NoMatch、Index、Filter、RecordCount 和 Sort 属性。

记录集的常用方法有如下几类（详见主教材 11.4.2 小节）：

（1）移动记录指针类方法。

（2）增加、删除、修改类方法。

（3）查找类方法。

（4）其他类方法。

4. 数据库的事务处理

可以用 BeginTrans 语句标记事务的开始，用 CommitTrans 语句提交事务，或者用 RollbackTrans 语句撤销自 BeginTrans 以来所做的一切改变。

5. SQL（结构化查询语言）

利用 SQL 语句，可以对数据库进行各种操作，包括创建、更新、查询及一些其他功能，数据库中的查询（Query）对象主要是用带参数的 SQL SELECT 语句。

三、实验举例

【例 19-1】 ADO 对象和 DAO 对象的使用。

分析：本例中将分别使用 ADO 对象模型和 DAO 对象模型打开同一个数据库。

本例的目的是说明用两种数据库模型打开数据库方面的不同，一旦打开数据库并到了 Recordset 级，其操作方法几乎完全相同，因为 ADO 是更高级的数据模型，所以应该知道如何用 ADO 模型来编制程序。

【解】（1）建立程序界面：新建一个工程，然后将新工程保存到 E 盘的 VBSY 文件夹中，工程文件名为 vbsy19_1.vbp，窗体文件名为 vbsy19_1.frm。

将 ADO 和 DAO 引用加入到工程中。其对象名称分别为 Microsoft ActiveX Data Objects 2.5 Library 和 Microsoft DAO 2.5/3.51 Compatibility Library。

（2）在属性窗口中将窗体的 Caption 属性设为“采用 ADO 模型和 DAO 模型打开数据库示例”。

（3）在窗体上放置两个按钮和一个标签，将按钮分别命名为 CmdAdoTest 和 CmdDaoTest，其 Caption 属性分别设置为“DAO 测试”和“ADO 测试”，将标签的 Caption 属性设置为空。界面设计参考图 2-19-1 的运行情况界面。

（4）编写事件代码。

编写两个按钮的事件处理过程，将打开数据库后取得的数据显示在标签上即为打开成功。事件代码如下：

注意：由于在不同的机器环境下库的位置可能有所不同，请将相关路径设置为 VB 安装目录。

```
Private Sub CmdDAOTest_Click()
   Dim daodb As DAO.Database                                  '定义数据库对象
   Dim daors As DAO.Recordset                                 '定义记录集对象
   Set daodb=OpenDatabase("E:\VB98\biblio.mdb")               '打开数据库
   Set daors=daodb.OpenRecordset("authors",dbOpenDynaset)     '打开表
   If daors.RecordCount>0 Then
      daors.MoveFirst
      daors.MoveNext
      Label1=daors.Fields(1)      '在标签上显示数据库的第二条记录的第二个字段值
   End If
End Sub
Private Sub CmdADOTest_Click()
   Dim adocon As Connection                                   '定义连接对象
   Dim rsado As Recordset                                     '定义记录集对象
   Set adocon=New Connection                                  '定义一个新的连接
   adocon.CursorLocation=adUseClient                          '光标类型为客户
```

```
   adocon.Open "Provider=Microsoft.jet.OLEDB.3.51;Data Source=" & _
            "E:\VB98\biblio.mdb;"'打开数据库
   Set rsado=New Recordset             '建立一个新的记录集对象
   rsado.Open "titles",adocon,adOpenDynamic,adLockOptimistic  '打开书目表
   If rsado.RecordCount>0 Then
      rsado.MoveLast
      rsado.MovePrevious               '倒数第二条记录
      Label1=rsado.Fields(0)           '在标签上显示当前记录的第一个字段值
   End If
 End Sub
```

（5）运行程序，对 DAO 和 ADO 的测试结果如图 2-19-1 所示。

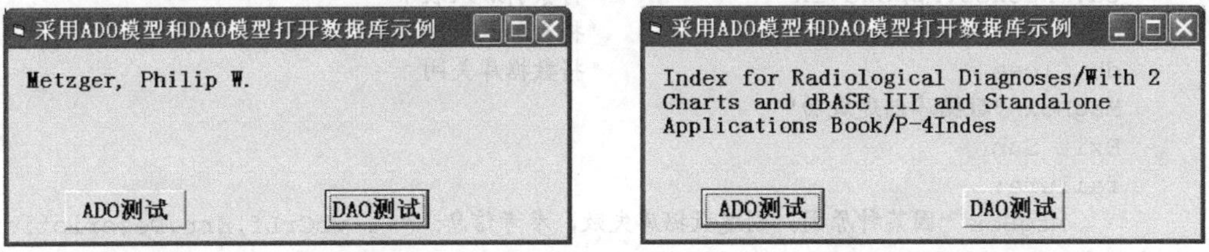

（a）DAO 的测试结果　　（b）ADO 的测试结果

图 2-19-1　用不同的数据模型访问数据库

【例 19-2】编程创建图片管理数据库。

【解】创建一个供例 19-3 使用的数据库，库名为 PICDB.MDB，库中生成一个名为 Pictures 的表，包括 3 个字段，分别是 Title（图片标题）、Description（图片详细描述）和 Picture（存放图片文件）。其中每个字段的格式如下：

（1）Title：文本型，20 个字符。

（2）Description：文本型，100 个字符。

（3）Picture：长二进制型（dbLongBinary），不定长。

创建好表后，给表加上一个 Title 字段的主索引。

（1）新建一个工程，保存到 E 盘的 VBSY 文件夹，工程文件名为 vbsy19_2.vbp，窗体文件名为 vbsy19_2.frm。

将对 DAO 的引用加入到工程中。其对象为“Microsoft DAO 2.5/3.51 Compatibility Library”。加入引用的方法上例中已经说明。

（2）在属性窗口中将窗体的 Caption 属性设为“创建图片数据库”。

（3）在窗体上放置一个按钮，名为 CmdCreateDB，并将其 Caption 属性设置为“创建数据库”。

（4）为 CmdCreateDB 编写单击事件代码：

```
Private Sub CmdCreateDB_Click()
   Dim db As Database                    '数据库对象
   Dim td As TableDef                    '表定义对象
   Dim ix As Index                       '索引对象
   On Error GoTo failure
   Set db=CreateDatabase(App.Path+"\PicDB.MDB",dbLangChineseSimplified)
                                         '简体中文
    Set td=db.CreateTableDef("Pictures")                         '表的名字
```

```
        With td
           .Fields.Append.CreateField("Title",dbText,20)                    '图片标题
           .Fields.Append.CreateField("Description",dbText,100)             '图片详情
           .Fields.Append.CreateField("Picture",dbLongBinary)               '图片文件
        End With
        Set ix=td.CreateIndex("Title")
        ix.Primary=True                             '是主键
        ix.Unique=True                              '不允许有重复值
        ix.IgnoreNulls=False                        '不允许有空值
        ix.Required=True                            '不能省略
        ix.Fields.Append ix.CreateField("Title")
        td.Indexes.Append ix                        '将索引加入表中
        db.TableDefs.Append td                      '将表加入数据库中
        db.Close                                    '将数据库关闭
        MsgBox "数据库创建成功"
        Exit Sub
        failure:
           MsgBox "因某种原因，创建数据库失败，参考信息：" & vbCrLf,Err.Description
    End Sub
```

（5）运行程序，单击“创建数据库”按钮，如果出现“创建成功”的提示，则说明程序正常运行，用 VisData 打开新创建的数据库，看一下各方面是否符合要求。

【例 19-3】设计一个图片管理程序。

分析：在例 19-2 中，创建了一个空数据库 PICDB.MDB，库中有一个表名为 Pictures，但是没有任何记录。在本例中，要完成一个对上述数据库进行操作的程序，包括如下功能：

（1）向库中添加或者修改一条记录。

（2）浏览库中的数据。

（3）删除库中的某条记录。

（4）删除库中的所有记录。

因为 Pictures 表中有一个长二进制字段，适合存入较多的数据，这能满足大多数的应用，本例是以图片管理作为示例，读者完全可以扩展程序的功能，使之可以用于文档（如网页管理）、音乐（歌曲库管理）、电影（影片库）等档案资料的管理，也可以增加必要的字段（如日期），以使程序能够管理更详细的信息。甚至可以将上述功能合在一个库中，因为一个库中可以建立若干个表，而本例中只用到了一个表。

对文件进行操作发生错误的可能性较大，所以本例加上了错误处理的部分，用来处理如磁盘满、文件打不开等可能发生的意外情况。

【解】（1）界面设计：界面的设计请参考图 2-19-2。本例用到了一个名为 MSFlexGrid 的扩展控件；用到了公用对话框用于打开图片文件，可以利用“部件”对话框将其加入到工程中；还用到了对 DAO 对象的引用，和前两例一样，也将其加入到工程中。

将工程重新命名，保存到 E 盘的 VBSY 文件夹，工程文件名为 vbsy19_3.vbp，窗体文件名为 vbsy19_3.frm。

（2）在属性窗口中将窗体的 Caption 属性设为“图片管理程序”。设计完成后的界面如图 2-19-2 所示。

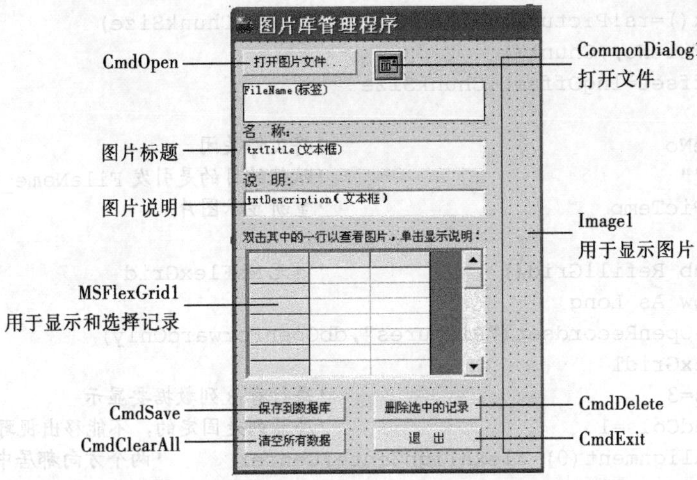

图 2-19-2 图片管理程序设计界面

(3)程序代码及说明：

```
Option Explicit
Dim db As Database,rs As Recordset                    '定义数据库和记录集对象
Dim FileNo As Integer,Chunks As Long
Dim Fragment As Long,Chunk() As Byte,I As Integer
Const ChunkSize As Long=32768                         '块大小
Private Sub ReadFromDB()
    Dim PicTemp As String,lngOffset As Long,lngTotalSize As Long,Title As String
    On Error Resume Next                              '如果出错则转到下一行
    If MSFlexGrid1.RowSel=0 Then Exit Sub             '选择字段名所在行无效
    Title=MSFlexGrid1.TextMatrix(MSFlexGrid1.RowSel,1)'取出标题
    Set rs=db.OpenRecordset("SELECT Pictures.Picture FROM Pictures _
    WHERE Pictures.Title='" & Title & "'",dbOpenSnapshot)
    If rs.RecordCount=0 Then
        MsgBox "不能获得记录"
        rs.Close : Set rs=Nothing
        Exit Sub
    End If
    PicTemp=App.Path & "\temppic.tmp"               '临时文件名
    FileNo=FreeFile(0)
    Open PicTemp For Binary Access Write As FileNo
    If Err.Number=70 Then                           '文件打不开
         MsgBox "拒绝的权限"
         Err.Clear:rs.Close:Set rs=Nothing
         Exit Sub
    End If
    lngTotalSize=rs!Picture.FieldSize
    Chunks=lngTotalSize\ChunkSize                   '分几次读入
    Fragment=lngTotalSize Mod ChunkSize             '文件的零头
    ReDim Chunk(Fragment)
    Chunk()=rs!Picture.GetChunk(lngOffset, Fragment)'取出零散数据
    Put FileNo,,Chunk()                             '放入文件中
    lngOffset=lngOffset+Fragment
    ReDim Chunk(ChunkSize)                          '以下处理整块的数据
    For I=1 To Chunks
```

```
            Chunk()=rs!Picture.GetChunk(lngOffset,ChunkSize)
            Put FileNo,,Chunk()
            lngOffset=lngOffset+ChunkSize
        Next I
        Close FileNo                             '将文件关闭
        FileName=""                              '赋值的目的是引发 FileName_Change 事件
        FileName=PicTemp                         '重新显示图片
        End Sub
        Private Sub RefillGrid()                 '填充 MsFlexGrid
        Dim lCurRow As Long
        Set rs=db.OpenRecordset("Pictures",dbOpenForwardOnly)
        With MSFlexGrid1
            .Cols=3                              '每行有 3 列数据要显示
            .FixedCols=1                         '序号列是固定的，不能移出视野
            .ColAlignment(0)=flexAlignCenterCenter     '两个方向都居中显示
            .ColWidth(0)=500 : .ColWidth(1)=1200 : .ColWidth(2)=2000
            .AllowUserResizing=flexResizeBoth    '可以让用户自由拖动宽度和高度
            .Rows=1                              '在第一列上显示出字段名
            .TextMatrix(0,0)="序号"
            .TextMatrix(0,1)="图片标题"
            .TextMatrix(0,2)="图片详细描述"
            Do While Not rs.EOF
                lCurRow=.Rows
                .Rows=.Rows+1                            '表格行数加 1
                .TextMatrix(lCurRow,0)=.Rows-1           '序号列
                .TextMatrix(lCurRow,1)=rs!Title          '标题列
                .TextMatrix(lCurRow,2)=rs!Description    '说明列
                rs.MoveNext                              '处理下一条记录
            Loop
            rs.Close : Set rs=Nothing
        End With
    End Sub
    Private Sub CmdDeleteAll_Click()             '删除表中的全部记录
        db.Execute "DELETE * FROM Pictures",dbFailOnError
        RefillGrid                               '刷新网格内容
    End Sub
    Private Sub CmdDelete_Click()                '只删除当前记录
        If MSFlexGrid1.RowSel=0 Then Exit Sub
        db.Execute "DELETE * FROM Pictures WHERE Title='" & _
                   txtTitle & "'",dbFailOnError
        RefillGrid                               '重新显示记录
    End Sub
    Private Sub CmdExit_Click()
        Unload Me
    End Sub
    Private Sub MSFlexGrid1_Click()              '如果单击网格，在文本框中显示出相关信息
        If MSFlexGrid1.RowSel=0 Then Exit Sub
        txtTitle=MSFlexGrid1.TextMatrix(MSFlexGrid1.RowSel,1)
        txtDescription=MSFlexGrid1.TextMatrix(MSFlexGrid1.RowSel,2)
    End Sub
    Private Sub MSFlexGrid1_DblClick()           '如果双击某行，显示出图片
        If MSFlexGrid1.RowSel=0 Then Exit Sub
```

```
    ReadFromDB
End Sub
Private Sub FileName_Change()                    '在打开一个新文件后或者双击某行记录,
    cmdSave.Enabled=FileName<>""                 '则将有效的图片文件显示出来
    If FileName="" Then Exit Sub
    Image1.Picture=LoadPicture(FileName)
End Sub
Private Sub Form_Load()                          '打开图片数据库
    Set db=Workspaces(0).OpenDatabase(App.Path & "\picDB.mdb")
    RefillGrid                                   '显示记录
End Sub
Private Sub Form_Unload(Cancel As Integer)
    db.Close : Set db=Nothing                    '退出时关闭数据库
End Sub
Private Sub CmdSave_Click()                      '将图片保存到数据库中
    Dim Description As String,PicTitle As String,Fl As Long
    PicTitle=Trim$(txtTitle)
    If Len(PicTitle)=0 Then
        MsgBox "请输入图片标题文件的名称"
        Exit Sub
    End If
    Set rs=db.OpenRecordset("SELECT * FROM Pictures WHERE Pictures.Title='" _
    & PicTitle & "'", dbOpenDynaset)             '取出当前记录
    If rs Is Nothing Or rs.Updatable=False Then
        MsgBox "不能打开或写入记录"
        Exit Sub
    End If
    If rs.EOF Then                               '如果不存在则新加一条记录
        rs.AddNew
    Else                                         '如果已经有该标题,则更新记录
        rs.Edit
    End If
    rs!Title=PicTitle
    Description=Trim$(txtDescription)
    rs!Description=Description
    FileNo=FreeFile(1)
    Open FileName For Binary Access Read Lock Write As FileNo
    Fl=LOF(FileNo)                               '文件中数据长度
    If Fl=0 Then
        Close FileNo
        Exit Sub
    End If
    Chunks=Fl\ChunkSize : Fragment=Fl Mod ChunkSize
    ReDim Chunk(Fragment)                        '先放零散部分
    Get FileNo,,Chunk()
    rs!Picture.AppendChunk Chunk()
    ReDim Chunk(ChunkSize)                       '下面成批处理整块数据
    For I=1 To Chunks
        Get FileNo,,Chunk()
        rs!Picture.AppendChunk Chunk()
    Next I
    Close FileNo
```

```
    rs.Update: rs.Close: Set rs=Nothing        '更新记录'关闭记录集
    RefillGrid                                 '更新网格显示
End Sub
Private Sub CmdOpen_Click()                    '打开文件处理
    On Error Resume Next
    With CommonDialog1
        .CancelError=True                      '如果用户取消了操作，则产生一个错误
        .Filter="Pictures(*.bmp;*.ico;*.gif;*.jpg)|*.bmp;*.ico;*.gif;*.jpg"
        .Flags=cdlOFNHideReadOnly              '不显示只读文件
        .ShowOpen
        IfErr.Number=cdlCancel Then            '用户是否取消了操作
            Err.Clear
              Exit Sub
        End If
        FileName=.FileName
    End With
End Sub
```

（4）附加说明：

① 程序中的 rs!Description 相当于 rs.Fields("Description").Value，其他类似。

② 程序中没有加入图片比例保持功能，Image1 的 Stretch 属性设置为 True。这样，不管什么样的图片，都会调整到满图像框显示。改进方法是采用图片框的 PaintPicture 方法来处理（代码略），可以做到按原始比例显示全部图像（不论图像是否比图片框大）。

（5）运行程序。第一次执行时库中没有任何数据，只能向其中添加图片；待添加若干图片后就可以进行浏览等操作，也可以单个删除或者全部删除；如果图片错了，还可以进行更新，方法是用同一个图片标题进行保存。添加多个图片后的运行情况如图 2-19-3 所示。

图 2-19-3 图片管理程序运行情况

四、练习题

1. 实验操作题

（1）编写一个浏览数据库中的表及表结构的程序，要求将表名放在一个 List 中，表的各字段信息放在一个网格控件中。

【提示】可以用如下代码获得一个库中所有表的名称（假设 db 已经事先打开）：

```
'表的总个数在 db.TableDefs.Count 中
Dim td As TableDef,db As Database
For Each td In db.TableDefs
    List1.AddItem td.Name
Next td
```

如果打开了一个表（表的名称可以用上述代码获得），则其记录集中会有 Fields 集合，Fields.Count 表明字段的个数，Fields(*i*)是一个 Field 对象。（$i = 0$ to Count−1）。Field 对象有这些属性可以表明字段的属性：

① Name：字段名。

② Type：字段类型。

③ Size：字段大小。

④ FieldSize：备注型或者长二进制型的字段大小。

列出字段类型的代码如下（假设数据库已经打开，其中的 TableName 是表名）：

```
Dim fld As Field
For Each fld In Db.TableDefs("TableName").Fields
   Print fld.Name
   Print FieldType(fld.Type)
   Prine fld.Size
Next fld
Function FieldType(intType As Integer) As String
   Select Case intType
      Case dbBoolean
         FieldType="逻辑型"
      Case dbByte
         FieldType="字节型"
'为节省篇幅，将其他类型列表如下：
'dbInteger    "整型"       dbLong          "长整型"      dbCurrency   "货币型"
'dbSingle     "单精度型"   dbDouble        "双精度型"    dbDate       "日期型"
'dbText       "文本型"     dbLongBinary    "长二进制型"  dbMemo       "备注型"
'dbGUID       "GUID 型"
   End Select
End Function
```

（2）给例 19-3 中的程序加上“事务处理”功能。

（3）参考给出的示例改编一个程序，用来管理自己的日记。

【提示】

需要创建一个日期型的字段来记录日期。日记的内容可以事先写在文件中（可以用 Word 等字处理程序），也可以在窗体上放置一个 RichEdit 控件来实时输入。

程序应该具备日记查找功能，可以指定日期或者关键字。关键字可以建一个字段保存起来，也可以从内容中查找。

2. 讨论题

（1）VB 中的数据库编程模型有哪几种？各有什么特点？

（2）如果要删除（不是清除）数据库中的一个表应该如何做？（提示：TableDefs(?).Delete）

（3）例 19-3 中部分用了 SQL 语句，如何将所有打开记录集的操作都改为 SQL 语句？

（4）例 19-3 中的删除记录和全部删除用了 SQL 语句，如果用记录集来完成同样的功能，应该如何编写程序？比较一下两种方法哪一种更简捷。

参 考 文 献

[1] 罗朝盛．Visual Basic 6.0 程序设计教程[M]．3 版．北京：人民邮电出版社，2009.

[2] 张彦玲，等．Visual Basic 6.0 程序设计教程[M]．北京：电子工业出版社，2009.

[3] 黄冬梅，等．Visual Basic 6.0 程序设计案例教程[M]．北京：清华大学出版社，2009.

[4] 沈祥玖．VB 程序设计[M]．2 版．北京：高等教育出版社，2009.

[5] 刘瑞新，等．Visual Basic 程序设计教程[M]．2 版．北京：机械工业出版社，2009.

[6] 柴欣，等．Visual Basic 程序设计基础[M]．3 版．北京：中国铁道出版社，2005.

[7] 柴欣，等．Visual Basic 程序设计基础实验教程[M]．3 版．北京：中国铁道出版社，2005.

[8] 龚沛曾，等．Visual Basic 程序设计教程[M]．3 版．北京：高等教育出版社，2007.

[9] 李俊．Visual Basic 程序设计与应用开发教程[M]．北京：人民邮电出版社，2009.

[10] 李雁翎．Visual Basic 程序设计[M]. 2 版．北京：清华大学出版社，2008.

[11] 李雁翎．Visual Basic 程序设计题解与实验指导[M]．2 版．北京：清华大学出版社，2008.